实用生物统计学

（第二版）

顾志峰　於　锋　叶乃好　郑　兴　等　著

科学出版社

北京

内 容 简 介

　　本书主要针对生命科学研究领域中的常见问题，以生物统计学的基础理论知识、试验资料的收集整理、资料的统计分析和试验设计为主线来安排主要内容。每章内容先以具体的科学问题引出相应的生物统计学问题，然后对其基本理论进行介绍，结合常用的统计软件（包括 Excel、SPSS、DPS、Minitab、JMP）对实际问题进行具体分析，同时采用截图法对具体使用的统计方法进行直观形象的介绍，最后结合专业知识对分析结果进行科学阐释。本书的设计和编排力争使每位读者能够清晰地理解每个问题的解题要领，科学合理地选用相应的统计软件来分析和解决实际问题，同时能够准确、迅速地掌握不同软件的使用方法和技巧。

　　本书可供高校的本科、专科生作为生物统计的教学参考使用，也可供科研工作者、教师和研究生作为工具书使用。

图书在版编目（CIP）数据

实用生物统计学 / 顾志峰等著. —2 版. —北京：科学出版社，2023.6
ISBN 978-7-03-074255-1

Ⅰ. ①实… Ⅱ. ①顾… Ⅲ. ①生物统计 Ⅳ. Q-332
中国版本图书馆 CIP 数据核字（2022）第 237895 号

责任编辑：朱　瑾　岳漫宇　尚　册 / 责任校对：郑金红
责任印制：赵　博 / 封面设计：刘新新

科 学 出 版 社 出版
北京东黄城根北街 16 号
邮政编码：100717
http://www.sciencep.com

北京富资园科技发展有限公司印刷
科学出版社发行　各地新华书店经销

*

2023 年 6 月第 一 版　　开本：787×1092 1/16
2024 年 4 月第二次印刷　　印张：21 1/4
字数：504 000

定价：168.00 元
（如有印装质量问题，我社负责调换）

《实用生物统计学（第二版）》著者名单

（按姓名汉语拼音排序）

范　晓　中国水产科学研究院黄海水产研究所

顾志峰　海南大学

刘春胜　海南大学

邱达观　海南大学

孙　科　中国水产科学研究院黄海水产研究所

王　巍　中国水产科学研究院黄海水产研究所

王依涛　中国水产科学研究院黄海水产研究所

徐　东　中国水产科学研究院黄海水产研究所

杨　毅　海南大学

叶乃好　中国水产科学研究院黄海水产研究所

於　锋　海南大学

张晓雯　中国水产科学研究院黄海水产研究所

郑　兴　海南大学

Vasquez Herbert Ely　海南大学

第二版前言

　　《实用生物统计学》自 2012 年正式出版至今已 11 年有余，在科研与教学中发挥了积极的作用。但是，由于出版时间较久，书中一些案例的时效性变弱，且生物统计学发展迅速，软件也在不断更新，因此，有必要对本书第一版进行一次全面的修订。

　　生物统计学旨在应用统计学的原理和方法来分析、理解、推导及探究蕴含在生命科学领域中的各种纷繁复杂现象背后的生命科学规律与本质，是生物学和统计学的交叉学科。《实用生物统计学（第二版）》保持了第一版一以贯之的根本思想——实用性，目标是帮助读者了解原理与分析方法、掌握数据分析流程、最终能解决实际问题。基于这一目标，对本书第一版进行了如下修订。

　　在内容方面，本版结合水产养殖学的教学经验，调整了书中的实例，以常见的水产养殖品种，如草鱼、鲤、石斑鱼、南美白对虾、鲍、小球藻等为研究对象。同时，本版以水产养殖过程中的实际问题，如不同地区的生长情况、饲料的增重效果、药物的处理效果、体色的分离比、基因的表达量等为研究内容。

　　在统计学中，"重复测量资料的方差分析"是一个非常有用，但极易被忽略的内容。因此，在第 6 章中增加了"重复测量资料的方差分析"一节，并配以实例以及软件解题的操作步骤。

　　由于软件的发展，本版将本书第一版中的软件版本全部进行了更新。Excel 更新至 Microsoft Office 2019，SPSS 更新至 SPSS v25，DPS 数据处理系统更新至 DPS v18 高级版，Minitab 更新至 Minitab v20，JMP 更新至 JMP Pro v16。同时，全书相应的软件运行步骤和截图也作了更新。

　　本版在各章开头增加了思维导图，以明晰章节构成，梳理知识点及其内在的逻辑关系。

　　本书由海南大学和中国水产科学研究院黄海水产研究所有多年教学或统计分析经验的同仁们共同完成。本版虽几易其稿，但限于著者水平和本领域的快速发展，书中难免存在疏漏或不妥之处，敬请读者批评、指正。

著　　者

2023 年 6 月于海口

第一版前言

生物统计学是应用统计学的原理和方法来分析、理解、推导和探究蕴含在生命科学领域中的各种纷繁复杂现象背后的生命科学规律和本质的一门科学，是生物学和统计学的交叉学科，在生态学、生物化学、农学等传统的生物学分支学科和生物信息学等新兴生物学科中广泛应用。虽然生物统计学是高校生物类专业一门极其重要的基础课程，出版的相关教材数量很多，但是，这些教材主要都注重基本理论和公式的推导，容易使学生将其当做一门数学类课程来学习，在公式推导中迷失了应用性这一学习生物统计学的根本目的，以至于许多学生完成教材的学习后，面临具体的实验设计和数据处理时仍然茫然不知所措。为此，我们编著了本书。

尽管本书仍然是由实验资料的整理、试验设计、显著性检验、相关与回归和协方差分析等章节组成，也对其中的基本概念、基本公式进行了阐述，但是，本书一以贯之的一个根本思想是实用性，即学生通过丰富的实例直观地了解如何选择合适的分析手段、如何采用常规的软件一步一步地完成实验数据的分析，这是本书与已有的生物统计教材的显著不同之处。为了强化和检验教学效果，本书在每一章的最后附上了适当数量的复习思考题。

本书还可以作为生物学科技工作者开展试验设计、数据处理和分析等的参考书，特别是书中介绍了多种常用的生物统计软件的使用方法，在计算机普及的今天，生物统计学的应用更为实用和便捷，把科技工作者从繁杂的数据处理和分析中解放出来。

本书的编著、出版得到了国家自然科学基金项目（41076112，41176153）、国家高技术研究发展计划（"863"计划）项目（2012AA052103、2012AA100814）、教育部科学技术研究重点项目（211143）、海南大学 2011 年度自编教材资助项目（Hdzbjc1103）、海南大学"211"工程重点学科建设项目、"水产养殖学"国家级特色专业（TS10477）、热带生物资源教育部重点实验室等资助。科学出版社对本书的编著提供了大力支持和大量有益的建议。在此我们一并致以诚挚的感谢。

由于编著者水平有限，书中疏漏与不妥之处在所难免，敬请读者提出批评指正，以便修改完善。

编　者
2011 年 3 月于海口

目　　录

第1章 绪 论

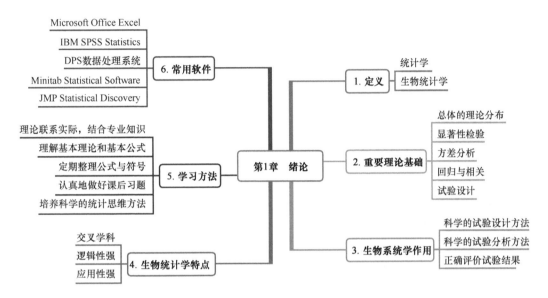

内 容 提 要

生物统计学是指应用统计学的原理和方法来分析、理解、推导和探究蕴含在生命科学领域中的各种纷繁复杂现象背后的生命科学规律、本质的一门学科。生物统计学的研究内容主要包括试验设计、统计分析方法及其基本原理。常用的试验设计方法主要有：对比设计、随机区组设计、拉丁方设计、正交设计等；统计分析方法主要包括描述性统计、显著性检验、相关与回归、协方差分析、多元统计分析。生物统计学的主要目的是对试验资料进行科学的整理、分析数据、判断试验结果的可靠性、确定事物之间的相互关系、提供试验设计的基本思路，为学习相关学科和科学研究奠定基础。生物统计学是一门较年轻的学科，随着计算机统计软件（Minitab、DPS、SPSS、SAS 等）的开发而得到快速的发展，已广泛应用于各领域，并和其他学科交叉形成了诸如生物信息学等新的学科。

1.1 生物统计学的定义

1.1.1 统计学

统计学（statistics）是一门通过搜集、整理、分析、解释统计资料，揭示其内在客观数量规律性的学科。由于它具有准确、客观等特点，已广泛应用于自然科学、社会科学、人文科学以及政府情报决策中。

statistics 最早起源于拉丁语 *statisticum collegium*；到了 16 世纪，意大利语 stato 表示"国家"和"情况"的含义，随后传播到德、法、荷等国，德国西尔姆斯特大学教授康令（H. Conring，1606—1681）在大学开设了一门 staatenkunele 课程，原意是对各国状况的比较，引起了许多学者的关注。随后，德国哥廷根大学教授阿亨瓦尔（G. Achenwall，1719—1772）在康令思想的基础上，把关于人口、财政、军队等事项的学问称为"国势学"，并在 1749 年出版的《近代欧洲各国国势学概论》（*Kompendium der politischen Verfassung europäischer Länder und Völker*）中首创了"statistik"这个词汇，即"统计学"。1787 年，英国学者齐默尔曼（E. A. W. Zimmerman）据语音把"statistik"译成英语"statistic"。19 世纪，该词传到日本，日本的学者将其译成了"统计学"。

1903 年，我国学者钮永建等翻译了日本学者横山雅男所著于的《统计讲义录》，统计一词传入我国。1907 年，彭祖植编写的《统计学》这是我国最早的一本统计学书籍；随后，1913 年，顾澄翻译了英国学者尤尔（G. U. Yule，1871—1951）所著的于 1911 年出版的《统计学之理论》（*Introduction to the Theory of Statistics*），这是英美数理统计学传入中国之始；之后又有一些英美统计著作被翻译成中文，费希尔（R. A. Fisher，1890—1962）的理论和方法也很快传入中国。在 20 世纪 30 年代，《生物统计与田间试验》作为农学系的必修课，1935 年出版的由王绶（1897—1972）编著的《实用生物统计法》是我国出版最早的生物统计专著之一；1942 年出版的由范福仁（1909—1982）编著的《田间试验之设计与分析》等。这些翻译和编著的统计学书籍对推动我国农业生物统计和田间试验方法的应用产生了很大影响。现今，统计学已被延伸到生物学、医学、心理学等领域，相应地又形成了一系列新的学科，包括生物统计学、医学统计学、心理统计学等。

1.1.2 生物统计学

在生产实践活动中，人们往往会遇到下面类似的一些问题，如转基因动植物的生长速度是否比非转基因动植物快，如何进行判断？吸烟会不会导致患肺癌的概率增大？一种新疫苗，如何判断它是否有效？如何抽检一部分人来估计某种疾病的流行程度？某种细胞培养方法、抗癌药物疗效或饲料配方、育苗效果等是否有明显改进？等等。

这类问题的共同特点，就是人们只能得到他所关心的事情的不完全信息，或者是单个试验的结果有某种不确定性。如何透过纷繁复杂的现象抓住这类生命现象的本质？这需要我们通过设计相应的试验，开展试验研究，借助于生物统计学的理论和方法，透过外界环境条件或其他偶然因素所掩盖的表面现象，从而揭示其生命现象的内在规律。这就是生物统计学研究的内容，由此可知生物统计学（biostatistics）就是运用统计学的原理和方法来分析、理解、推导和探究蕴含在生命科学领域中的各种纷繁复杂现象背后的生命科学规律与本质的学科。

随着 16 世纪到 17 世纪中叶数理统计学的发展，18 世纪到 19 世纪正态曲线、最小二乘法等重要理论广泛应用于生物学。1889 年，高尔顿（F. Galton，1822—1911）发表第一篇生物统计论文《自然界的遗传》；1901 年，高尔顿和他的学生皮尔逊（K. Pearson，1857—1936）创办了 *Biometrika*（《生物统计学报》）杂志，首次明确了"biometry（生物

统计)"一词。因此,后来大家推崇高尔顿为生物统计学的创始人。近年来,随着相关
学科的发展,生物统计学已广泛应用于农学、医学、分子生物学、细胞生物学、生物信
息学、生物制药技术、资源保护与利用以及生态学等领域,取得了长足的进步。

1.2 生物统计学的重要理论基础

1.2.1 总体的理论分布

在生物统计学中,常见的理论分布有:正态分布、t 分布、二项分布、泊松(Poisson)
分布、χ^2 分布和 F 分布,其中前面两种理论分布主要应用于连续型随机变量的概率分布
资料,而另外 4 种主要应用于离散型随机变量的概率分布资料。此外,t 分布、二项分
布、泊松分布的极限为正态分布,在一定条件下,可以转化为正态分布进行处理。

正态分布理论最早由棣莫弗(A. De Moivre,1667—1754)于 1733 年发现,后来高斯
(K. F. Gauss,1775—1855)在进行天文观察和研究土地测量误差理论时独立发现了正态分
布(又称常态分布)的理论方程,提出了"误差分布曲线",后人为了纪念他,将正态分
布也称为高斯分布。戈赛特(W. S. Gosset,1777—1855)在生产实践中对样本标准差进行
了大量研究,于 1908 年以"Student(学生)"为笔名在 Biometrika 上发表了《平均数的概
率误差》一文,创立了小样本检验代替大样本检验的理论,即 t 分布,也称为学生氏分布。
1900 年,戈赛特的老师——卡·皮尔逊(K. Pearson,1857—1936)独立发现了 χ^2 分布,
并提出了著名的卡方检验法。1923 年,费希尔提出了 F 分布和 F 检验。1838 年,法国数学
家泊松(S. D. Poisson,1781—1840)提出了泊松分布。1713 年,瑞士数学家雅各布·伯努
利(Jacob Bernoulli,1654—1705)编著的《推测的艺术》(Ars Conjectandi)一书中,用组
合公式证明了帕斯卡曾提出的 n 为正数时的二项式定理,即二项分布。此外,法国数学家
棣莫弗在《机会论》(The Doctrine of Chances: a method of calculating the probatilities of euents
in play)一书中首次定义了独立事件的乘法定理,给出了二项分布公式。

1.2.2 显著性检验

在生命科学研究中,往往会获得一系列的变异资料,差异产生可能是由于处理间(如
不同试剂、不同药物、不同品种、不同浓度间)有本质差异,也可能是由一些偶然因素
导致的,要找出其中的真实原因,就必须进行显著性检验(significance test)。内曼(J. J.
Neyman,1894—1981)和卡·皮尔逊的儿子埃贡·皮尔逊(E. S. Pearson,1895—1980)
提出了显著性检验理论,为假设检验理论的发展奠定了坚实的基础:根据"小概率事件
实际不可能性原理"来接受或否定零假设,从而对最后结果进行推断。常用的显著性检
验方法有 t 检验、χ^2 检验、F 检验等。

1.2.3 方差分析

方差分析(analysis of variance,ANOVA),又称变异数分析或 F 检验,用于两个及

两个以上样本平均数差别的显著性检验，1923年由英国统计学家费希尔提出。根据分析的因素的数量，方差分析可以分为单因素方差分析、二因素方差分析和多因素方差分析；如果根据其数学模型，则可以分固定模型（fixed model）、随机模型（random model）和混合模型（mixed model）。方差分析在生命科学研究工作中极为重要，特别是在多因素试验中，可以帮助大家剖析起主导作用的变异来源，列出方差分析各自的期望均方（expected mean square，EMS），从而估计出各种效应值。

1.2.4　回归与相关

回归（regression）与相关（correlation）是研究变量间相互关系的一种统计分析方法。高尔顿于1888年在"Co-relations and their measurement, chiefly from anthropometric data"一文中充分论述了"相关"的统计学意义，并提出了相关系数的计算公式。相关是指两个或多个变量间存在平行的关系，主要用于研究两个变量之间相互关系的密切程度，用相关系数表示。1886年，高尔顿在他的论文"Regression towards mediocrity in hereditary stature"中，正式提出了"回归"的概念：两个或多个变量间存在依从关系。根据变量的个数，相关或回归可分为一元相关回归、二元相关回归及多元相关回归；而根据相关或回归的曲线形态，则可分为直线相关回归、曲线相关回归。

1.2.5　试验设计

试验设计（experimental design），广义上指试验研究课题设计，也就是整个试验计划的拟定；狭义上指试验单位（如单个细胞、一条鱼、一个贝等）的选取、重复数目的确定以及试验单位的分组。试验设计可避免系统误差，控制、降低试验误差，无偏估计处理效应，从而对样本所在总体作出科学的、可靠的、正确的推断。在试验设计过程中，必须遵循试验三原则，即随机、重复、局部控制。

费希尔在其所著的《研究工作者的统计方法》（*Statistical Methods for Research Workers*）一书中，提出了田间试验的基本原则和主要设计方法，此书也成为试验设计的经典著作。1925年，费希尔提出了随机区组和正交拉丁方试验设计，同时，他还在试验设计中提出"随机化"原则，并于1938年与耶茨（F. Yates，1902—1994）合编了费希尔-耶茨随机数字算法（Fisher-Yates shuffle）。

1.3　生物统计学的作用

1964年，英国著名统计学家耶茨和希利（M. J. R. Healy）在其共同发表的文章中指出：非常痛心地看到，因为数据分析的缺陷和错误，那么多好的生物研究工作面临着被葬送的危险。从这句话中足以看出，生物统计学对于生命科学领域是何等重要，其作用主要体现在以下三个方面。

（1）提供科学的试验设计方法：科学的试验设计可用较少的人力、物力和时间取得丰富可靠的试验资料。因此，在开展任何一项生命科学试验之前，都必须科学地进行试验设计，包括样本容量的确定、抽样方法的挑选、处理水平的选择、重复数的设置以及试验的安排等，都必须严格遵循试验三原则。

（2）提供科学的试验分析方法：在生命科学试验过程中，常常可以获取大量的非常复杂的第一手资料，我们如何透过纷繁复杂的信息得出客观科学的结论，抓住蕴含在其中的生命科学的本质规律呢？在数据收集、整理、分析过程中，我们必须根据实际资料，选取科学而严密的一套生物统计学分析方法。例如，研究某转基因鲑鱼的产量特征，我们可获得不同品系、不同地区、不同年龄的出肉率。从这些杂乱的数据中，很难直接看出其规律性，如果采用生物统计学方法对其进行整理、分析，就可以了解转基因鲑鱼产量与非转基因鲑鱼产量之间的关系，以及不同地区该转基因鲑鱼的产量是否存在显著差异，为进一步进行转基因鲑鱼的深入研究提供了科学依据。

（3）正确评价试验结果的可靠性：在生命科学研究中，试验单元间的差异除试验处理外，还存在一些无法控制的偶然因素对试验结果的影响。例如，在比较转基因鲑鱼产量与非转基因鲑鱼产量时，可以采用对比设计、分两个区域进行试验，尽管投喂、流水、清淤等日常管理技术都一致，但是由于不同区域的水流等微环境存在一定的差异、每条鱼的生理生化特性的差异，以及其他一些不可控的因素对鲑鱼产量均存在一定的影响。因而，每条鱼的产量必然包括转基因的真实效应以及偶然因素两个效应。因此，我们在分析结果时，只有正确区分这两种效应，判断它们各自效应的大小，才能对试验结果作出科学可靠的结论。生物统计学根据不同的资料类型，提供了推断试验结果可靠性的不同方法。

1.4 生物统计学的特点及学习方法

在生物统计学的教学中，很多同学反映生物统计学比较难懂，这主要是因为生物统计学是生物科学与数理统计的交叉学科，涉及的数学公式、数学概念、数学符号及数学用表等较多，需要付出较多的时间和精力来掌握这些基本概念、基本原理、基本方法，记住一些常用的公式和符号，理解并推导一些基本的数学表达式。然而事实上，生物统计学是一门逻辑性和应用性较强的学科，作为一个并非专门开展生物统计学原理与方法研究的人员，其主要目的是应用生物统计学方法解决生产和研究中遇到的实际问题，无需一一推导和记住复杂的数学公式。因此，为了便于读者学习，本教材中的基本原理和分析方法均有具体软件的操作实例，可操作性强，并在每一章的后面附有复习思考题。读者在具体学习过程中，首先应掌握基本概念、基本原理，看懂例题，理解分析结果；然后结合常用的生物统计分析软件（Excel、SPSS、DPS、Minitab、JMP 等）练习复习思考题，达到掌握各种统计分析方法的目的。在学习中，应注意以下几个方面。

第一，必须理论联系实际，结合专业知识，不可忽视专业知识的重要性。生物统计是对试验数据提供收集、整理、分析的方法，并得出结论。因此，生物统计学在使相关的研究省时、省事、经济、有效的同时，可以对试验结果作出科学的推断，但必须结合专业知识进行全面综合分析才能获得客观、科学的结论。例如，某研究者测得某地区 200名正常成年男性转氨酶和身高的数据，用简单相关与回归对这两个变量间的关系进行分析，并开展了正确的显著性检验，得出的结论是：可用身高去预测转氨酶的含量，但是显然这个结论与实际不符，缺乏专业理论知识的支撑。

第二，要理解生物统计学的基本理论和基本公式。要正确理解每一个公式和每一种生物统计分析方法的实际含义与应用条件。例如，进行 t 检验时，要求原始资料服从 t 分布，否则可能会得出错误结论；又如，进行方差分析时必须满足其三个基本假定。如果不考虑应用条件、生搬硬套，会得出与事实不符、甚至截然相反的结果。

第三，掌握各种符号及其意义，定期整理所学过的公式与符号，不必深究其数学推导过程。因此，平时需多留意国内外论文或报告中的图表、数据及其分析方法和对结果的解释，从而熟悉表达方法及其应用。

第四，要及时认真地做好课后习题。结合常用的生物统计分析软件（Minitab、DPS、SPSS 等），加深对统计的基本理论和基本方法的理解与掌握，达到能熟练运用生物统计方法分析实际问题的目的，提高生物统计分析的效率；及时认真复习是保证学习不掉队的关键。

第五，应注重培养科学的统计思维方法。生物统计意味着一种新的思考方法——从不确定性或概率角度来思考问题和分析科学试验的结果。

1.5　本书涉及的统计学软件

随着统计学的快速发展，功能定位不同的统计软件层出不穷。综合广泛性、实用性、易操作性以及经济成本等因素，本书选取了以下 5 款具有代表性的统计软件进行实例分析，并提供软件的解题步骤。

1.5.1　Microsoft Office Excel

Microsoft Office Excel 又称电子数据表程序或 Excel，用于数据记录和运算，是最早的 Microsoft Office 组件，也是最普遍、最简单的数据表格软件。严格说来 Excel 并不是统计软件，但其作为数据表格软件具有一定的统计计算功能。Excel 内置了多种函数，可以对大量数据进行分类、排序甚至绘制图表等，常用于数据的收集、整理以及最基础的统计分析。

1.5.2　IBM SPSS Statistics

IBM SPSS Statistics 简称 SPSS，作为世界上公认的三大数据统计分析软件之一，可提供用户友好型界面和强大的功能集，包括数据统计、数据分析、预测模型建立以及数据可视化等。SPSS 以操作简便、好学易懂、简单实用等优点获得了广大用户的青睐，用户只要掌握一定的 Windows 操作技能，粗通统计分析原理，就可以使用该软件为特定的科研工作服务。它涵盖科研、自然研究、商业研究、政策分析、金融分析等多个领域，其提供的一种综合性的统计与服务解决方案，不仅可进行数据的收集、处理、统计与分析，还能导出美观的图表，进行数据的可视化展示。

1.5.3 DPS 数据处理系统

DPS 数据处理系统简称 DPS，是当前我国唯一一款具自主知识产权，技术达到国际先进水平，能进行高级试验设计、复杂统计分析和现代数据挖掘，且在所有的电脑上都可使用的多功能统计分析软件。DPS 既具有 Excel 那样方便的在工作表里面进行基础统计分析的功能，又能实现如 SPSS 那样的高级统计分析。DPS 可提供便捷的可视化操作界面，同时可借助图形化的数据建模功能为用户构建复杂模型提供最直观的途径。

1.5.4 Minitab Statistical Software

Minitab Statistical Software 常简称 Minitab，是一款功能强大的统计软件，具备统计分析、试验设计、预测和改进分析等功能，可以帮助用户做出数据驱动型决策并进行可视化。Minitab 以其强大的功能和简易的可视化操作深受广大初学者和统计学家的青睐。其公司在 1972 年成立于美国的宾夕法尼亚州立大学（Pennsylvania State University）。Minitab 目前在全球 100 多个国家 4800 多所高校被广泛使用。

1.5.5 JMP Statistical Discovery

JMP Statistical Discovery 简称 JMP，是一款专为科学家和工程师设计的功能强大的统计分析软件，也适合任何需要解决数据问题的人士。JMP 拥有数据准备、数据分析、绘图等一系列完整的工具套件，让用户能够直观地探索和分析数据、解决关键问题，并通过共享这些经验以作出更有效的数据驱动的决策。与 Excel 电子表格或其他统计软件不同，JMP 专为解决整个统计分析工作流程中的问题而设计。JMP Pro 是 JMP 的专业版，除拥有 JMP 的所有功能外，还提供一些高级功能，包括预测建模和交叉验证技术，从而将统计分析工作提升至全新的水平。JMP 不仅可用于数据分析，更可用于研究之前的试验设计，这将在本书的最后一章进行介绍。

复习思考题

1. 什么是统计学？什么是生物统计学？
2. 生物统计学的主要理论基础有哪些？各部分之间有何联系？
3. 试从基础型生命科学研究的过程看生物统计学在科学实践中的地位。
4. 试从应用基础型生命科学研究的过程看生物统计学在科学实践中的地位。
5. 学习生物统计学的过程中需要注意哪些问题？

第 2 章　数据的整理与分析

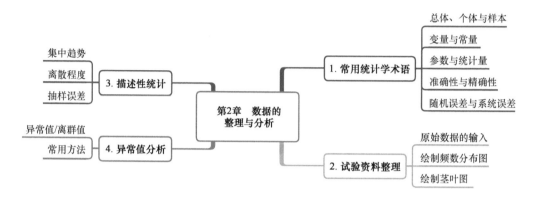

内 容 提 要

　　生物统计学分析的第一步是资料的收集和整理。收集资料主要有调研和开展生物学试验这两种方法，而资料的整理主要通过核查、校对原始资料，制作频数分布表和频数分布图来完成。生命科学领域的试验资料一般都具有集中性、离散性及分布形态三个基本特征：集中性主要利用算术平均数、中位数、几何平均数等反映；离散性主要通过标准差、方差、变异系数等特征数进行度量；分布形态则主要借助偏度和峰度体现。本章首先介绍总体与变量等最基本的生物统计学名词术语，继而结合举例应用软件阐明试验原始数据整理的具体方法，并对试验数据的特征进行统计分析，全面明确数据资料的整理分析方法。

　　在科学试验与调查中，常常会得到大量的原始数据，这些对某种具体事物或现象观察的结果称为资料（data）。这些资料在统计分析前，一般是分散的、零星的和孤立的，是一堆无序的数字。为了揭示这些资料中所蕴含的科学意义，需要对其进行必要的整理分析，以发现其内在的规律。

2.1　常用统计学术语

　　为了更好地学习和理解后续章节的生物统计学知识，首先必须掌握以下几组生物统计学基本概念。

2.1.1　总体、个体与样本

　　总体（population）是指研究对象的全体，其中的每一个成员称为个体（individual）。

依据构成总体的个体数目的多寡，总体可以分为有限总体（finite population）和无限总体（infinite population）。例如，在研究珍珠贝的壳高时，因为无法估计出一个海区珍珠贝的具体数量，可以认为珍珠贝是无限总体。

总体的数目往往非常庞大，全部测定需要耗费大量的时间、人力和物力，甚至根本无法完全测定每一个个体；另外，有时候数据的获取过程对研究对象具有破坏性，如要测定贝壳硬度，需要压碎贝壳。因此，只能通过研究总体中的一部分个体来反映总体的特征。

从总体中随机获得部分个体的过程，称为抽样（sampling）。为了使抽样的结果具有代表性，需要采取随机抽样（random sampling）的方法，如对一个生物的总体，机会均等地抽取样本，估计其总体的某种生物学特性。简单的随机抽样的方法有抽签、抓阄、随机数字表法等。抽样技术将在试验设计一章中详细叙述。

从总体中抽取的一部分个体所组成的集合称为样本（sample）。样本中个体的数量称为样本容量、样本含量或样本大小（sample size），通常记为 n。如果 $n \leqslant 30$，则该样本为小样本；$n > 30$，该样本则为大样本。

例如，2009 年 3 月，某珍珠养殖场为了调查 2007 年繁育的 100 万只马氏珠母贝的生长情况，随机取 10 笼，共 227 只马氏珠母贝。这里需要研究的 100 万只马氏珠母贝是总体，其中的每只珠母贝则是个体，随机抽取的全部 227 只马氏珠母贝是一个样本。该样本的容量为 227，远大于 30，属于大样本。

2.1.2　变量与常量

变量是研究对象所反映的指标，如海藻中叶绿素 a 的含量，水生动物的体重、体长，鱼的摄食量、酶活力，细胞的直径，DNA 分子的大小等。变量通常记作 X 或 Y 等大写的字母，而变量的观测值可以标记为 x，称为资料或数据。例如，测量一批鱼的体长 X，我们可以随机抽取 10 尾鱼作为一个样本，测量它们的体长（x, cm），得到 10 个观测值 14.2、15.4、13.6、15.8、15.5、16.1、14.9、15.3、14.8、15.7，这里体长是变量 X，而这 10 个观测值就是样本数据 x。

按照其可能取得的值，可将变量分为连续型随机变量（continuous random variable）和离散型随机变量（discrete random variable）。

连续型随机变量指在某一个区间内可以取任何数值的变量，其测量值可无限细分，数值之间是连续不断的。例如，10~30cm 的海带藻体长度为连续型随机变量，因为在该范围内可取出无数个值，同样分子运动速度、鱼的体重、贝类的壳高、酶活力的大小、DNA 分子大小等都属于连续型随机变量。连续型随机变量需通过测量才能获得，其观测值称为连续型数据（continuous data），也称为度量数据（measurement data），如长度值、时间、重量值等。

如果变量的取值为自然数或整数，这种变量称为离散型随机变量，这种变量的数值一般通过计数获得，如鱼、贝的怀卵量等。离散型随机变量的观测值称为离散型数据（discrete data），也称为计数数据（count data）。

如果变量的取值在一定的范围内是一个相对稳定的数值，那么这种变量称为常量（constant）。例如，在一个小的时空范围内，重力加速度是一个常量。常量的取值是一个常数，具有相对稳定性。

2.1.3 参数与统计量

统计学中把总体的指标统称为参数（parameter），把由样本算得的相应的总体指标称为统计量（statistic）。例如，2009 年 3 月，某珍珠养殖场为了调查 2007 年繁育的 100 万只马氏珠母贝的生长情况，随机取 10 笼，共 227 只马氏珠母贝，测量壳高。这 227 只马氏珠母贝的壳高平均数就是统计量，而 100 万只马氏珠母贝的壳高平均数就是参数。参数常用希腊字母表示，如 μ 表示总体的平均数，σ 表示总体的标准差；统计量常用小写英文字母表示，如 $\bar{x}$ 表示样本平均数，s 表示样本标准差等。

2.1.4 准确性与精确性

由于测量方法或测量仪器等因素，试验获得的数据和变量的真实值之间会存在一定的差异；此外，数据之间也会有差别。这种差异通常以准确性和精确性来描述。

准确性（accuracy），也称准确度，是指在试验中某一指标或性状的观测值与真实值的接近程度。假设试验指标或性状的真实值为 μ，观测值为 x，则 $|x-\mu|$ 越小，x 值的准确性就越高。

精确性（precision），也称精确度、再现性（reproducibility）或重复性（repeatability），是指在相同条件下对同一对象重复测量所获得的数值间的接近程度。观测值彼此越接近，则观测结果的精确性就越高。

准确性、精确性合称为正确性。由于真实值 μ 常常不知道，因此准确性不易度量，但利用统计方法可度量观测的精确性。"准确性"和"精确性"两个概念间的相互关系可以由图 2-1 表示。

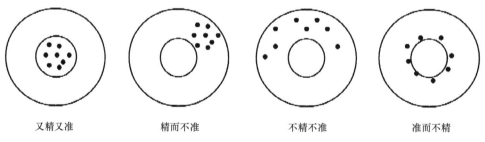

又精又准　　　　精而不准　　　　不精不准　　　　准而不精

图 2-1　观测试验结果的准确性和精确性

2.1.5 随机误差与系统误差

随机误差（random error），是由无法控制的偶然因素导致的误差，其中最重要的是抽样误差（sampling error），即由随机抽样导致的样本与总体间的差异。扩大样本容量或增加实验次数是减小随机误差的有效途径，但不能完全消除随机误差。随机误差会影响实验的精确性。

系统误差（systematic error），又称片面误差（lopsided error），是由测量工具没校准、实验方法不完善、实验者操作习惯或精神状态不同等因素所导致的差异。系统误差在一定程度上可以通过改进测量工具、完善实验设计、提升实验人员操作水平等手段来降低或消除。

2.2　试验资料的整理

2.2.1　原始数据的输入

通过调查或试验取得的原始资料，首先需要输入到 Excel 表格。

【例 2-1】　为了调查马氏珠母贝的生长情况，随机测量某养殖场三笼马氏珠母贝的个体总重，共获得 128 个数据，结果如表 2-1 所示。

表 2-1　某养殖场马氏珠母贝个体总重　　　　　　　　　（单位：g）

51.98	62.57	48.80	34.01	35.80	48.50	42.30	38.72	52.31	24.02
47.64	44.31	39.67	38.28	52.08	48.18	53.98	47.78	44.49	37.72
61.68	36.99	26.49	54.52	35.67	50.76	54.34	46.45	39.96	54.07
45.77	55.86	55.78	48.80	36.77	31.82	51.89	37.78	44.81	50.39
31.55	76.77	36.06	46.81	42.65	46.47	34.73	50.11	49.88	49.39
46.34	62.39	58.88	63.86	48.02	51.33	45.51	55.68	42.25	41.87
49.18	58.92	42.00	39.68	46.71	53.85	48.78	46.00	38.70	43.66
33.36	45.08	32.32	45.70	33.76	50.57	27.36	55.47	57.71	45.32
40.94	42.65	58.52	35.52	57.51	54.57	52.33	62.29	55.11	46.06
52.81	46.47	41.16	31.83	51.96	57.59	65.07	28.96	56.83	55.97
37.40	37.39	35.65	40.70	39.93	53.14	22.70	21.44	35.44	41.44
32.83	48.05	42.47	42.12	39.38	33.44	31.15	29.87	30.22	31.85
37.27	45.97	34.80	37.08	33.17	30.92	20.47	23.45		

在某一列中输入全部测量数据，其中第一行输入标题"总重（g）"（图 2-2）。

2.2.2　绘制频数分布图

绘制频数分布图是直观反映数据分布情况的一种常用方法。将数据按照一定的规则分成不同的组，组数用 L 表示；同一个组中的数值属于同一范围，组内包含的个体个数称为频数（f）；总频数或样本容量（n）可用公式表示为 $\sum f$，频率为 f/n。

绘制连续型数据的频数分布图的一般步骤如下。

（1）从原始数据中找出最大值 $\max(x)$ 和最小值 $\min(x)$，计算极差（range，R），$R=\max(x)-\min(x)$。

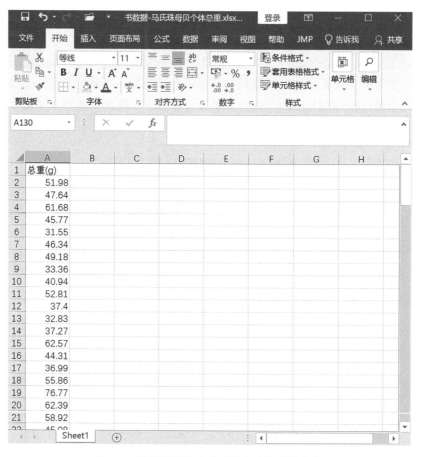

图 2-2　某养殖场马氏珠母贝总重的测量数据

（2）决定划分的组数，组数（L）与样本容量（n）有关。一般数据少于 100 个时，可以分为 7～10 组；数据较多时，可以分为 15～20 组。可以用以下公式 $L = 1 + \log_{10}^{n} / \log_{10}^{2}$ 计算，也可以参照表 2-2 确定。

表 2-2　样本容量与组数的关系

样本容量（n）	组数（L）	样本容量（n）	组数（L）
30～60	5～8	200～500	10～18
60～100	7～10	500 以上	15～30
100～200	9～12		

（3）依据极差与组数，确定组距。

（4）在频数表中列出全部组限与组中值。

（5）获得频数分布表，绘制频数分布图。

在统计软件中，频数分布图多以直方图（histogram）的形式体现，常见的统计软件都可以绘制。

以表 2-1 的 128 只马氏珠母贝的总重观测值为例，分解制作频数分布表与频数分布图的过程。

Excel 的应用如下。

（1）确定极差 R。$R=76.77-20.47=56.30$。

（2）确定组数 L。本例中 $n=128$，L 可以选取 10。

（3）确定组距 i。$i=R/L=56.30/10=5.63$。为了分组方便，一般组距不要取小数；这里 i 取 6。

（4）确定组中值。第一个组中值等于或小于样本最小值+1/2 组距，本例最小值为 20.47，组距为 6，第一个组中值=20+3=23；其余的组中值依次加组距确定。

（5）在 Excel 中确定接受区域。第一个接受区域数值=第一个组中值+1/2 组距 =23+3=26，其余的接受区域数值依次加上组距，接受区域最后一个值一定大于或者等于最大值。

以上 5 步结果见图 2-3。

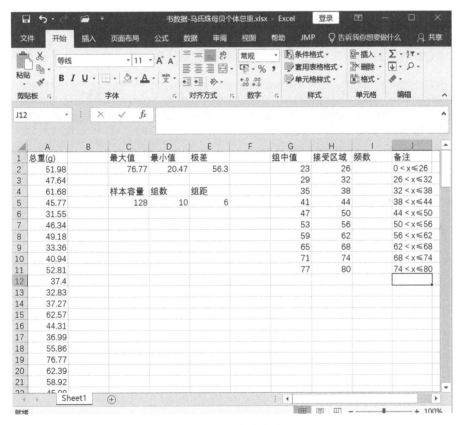

图 2-3　基本参数的确定

（6）调用函数 FREQUENCY( )，步骤如下。

第一步，选中"频数"列下方的空白单元格，作为结果输出区域，输入 "=FREQUENCY("。

第二步，用鼠标选中"总重（g）"的 128 个观测值（或直接输入数据所在单元格

"A2:A129"），再输入"，"隔开。

第三步，再用鼠标选中"接受区域"的数据（或直接输入接受区域单元格"H2:H11"），输入")"。

以上3步见图2-4。

图 2-4 Excel 中频数统计输入

按"Ctrl+Shift+Enter"，获得如下频数统计结果（图2-5）。

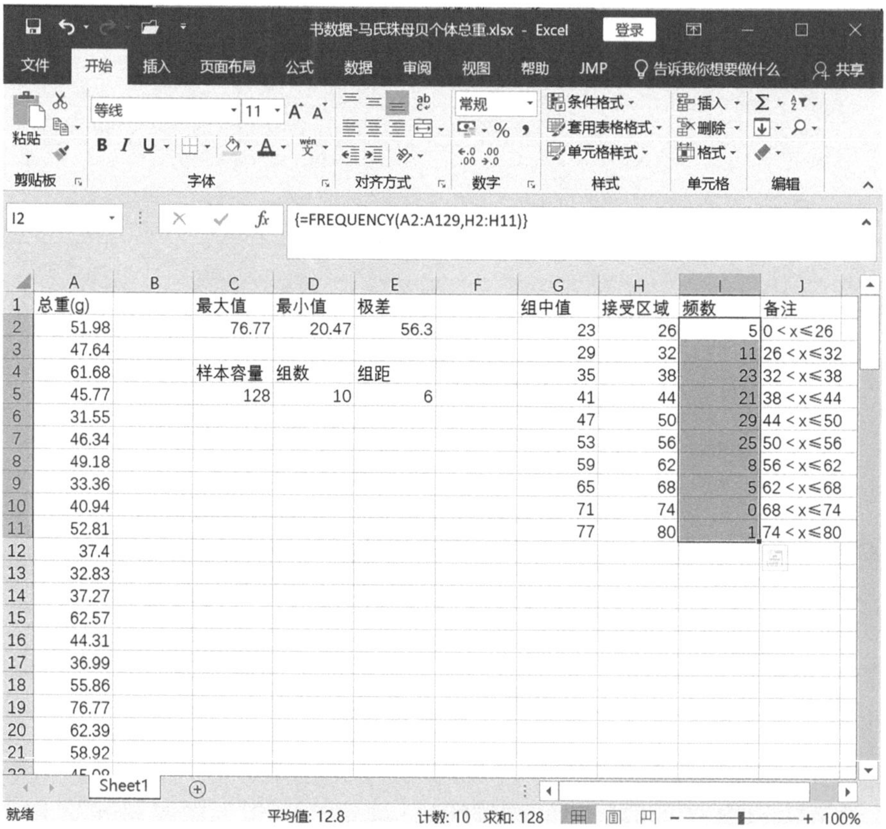

图 2-5 Excel 中频数统计结果

（7）制作频数分布图。选择频数的数据，点击菜单上的插入→推荐的图表→向导按

钮 ，出现如下对话框（图 2-6）。

图 2-6　频数分布图的绘制

（8）选择数据区域，点击柱形图中的第一个图"簇状柱形图"，出现以下结果（图 2-7）。

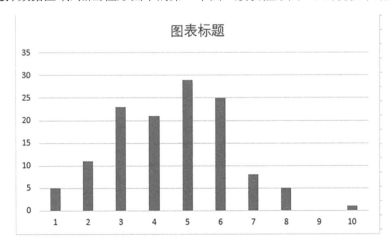

图 2-7　数据区域的选择

（9）点击生成的图表，点击右键→"选择数据"（图 2-8）。

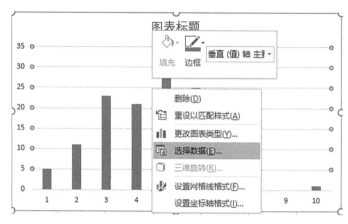

图 2-8　数据序列的设定

（10）出现"水平（分类）轴标签"的对话框，点击下方"编辑"（图 2-9）。

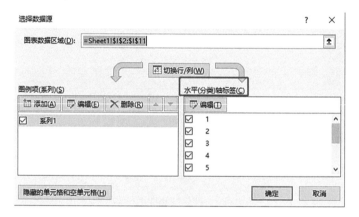

图 2-9　编辑水平（分类）轴标签

（11）选中"组中值"，点击确定（图 2-10）。

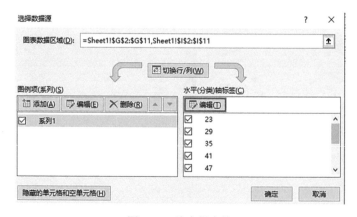

图 2-10　选中组中值

（12）点击"确定"后的结果如下（图 2-11）。

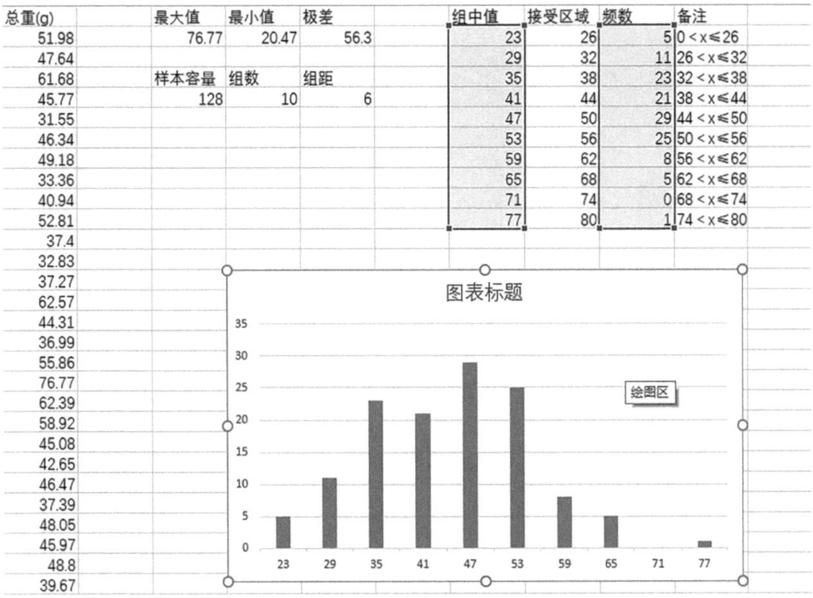

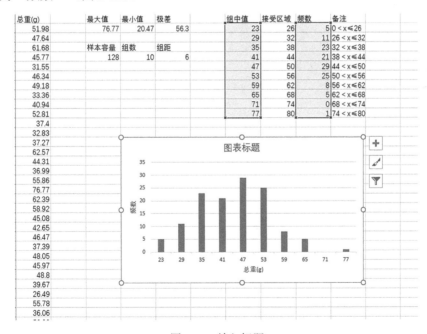

图 2-11　生成的图表

（13）点击图表右侧"+"，勾选"坐标轴标题"，分别输入标题: x 轴为"总重（g）"和 y 轴为"频数"（图 2-12）。

图 2-12　输入标题

（14）点击图表右侧"+"，如果有图例，将"图例"前面□内的√去掉（图 2-13）。

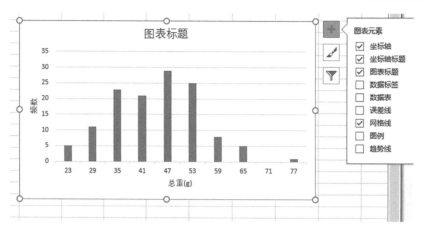

图 2-13 取消显示图例

（15）取消显示图例后即可出现如下结果（图 2-14）。

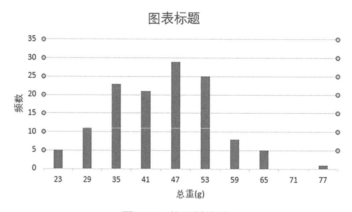

图 2-14 柱形图结果

（16）鼠标选中条形，点击右键→"设置数据系列格式"（图 2-15）。

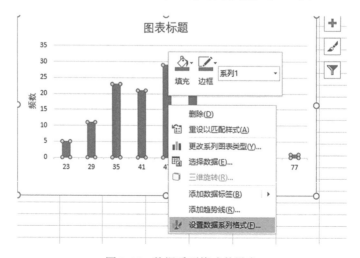

图 2-15 数据系列格式的设定

（17）出现对话框，点击"选项"，将间隙宽度改为 0%（图 2-16）。

（18）关闭对话框，条形之间的间隔就没有了，再为柱子加上黑色边框（图 2-17）。

图 2-17 中 x 轴的数据 23、29 等为组中值，条形高度表示频数。

图 2-16　设置间隙宽度

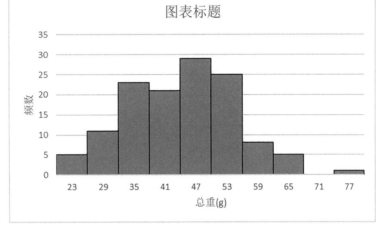

图 2-17　频数分布图

2.2.3　绘制茎叶图

茎叶图（stem and leaf plot）又称"枝叶图"，它的基本思路是将样本中的数据按位数进行比较，将数的大小基本不变或变化不大的位作为一个主干（茎），将变化大的位作为分枝（叶），列在主干的后面，这样就可以清楚地看到每个主干后面的几个数，每个数具体是多少。这里仍然以 128 只马氏珠母贝的总重数据（表 2-1）为例应用 Minitab、SPSS 等软件制作茎叶图。

2.2.3.1　Minitab 的应用

Minitab 统计软件是一款易于操作的数据分析软件，非常适合统计学的入门学习者。目前，其在国内由上海泰珂玛信息技术有限公司（http://www.minitab.com.cn）代理，Minitab16 提供 30 天的免费试用期。

在运行 Minitab 软件后，将显示会话和数据两个主窗口：①会话窗口，将以文本格式显示分析的结果，而且在该窗口中还可以输入命令，无需使用 Minitab 的菜单；②数据窗口，包含一个打开的工作表，该工作表的外观与 Excel 电子表格相似，可以打开多个工作表，每个工作表位于不同的数据窗口中。

（1）将观测值数据从 Excel 拷贝到 Minitab 的工作表中（图 2-18）。

（2）鼠标点击菜单中"图形"→"茎叶图"，就会弹出对话框（图 2-19）。

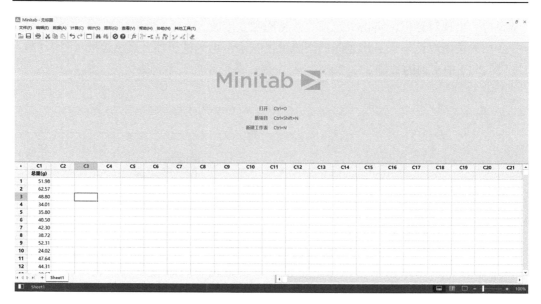

图 2-18 数据输入

图 2-19 导入变量

茎叶图显示: 总重(g) ∨ ×

⊞ SHEET1

茎叶图显示: 总重(g)

总重(g) 的茎叶图 N = 128

```
5     2  01234
9     2  6789
25    3  0011111223333444
47    3  55555666777778888999999
63    4  0011122222223444
(26)  4  55555566666666778888888999
39    5  0000111122223334444
20    5  5555556777888
7     6  12223
2     6  5
1     7
1     7  6
```

叶单位 = 1

图 2-20 茎叶图结果

（3）点击“确定”，在对话框中就会输出结果（图 2-20）。

从结果中可知：样本容量为 128（$n=128$）；叶的单位是 1.0，也就是将观测值通过四舍五入取整了。

茎叶图有三列数据：左边一列是频数；中间一列是茎，表示测量值的十位数；右边一列是数组中的变化位，是按照大小顺序一一列出的测量值的个位数，像一条树枝上抽出的叶子一样，所以人们形象地称之为茎叶图。

结果中，第一个频数是 5，茎是 2，叶是 01234，表明 20～24 范围内的观测值有 5 个，分别是 20、21、22、23、24；第二个频数是 9，茎是 2，叶是 6789，表明 26～29 范围内的观测值有 4 个（本频数 9 减去上面的频数 5），分别

是 26、27、28、29；第三个频数是 25，茎是 3，叶是 0011111223333444，表明 30～
34 范围内的观测值有 16 个（本频数 25 减去上面的频数 9），分别是 30、30、31、31、
31、31、31、32、32、33、33、33、33、34、34、34；依次类推，直到带括号的中心
的数（26），表示 45～49 范围内的观测值有 26 个。从中心数往下，当前行的观测值个
数等于当前频数减去下一行频数，如倒数第 4 行，该行观测值数量有 5 个（本行的 7
减去下一行的 2），分别是 61、62、62、62、63。

　　茎叶图是一个与直方图相类似的特殊工具，但又与直方图不同，茎叶图保留了原始
资料的全部信息，直方图则丢失了原始资料的信息。将茎叶图的茎和叶逆时针方向旋转
90°，实际上就是一个直方图，可以从中统计出次数，计算出各数据段的频率或百分比，
从而分析其分布是否与正态分布或单峰偏态分布相似。

2.2.3.2　SPSS 的应用

　　SPSS 现名 PASW Statistics，软件主页为 http://www.spss.com.hk/statistics/，能提供
功能更加强大的统计分析程序，包括计数、交叉列表分析、聚类、描述统计、因子分
析、线性回归、聚类分析、有序回归及邻近分析法等。用 SPSS 绘制茎叶图的具体步
骤如下。

　　（1）用 SPSS 进行描述性统计，打开 SPSS 后，可以先从 Excel 中导入数据，注
意：此时被导入的 Excel 文件不能打开。导入对话框如下（图 2-21）。

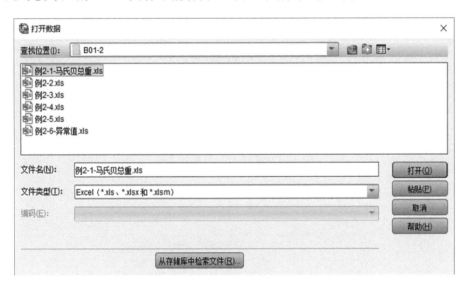

图 2-21　SPSS 数据导入对话框

　　（2）导入后，数据即会出现在工作表中（图 2-22）。

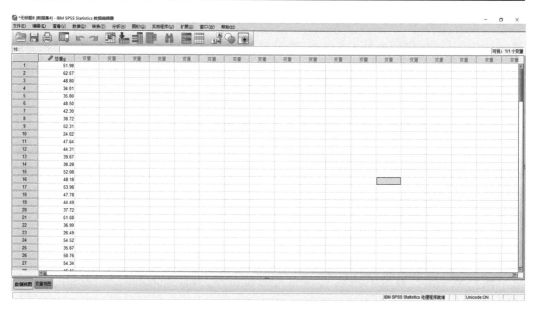

图 2-22　SPSS 数据导入结果

（3）调用菜单"分析"→"描述统计"→"探索"（图 2-23）。

图 2-23　SPSS 分析菜单的选择

（4）"探索"对话框弹出，将"总重"选入"因变量列表"（图 2-24）。

图 2-24　变量导入

（5）点击"图"，弹出对话框，勾选"茎叶图"（图 2-25）。

（6）选择"继续"按钮返回上级对话框，点击"确定"，就可以得到结果（图 2-26）。

图 2-25　选中茎叶图选项

总重(g)茎叶图

频率	Stem & 叶
5.00	2 . 01234
4.00	2 . 6789
16.00	3 . 0011111223333444
22.00	3 . 5555566677777788899999
16.00	4 . 0011122222223444
26.00	4 . 55555566666666778888888999
19.00	5 . 0000011112222333344444
13.00	5 . 5555556777888
5.00	6 . 12223
1.00	6 . 5
1.00 极值	(>=77)

主干宽度：　　10.00
每个叶：　　1 个案

图 2-26　茎叶图

SPSS 的茎叶图同样也是左、中、右三列，同样分别表示频数、测量值十位数和测量值个位数。与 Minitab 的茎叶图不同的是，SPSS 的茎叶图的频数就是该行测量值范围内的个数，而非累加所得。例如，第三行的 16，表示在 30～34 范围内的观测值共有 16 个，分别是 30、30、31、31、31、31、31、32、32、33、33、33、33、34、34、34。另外，图 2-26 还显示：所有数据中有一个异常值（≥77），标注为"Extremes"。

2.3　试验数据的描述性统计

对于一个样本的观测值，我们可以计算它的算术平均数、样本含量、中位数、众数、最大值、最小值、极差、方差、标准差、标准误、变异系数、峰度与偏度等，即对数据进行描述统计分析。其中，算术平均数、中位数、众数、几何平均数等统计量都称为平均数，是对样本数据的集中趋势的度量，而极差、方差、标准差、变异系数等统计量都称为变异数，是对样本数据的离散程度的度量。

2.3.1　平均数

2.3.1.1　算术平均数与样本容量

平均数（mean），一般指算术平均数，由观测值的总和除以样本容量得出，常用 $\bar{x}$ 表示，其计算方式为

$$\bar{x} = \frac{x_1 + x_2 + \cdots + x_n}{n} = \frac{\sum\limits_{i=1}^{n} x_i}{n} \text{ 或是简写为 } \frac{\sum x}{n} \tag{2.1}$$

式中，x_i（i=1, 2, …, n）是构成样本的每个个体的观测值。

在 Excel 中，有专门的函数 average( )可以计算平均数，步骤如下。

（1）在 Excel 数据列最后的空白单元格（A130）中输入"average("，即会出现如图 2-27 所示提示。

（2）选中所有数据，输入右括号")"，即会出现如图 2-28 所示结果。

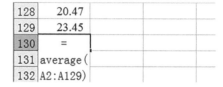

图 2-27　average 提示　　　　　　　　　图 2-28　平均数的计算

（3）点击回车键后，单元格A130 即会出现平均数的计算结果 44.31（图 2-29）。算术平均数具有较好的代表性，但易受极值的影响。

样本容量 n 可以用函数 count( )计算，如计算例 2-1 的样本容量 n，可以在单元格 A130 中输入"=count(A2:A129)"（图 2-30）。

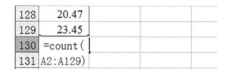

图 2-29　计算结果　　　　　　　　　　图 2-30　count 提示

点击回车，即可得到结果 128。

2.3.1.2　中位数

中位数（median）是把一组观测值按从小到大的顺序排列，位于中间的一个数（或两个数的平均值）称为这组数据的中位数，记作 M_d。当样本数为奇数时，中位数=第(n+1)/2 个数据；当样本数为偶数时，中位数是第 n/2 个数据与第 n/2+1 个数据的算术平均值。

在 Excel 中，中位数计算步骤如下。

（1）在 Excel 中，计算中位数的函数为 median( )。例如，计算例 2-1 的样本中位数，可在数据列最后的空白单元格（A130）中输入"median("，即会出现以下提示（图 2-31）。

（2）选中所有数据，输入右括号")"，即会出现如下结果（图 2-32）。

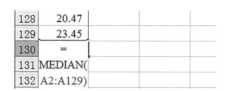

图 2-31　median 提示　　　　　　　　　图 2-32　中位数的计算

（3）点击回车键后，单元格A130即会出现中位数的计算结果45.20（图 2-33）。

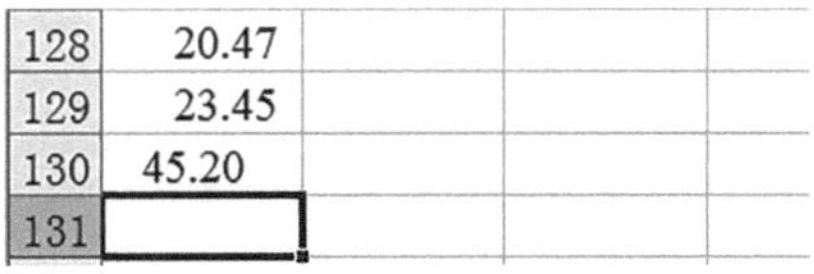

中位数不受分布数列的极大值或极小值的影响，具有"抗性"，不像算术平均数那样"敏感"。当所得资料呈偏态分布或者存在极端值时，不宜用平均数衡量，中位数的代表性优于算术平均数，如收入、住房等。

128	20.47
129	23.45
130	45.20
131	

图 2-33 计算结果

【例 2-2】 某水产养殖公司 33 名职工的月工资（以元为单位）如下（表 2-3）。

表 2-3 某生物制品公司职工的月工资

指标	董事长	副董事长	董事	总经理	经理	管理员	职员
人数	1	1	2	1	5	3	20
工资（元）	30 000	25 000	3 500	5 000	2 500	2 000	1 500

该公司的平均工资为 3500 元，而中位数工资为 1500 元。

2.3.1.3 众数

众数（mode）是一组数据中出现次数最多的那个观测值或出现次数最多一组的组中值，记为 M_0。有时在一组数中有好几个众数，在 Excel 中，计算众数的函数为 mode( )。分析例 2-1 数据的众数的步骤如下。

（1）在 Excel 中数据列最后的空白单元格（A130）中输入"mode("，即会出现如图 2-34 所示提示。

（2）选中所有数据，输入右括号")"，即出现图 2-35 所示。

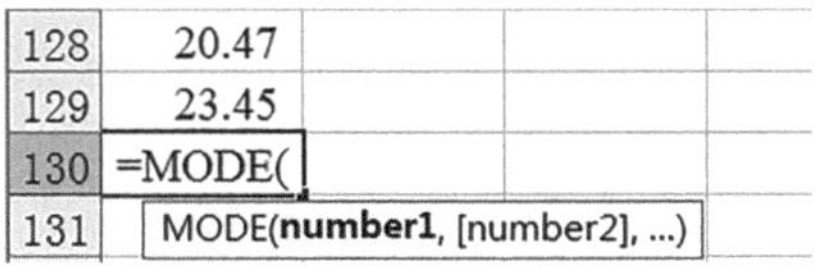

128	20.47
129	23.45
130	=MODE(
131	MODE(**number1**, [number2], ...)

图 2-34 mode 提示

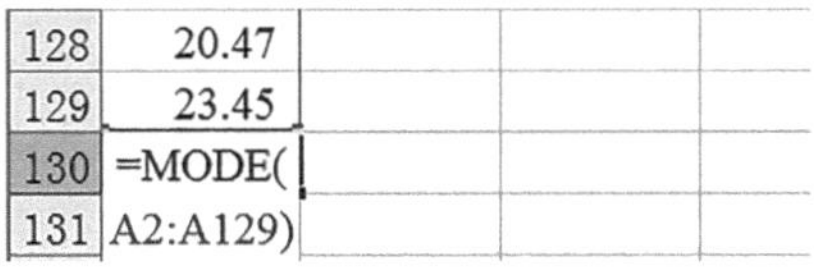

128	20.47
129	23.45
130	=MODE(
131	A2:A129)

图 2-35 众数的计算

128	20.47
129	23.45
130	48.80
131	

图 2-36 计算结果

（3）点击回车键后，单元格A130即会出现众数的计算结果48.80（图 2-36）。

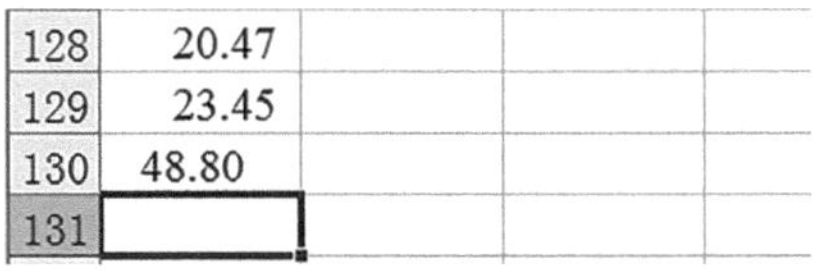

众数不受极端值的影响，但它也没有充分利用全部数据的信息，而且还具有非唯一性。如果样本数据的分布没有明显的集中趋势或最高峰点，也可能没有众数；如果有两个最高峰点，那就有两个众数。只有在总体中比较多，而且又明显地集中于某个变量值时，计算众数才有意义。

【例 2-3】 某企业希望了解消费者最喜欢哪种规格鲍（头/斤）（1 斤=500g），随机调查了一个超市皱纹盘鲍一年的销售情况，得到了如下资料（表 2-4）。

表 2-4 皱纹盘鲍一年的销售记录

规格（头/斤）	5	6	7	8	9	10	11
销售量（斤）	12	84	118	541	320	104	52

从表 2-4 中可以看出，8 头/斤的皱纹盘鲍销售量最高，如果我们计算算术平均数，则平均规格为 8.29 头/斤，这是没有实际意义的，因此可以利用 8（众数）头/斤作为样本数据的集中趋势，既便捷又符合实际。

2.3.1.4 几何平均数

几何平均数（geometric mean）是指 n 个观察值连乘的积的 n 次方根，记作 G。根据资料的条件不同，几何平均数有加权和不加权之分。

$$G = \sqrt[n]{x_1 \cdot x_2 \cdots x_n} = (x_1 \cdot x_2 \cdots x_n)^{\frac{1}{n}} \tag{2.2}$$

【例 2-4】 某水库 2018～2022 年的罗非鱼总产量分别是上年的 107.6%、102.5%、100.6%、102.7%、102.2%，试计算水库这 5 年的平均产量增长速度。

$$G = \sqrt[5]{1.076 \times 1.025 \times 1.006 \times 1.027 \times 1.022} \times 100\% = 103.1\%$$

在 Excel 中，计算几何平均数的函数为："geomean( )"。在数据列最后的空白单元格中输入"geomean("，即会出现以下提示（图 2-37）。

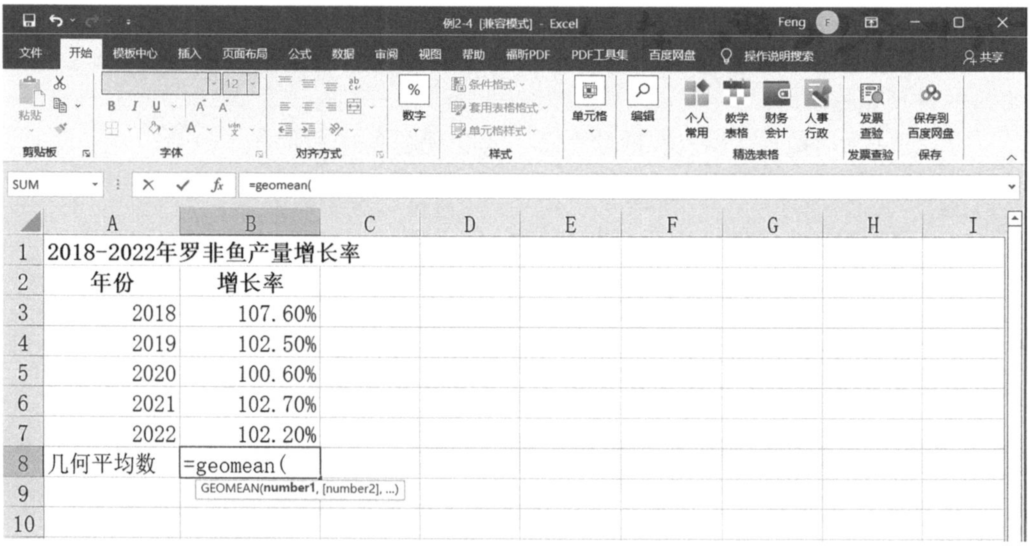

图 2-37 geomean 提示

选中所有数据，输入右括号")"，即会出现图 2-38 所示。

图 2-38　几何平均数的计算

点击回车键后，单元格A130 即会出现几何平均数的计算结果 1.0309。

【例 2-5】　某水产企业选择合作银行，调查到中国人民银行公布的 2007 年的定期存款利率分别是：三个月 3.33%，半年 3.78%，一年 4.14%，两年 4.68%，三年 5.40%，五年 5.85%，试求平均年利率。

这里计算几何平均数时需要考虑存期，进行加权。

$$G = \sqrt[0.25+0.5+1+2+3+5]{1.0333^{0.25} \times 1.0378^{0.5} \times 1.0414^1 \times 1.0468^2 \times 1.054^3 \times 1.0585^5} \times 100\%$$

$$= 105.27\%$$

几何平均数仅适用于具有等比或近似等比关系的数据。几何平均数受极端值的影响较算术平均数小，但是观测值中任何一个变量值均不能为 0，如例 2-5 中，银行利率为 3.78%，计算时要写成 1.0378，以避免银行利率为 0 时导致计算无意义。

2.3.2　变异数

2.3.2.1　极差

极差（range）是指一个样本中最大值与最小值的差值，记作 R。在 Excel 中，可以用函数 max( )、min( )分别计算最大值与最小值，然后相减求得极差。

例如，例 2-1 中 128 只马氏珠母贝的极差，可以在 Excel 中用图 2-39 所示方法计算。

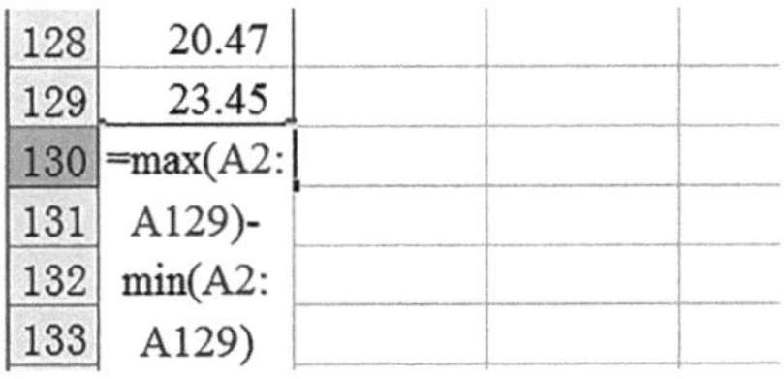

按"Enter 键"，获得极差结果 56.30。

图 2-39　极差的计算

2.3.2.2 方差与标准差

方差（variance）和标准差（standard deviation）都是描述观测值围绕平均数的波动程度的特征值，是判断数据变异程度的最重要、最常用的指标。

方差也称均方（mean square，MS），作为统计量，样本方差常用符号 s^2 表示；作为总体参数，常用符号 σ^2 表示。

标准差是方差的平方根值，样本标准差常用 s 或 SD 表示，总体标准差则用 σ 表示。

方差是每个观测数据与该组数据平均数之差的平方和的均值。本章只讨论对样本的描述，尚未涉及总体问题，故本章中方差为样本方差，用 s^2 表示，标准差用 s 表示。

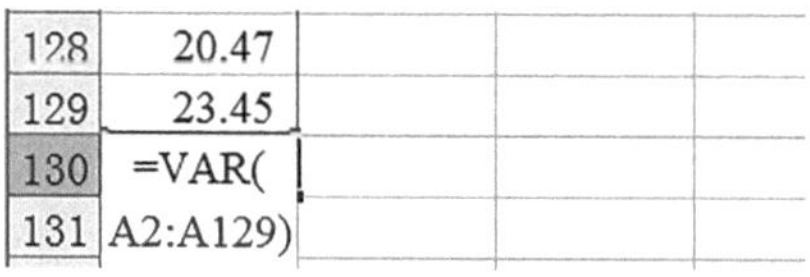

128	20.47		
129	23.45		
130	=VAR(		
131	A2:A129)		

图 2-40　方差的计算

Excel 中计算方差的函数为 VAR( )，计算标准差的函数为 stdev( )。例如，计算例 2-1 中 128 只马氏珠母贝总重观测值的方差，可以在 Excel 中进行如下计算（图 2-40）。

点击回车后，可获得方差值 107.13。

同样，利用函数 stdev( )，计算出 128 只马氏珠母贝总重观测值的标准差为 10.35。

为了说明一个样本的变异程度，常常在平均数后面加上标准差，记为 $\bar{x}\pm s$。例如，128 只马氏珠母贝的测量结果可以记作（44.31±10.35）g。

在单位相同、平均数相近的情况下，标准差越大，说明观察值间的变异程度越大，即观察值围绕平均数的分布较离散，平均数的代表性较差。反之，标准差越小，表明观察值间的变异程度越小，观察值围绕平均数的分布较集中，平均数的代表性较好。在研究中，对于标准差的大小，原则上应该控制在平均数的 12%以内，如果标准差过大，将直接影响研究结果的准确性。

2.3.2.3 变异系数

变异系数（coefficient of variability，CV）是衡量资料中各观测值变异程度的另一个统计量，是样本变量的相对变异量，是不带单位的一个百分数。当比较两个或多个样本的相对变异程度时，如果度量单位与平均数都相同，可以直接利用标准差来比较。如果单位不同或平均数相差较大时，比较其变异程度就不能采用标准差，而需要采用变异系数来进行比较。变异系数记作 CV，其计算公式如下。

$$CV = \frac{s}{\bar{x}} \times 100\% \tag{2.3}$$

例如，2003 年 4 月在海南陵水黎安港同时繁殖了马氏珠母贝的三亚与流沙两个群体，2005 年 3 月分别对两个群体随机取样，测量的壳高（cm）分别为 6.68±0.86、6.27±0.25，可以通过分别计算出两个群体各自的变异系数来比较它们的变异程度，CV 的计算结果分别为 12.86%与 10.32%，表明流沙群体的壳高变异程度要比三亚群体的变异程度小，即流沙群体长得更整齐。

2.3.2.4 偏度与峰度

偏度（skewness）与峰度（kurtosis）都是分布曲线的特征，是相对于正态分布曲线而言的。在生产与科学研究中所遇到的很多随机变量都服从或近似服从于正态分布，正态分布曲线是一种左右对称的钟形曲线，曲线特征由总体平均数 μ 与总体标准差 σ 决定，曲线关于 $x=\mu$ 对称，而 σ^2 决定了曲线形状，σ^2 越小，曲线越陡峭，σ^2 越大，曲线越平坦。

偏度是描述某变量取值分布对称性的统计量。在 Excel 中，偏度可以用 skew( ) 计算。偏度=0，分布形态与正态分布相同；偏度>0，长尾巴拖在右边；偏度<0，长尾巴拖在左边（图 2-41）。

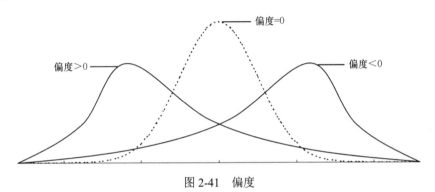

图 2-41 偏度

峰度（kurtosis）是描述某变量所有取值分布形态陡缓程度的统计量。在 Excel 中，峰度可以用 kurt( ) 计算。峰度是和正态分布相比较的。峰度=0，与正态分布相同；峰度>0，比正态分布的高峰陡峭——尖顶峰；峰度<0，比正态分布的高峰平缓——平顶峰（图 2-42）。

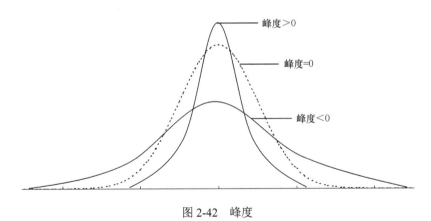

图 2-42 峰度

2.3.3 标准误

在实际工作中，我们无法直接了解研究对象的总体情况，经常采用随机抽样的方法，获得所需要的指标，即样本统计量。样本统计量与总体参数之间存在的差异，称为抽样误差（sampling error），其大小通常用均数标准误（standard error，S_e）表示。标准误反映的是同一总体中不同样本的平均数之间的差异，而标准差描述的是单个样本中各个观测值之间的离散程度，因此，标准误与标准差是完全不同的两个概念。

标准误用来衡量抽样误差，标准误越小，表明样本统计量与总体参数的值越接近，样本对总体的代表性越高，用样本统计量推断总体参数的可靠性越大。因此，标准误是统计推断可靠性的指标。标准误一般用 $S_{\bar{x}}$ 表示，标准误的大小与标准差成正比，而与样本含量（n）的平方根成反比，这就是在具体开展试验时可通过增加样本含量来降低试验误差的缘由。标准误的计算公式为

$$S_{\bar{x}} = \frac{s}{\sqrt{n}} \tag{2.4}$$

如例 2-1 的样本数据，128 只马氏珠母贝的标准差为 10.35g，在 Excel 中输入"=10.35/POWER(128, 0, 5)"可以计算出标准误 $S_{\bar{x}} = 10.35 / \sqrt{128} = 0.91$g。

2.3.4　统计软件在描述性统计中的应用

随着计算机的不断发展，已开发出一系列相关软件可以快速有效地对大量统计资料进行描述性统计分析，常见的有 Excel、Minitab、DPS、SPSS 等，下面介绍各种软件在描述性统计中的具体使用方法和步骤。

2.3.4.1　Excel 的应用

以 128 只马氏珠母贝总重观测值为例（原始数据见表 2-1），用 Excel 进行描述性统计。默认安装的 Excel 没有描述性统计分析的菜单选项，需要先进行如下设置。
（1）点击"文件"→"选项"→"加载项"→"转到"（图 2-43）。

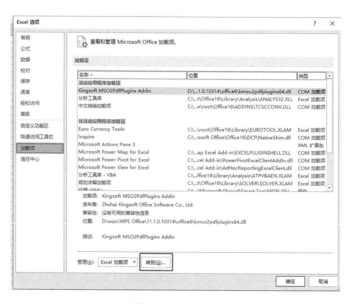

图 2-43　加载宏

（2）对话框中，在"分析工具库"前打√，点击"确定"（图 2-44）。

（3）点击"数据"，就会出现"数据分析"，在最右侧（图 2-45）。

（4）点击"数据分析"，出现如下对话框（图 2-46）。

（5）选择"描述统计"，出现如下对话框（图 2-47）。

（6）点击"输入"下"输入区域"右侧的↑，出现如下对话框（图 2-48）。

（7）将第一列数据的标题"总重（g）"选中（图 2-49）。

（8）按住 Shift 键，选择全部数据。

（9）点击对话框右侧的↓（图 2-50）。

图 2-44　选中分析工具库

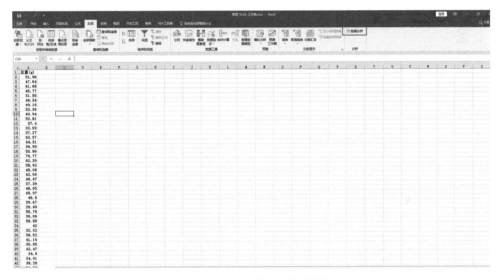

图 2-45　Excel 的统计分析菜单

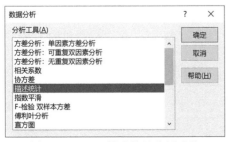

图 2-46　Excel 描述统计分析功能

图 2-47　描述统计对话框

图 2-48　数据输入框　　　　　　　　　　图 2-49　Excel 单元格选择

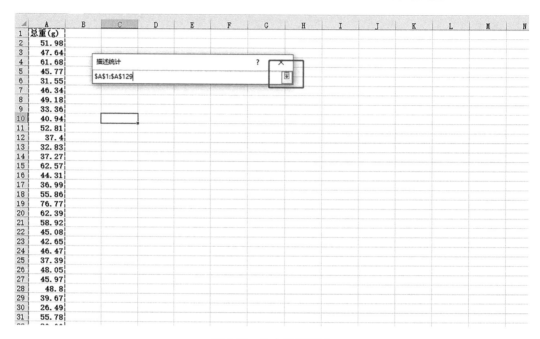

图 2-50　选中数据区域

（10）返回上级对话框，在"标志位于第一行"前面的□内打√，然后点击"输出区域"右侧图标（图 2-51）。

图 2-51　对话框的选择

选择 C 列第一行作为输出起始区域（C1）（图 2-52）。

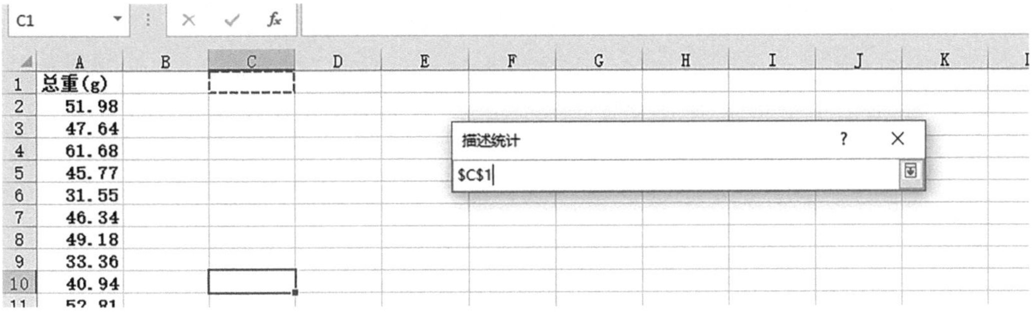

图 2-52　输出区域的选择

（11）返回上级对话框，点击“确定”，得到如下结果（图 2-53）。

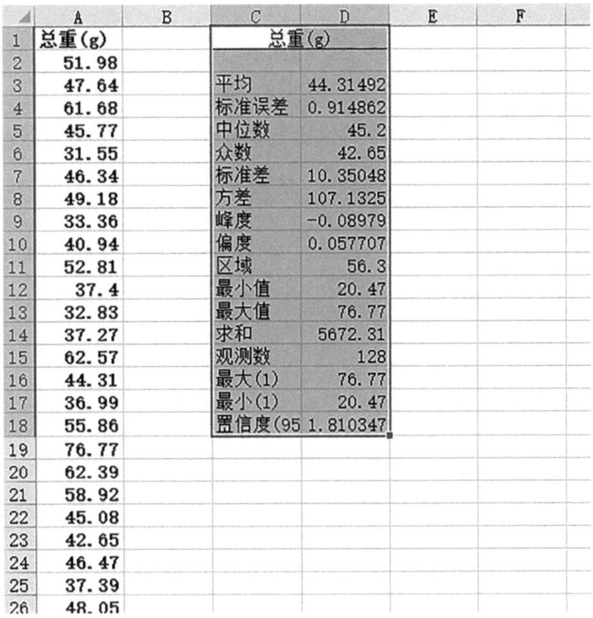

	A	B	C	D
1	总重(g)		总重(g)	
2	51.98			
3	47.64		平均	44.31492
4	61.68		标准误差	0.914862
5	45.77		中位数	45.2
6	31.55		众数	42.65
7	46.34		标准差	10.35048
8	49.18		方差	107.1325
9	33.36		峰度	-0.08979
10	40.94		偏度	0.057707
11	52.81		区域	56.3
12	37.4		最小值	20.47
13	32.83		最大值	76.77
14	37.27		求和	5672.31
15	62.57		观测数	128
16	44.31		最大(1)	76.77
17	36.99		最小(1)	20.47
18	55.86		置信度(95	1.810347
19	76.77			
20	62.39			
21	58.92			
22	45.08			
23	42.65			
24	46.47			
25	37.39			
26	48.05			

图 2-53　描述性统计分析结果

以上是 128 只马氏珠母贝总重的描述性统计分析结果（单位：g）。平均值为 44.314 92，标准误差是 0.914 862，中位数是 45.2，众数是 42.65，标准差是 10.350 48，方差是 107.1325，等等。

2.3.4.2　Minitab 的应用

这里依然以例 2-1 中 128 只马氏珠母贝的总重观测值为例，采用 Minitab 软件来进行描述性统计分析。

（1）输入数据，可以直接从 Excel 中复制后粘贴到工作表中（图 2-54）。

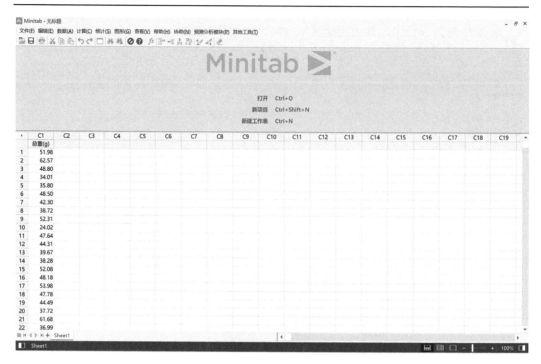

图 2-54　数据输入

（2）调用菜单，"统计"→"基本统计"→"显示描述性统计量"，如图 2-55 所示。

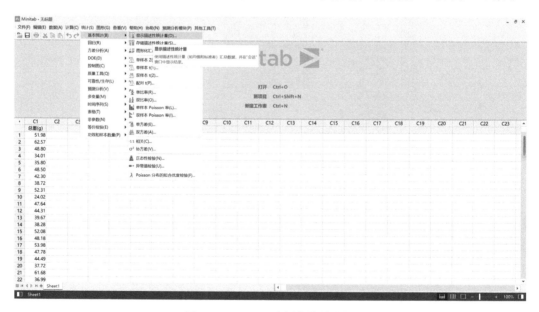

图 2-55　Minitab 分析菜单的选择

（3）出现如下对话框，用鼠标点击"C1　总重（g）"，再点击"选择"，"C1　总重（g）"就会选择到"变量"中。也可以采用鼠标双击的方法将"C1　总重（g）"选择到"变量"中（图 2-56）。

（4）单击"统计量"，出现如下对话框，选择我们需要的统计量，在其前面的□中打√，这里我们选择均值、均值标准误、标准差、方差、变异系数、中位数、众数、极差、峰度、偏度、N 非缺失等统计量（图 2-57）。

图 2-56　变量的导入

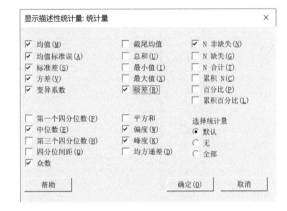

图 2-57　统计量的选择

（5）选择完毕后，点击"确定"返回上级对话框，再次点击"确定"，即可在对话框中出现如下结果（图 2-58）。

描述性统计量: 总重(g)

统计量

变量	N	均值	均值标准误	标准差	方差	变异系数	中位数	极差	众数	众数的 N
总重(g)	128	44.315	0.915	10.350	107.133	23.36	45.200	56.300	42.65, 46.47, 48.8	2

变量	偏度	峰度
总重(g)	0.06	-0.09

图 2-58　描述性统计分析结果

这里一次性获得了 128 只马氏珠母贝总重观测值的统计量：样本容量 n 是 128，平均值是 44.315，均值标准误是 0.915，标准差是 10.350，方差是 107.133，变异系数是 23.36%，中位数是 45.200，极差是 56.300；有三个众数：42.65、46.47、48.8，每个众数都出现 2 次；偏度是 0.06，峰度是–0.09。

2.3.4.3　DPS 的应用

DPS 统计软件（http://www.chinadps.net）是目前国内唯一一款试验设计及统计分析功能齐全的多功能统计分析软件包，提供了十分方便的可视化操作界面，可以借助图形处理的数据建模功能处理复杂的模型。《DPS 数据处理系统》作为软件的配套说明书已于 2010 年再版。

DPS 同样具备对样本进行描述性统计的功能，具体分析过程如下。

（1）输入数据与选择数据（图 2-59）。

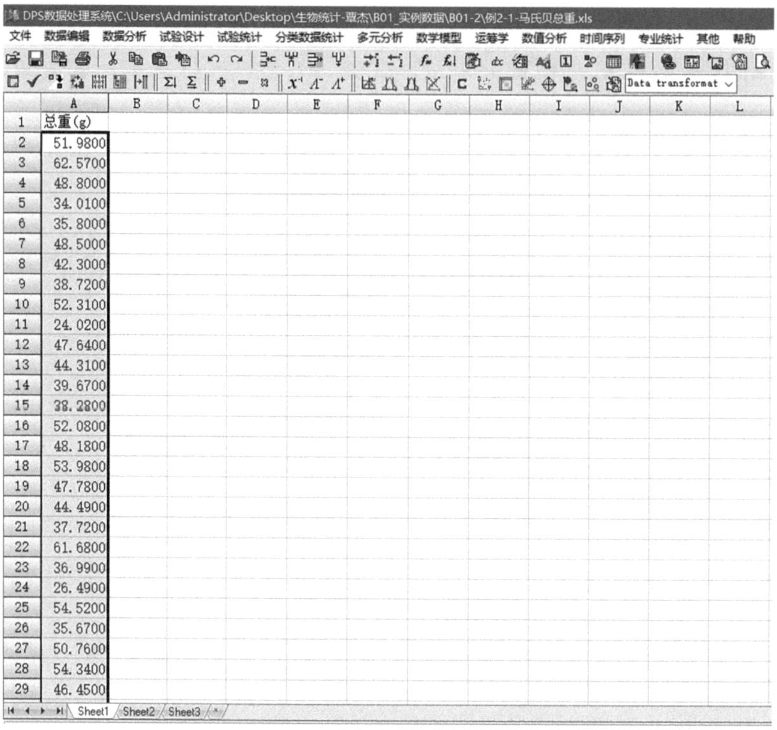

图 2-59　数据的录入与选择

将 Excel 中的 128 只马氏珠母贝总重观测值拷贝到 DPS 中。

（2）描述性统计。

第一种方法为：选中全部数据，注意不要选择"总重（g）"，点击鼠标右键→"基本参数"，即可出现下图所示结果（图 2-60）。

图 2-60　统计分析结果

此时样本数、平均值、中位数、最大值、最小值、标准差等即可显示；如果进一步点击"正态性检验"，则偏度与峰度也会显示，非常直观。

另一种方法：依次选择菜单"数据分析"→"基本参数估计"，描述性统计分析结果就会在另外一个工作表中呈现（图 2-61）。

	A	B	C	D	E	F	G	H	I	J	K
1	计算结果	当前日期									
2	样本数	128									
3	最小值	20.4700									
4	最大值	76.7700									
5	样本数	128									
6	和	5672.3100									
7	均值	44.3149									
8	几何平均	43.0433									
9	中位数	45.2000									
10	常用百分	Px%									
11	0.5000	21.0860									
12	1	21.7802									
13	2.5000	23.5498									
14	5	27.9200									
15	10	31.7390									
16	20	35.4720									
17	25	36.9350									
18	30	37.8300									
19	40	41.7840									
20	50	45.2000									
21	60	46.9760									
22	70	50.0870									
23	75	51.9650									
24	80	53.5660									
25	90	57.0340									
26	95	60.7140									
27	97.5000	62.5385									
28	99	64.7433									
29	99.5000	69.3405									
30	四分位间距=15.0300										
31	四分位间距(1/2)=7.5150										

图 2-61　描述性统计分析结果

此时 DPS 显示样本数、均值、中位数、最大值、最小值、标准差等统计描述特征；在正态性检验中，还会显示偏度与峰度。

2.3.4.4　SPSS 的应用

（1）从 Excel 中导入数据，点击菜单"分析"→"描述统计"→"描述"（图 2-62）。

（2）出现如下对话框（图 2-63）。

（3）选中"总重（g）"，点击■使其进入"变量"框中。点击"选项"，出现如下子对话框（图 2-64）。

（4）勾选所需要的统计量，点击"继续"，返回描述统计对话框，再点击"确定"，即可出现如图 2-65 所示结果。

	文件(F) 编辑(E) 视图(V) 数据(D) 转换(T)	分析(A) 直销(M) 图形(G) 实用程序(U) 窗口(W) 帮助

	总重g
1	51.98
2	62.57
3	48.80
4	34.01
5	35.80
6	48.50
7	42.30
8	38.72
9	52.31
10	24.02
11	47.64
12	44.31
13	39.67
14	38.28
15	52.08
16	48.18
17	53.98
18	47.78
19	44.49
20	37.72
21	61.68
22	36.99

图 2-62 SPSS 描述统计分析功能菜单

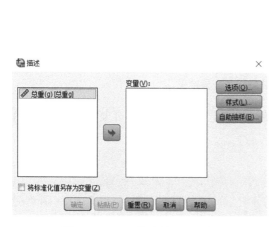

图 2-63 SPSS 描述统计对话框

图 2-64 SPSS 描述统计选项对话框

描述统计量

	N	极小值	极大值	均值		标准差	方差	偏度		峰度	
	统计量	统计量	统计量	统计量	标准误	统计量	统计量	统计量	标准误	统计量	标准误
总重(g)	128	20.47	76.77	44.3149	.91486	10.35048	107.133	.058	.214	-.090	.425
有效的 N（列表状态）	128										

图 2-65 SPSS 描述统计分析结果

2.4　试验数据中异常值的分析

异常值（outlier）也称离群值，是指样本中明显偏离所属样本的其余观测值的个别数据。异常值可能是总体固有的随机变异性的极端表现，这种异常值和样本中其余观测值属于同一总体；还可能是由试验条件和试验方法等偶然因素导致的，或者是观测、计算、记录中的失误所致，这种异常值和样本中其余观测值不属于同一总体，必须剔除。

对于可疑的异常值，需要经过统计假设检验决定去留。如果经检验发现仅仅是极端值，那么要将其保留；如果是异常值，那么要将其剔除。检查异常值常用的方法有 3S 法、格拉布斯法和狄克松法，它们都适用于正态分布的总体研究。

2.4.1　3S 法

当样本容量 $n > 10$ 时，如果某个观察值（x_i）与其测量结果的算术平均值（$\bar{x}$）之差大于 3 倍标准偏差（σ，sigma）时，即 $|x_i - \bar{x}| > 3\sigma$ 时，则该测量数据应舍弃。这是美国混凝土标准中所采用的方法，由于该方法是以 3 倍标准偏差作为判别标准，因此亦称 3 倍标准偏差法，简称 3S 法（3 sigma）。

取 3S 的理由是：根据随机变量的正态分布规律，在多次试验中，测量值落在 $x \pm 3\sigma$ 范围内的概率为 99.73%，出现在此范围之外的概率仅为 0.27%，也就是在近 400 次试验中才能遇到一次，这种事件为小概率事件，出现的可能性很小，几乎是不可能的。因而在实际试验中，一旦出现，就认为该测量数据是不可靠的，应将其舍弃。

对 128 只马氏珠母贝的总重观测值用 DPS 进行 3S 法异常值检验，可按照下列步骤进行。

（1）拷贝数据并选择数据，调用菜单"数据分析"→"异常值检验"（图 2-66）。

（2）弹出对话框，在"检验分析方法"下面选择"3S 法"，默认 p 值为 0.05（图 2-67）。

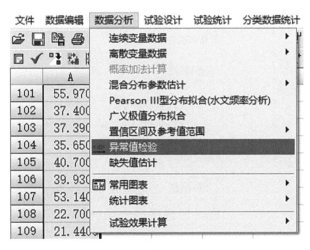

图 2-66　DPS 菜单的选择　　　　　　　　图 2-67　对话框的选择

（3）点击对话框的"确定"，获得如下结果，观测值 76.7700 为异常值（图 2-68）。

图 2-68　3S 分析结果

2.4.2　狄克松检验法

狄克松（Dixon）检验法也称 Q 检验法，适用于样本容量为 3～30 的小样本。DPS 可以直接调用菜单进行 Dixon 检验，要求样本容量 $n>3$。

【例 2-6】　现有一批方斑东风螺稚螺的体重（g）数据：12.2、11.5、12.8、14.8、22.2、19.2、25.7、12.7、9.8、35、15.3、11.3、21.1、18.5、19.5，用 Dixon 检验法寻找异常值。

DPS 的应用如下。

（1）输入数据并选择数据（不选择标题行），选择菜单"数据分析"→"异常值检验"（图 2-69）。

（2）弹出对话框，在"检验分析方法"下面选择"狄克松（Dixon）法"（图 2-70）。

图 2-69　狄克松检验菜单的选择

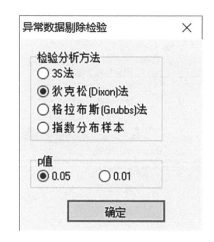

图 2-70　对话框的选择

（3）点击"确定"，获得如下结果（图 2-71）。

弹出的对话框显示：第 10 行数据 35 为异常值，需要剔除。在数据列中，35 所在的单元格已经用黄色突出显示。

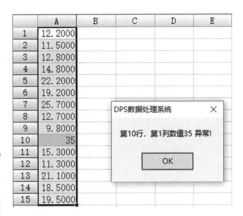

图 2-71　狄克松检验结果

2.4.3　格拉布斯检验法

格拉布斯（Grubbs）检验法亦称 ESD（extreme studentized deviate）法，样本容量要 ≥3，一般样本容量在 50 以上更好，也可以检验一个样本或多个样本中的异常值。数学上已证明，在一组测定值中只有一个异常值的情况下，Grubbs 检验法在各种检验法中是最优的。DPS 可以直接调用菜单进行 Grubbs 检验，要求样本容量 $n > 3$。

这里依然采用例 2-6 的数据。

DPS 的应用如下。

（1）输入数据并选中所有数据（不选择标题行），选择菜单"数据分析"→"异常值检验"（图 2-72）。

（2）弹出对话框，在"检验分析方法"下面选择"格拉布斯（Grubbs）法"（图 2-73）。

图 2-72　格拉布斯检验菜单的选择

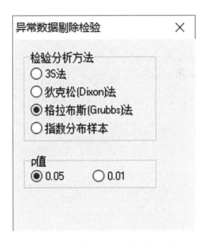

图 2-73　格拉布斯检验选项

（3）点击"确定"，获得如下结果（图 2-74）。

弹出的对话框结果显示：第 10 行数据 35 为异常值。在数据列中，35 所在的单元格已经用黄色突出显示。

若数据中存在 2 个或 2 个以上异常值时，采用 Grubbs 检验法很可能检验不出异常值，此时 Dixon 检验判别出最大值是异常值的概率往往比 Grubbs 检验要高一些，这主要是因为Dixon检验在 $n > 10$ 时采用了避开次大值而检查最大值与第3大值之间的关系。

图 2-74　格拉布斯检验分析结果

2.4.4　箱线图法

箱线图（boxplot）法也称箱须图（box-whisker plot）法，从中可以粗略地看出数据分布的对称性、离散程度等信息，特别是可以用于对几个样本的比较。

箱线图作为描述统计工具之一，可直观明了地判别出数据中的异常值。

2.4.4.1　SPSS 的应用

以 128 只马氏珠母贝总重数据为例（原始数据参考例 2-1），可以通过 SPSS 的探索分析得到茎叶图、箱线图，找出异常值。

（1）调用菜单"图形"→"旧对话框"→"箱图"（图 2-75）。

图 2-75　菜单的选择

（2）在弹出的"箱图"对话框中，选择"简单"，在"图表中的数据为"下面选择"单独变量的摘要"（图 2-76）。

（3）点击"定义"，将变量"总重（g）"选择到"箱表示"下面（图 2-77）。

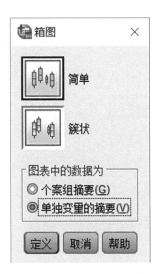

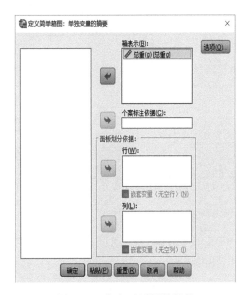

图 2-76　箱图对话框的选择　　　　　图 2-77　定义对话框的操作

（4）点击"确定"，输出如下结果（图 2-78）。

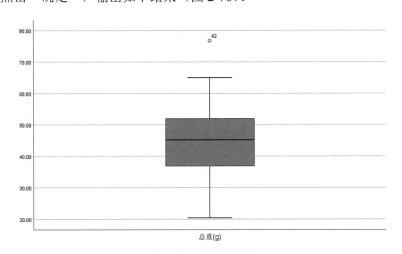

图 2-78　箱线图结果

箱线图的结果表明，第 42 个观测值（76.77）是异常值。

2.4.4.2　Minitab 的应用

Minitab 的应用依旧采用 128 只马氏珠母贝总重观测值。

（1）调用菜单"统计"→"基本统计"→"显示描述性统计量"。

（2）弹出对话框，选择"图形"，进入图形对话框，勾选"数据箱线图"（图 2-79）。

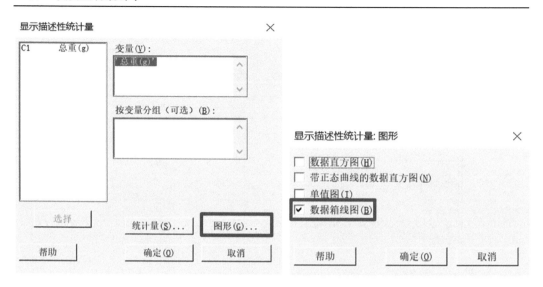

图 2-79　数据箱线图的选择

（3）点击确定，返回"显示描述性统计量"对话框，再选择"确定"输出结果（图 2-80）。

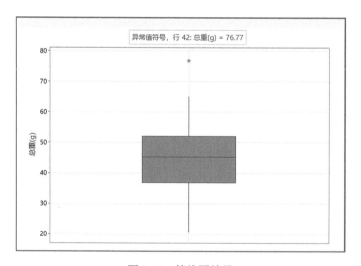

图 2-80　箱线图结果

图中"*"表示异常值，将鼠标移到"*"处，即会显示"异常值符号，行 42：总重（g）=76.77"。

2.4.4.3　DPS 的应用

（1）选择数据后，调用菜单"数据分析"→"统计图表"→"box 图"（图 2-81）。

（2）显示 box 图结果，76.77 为异常值（图 2-82）。

（3）点击"保存图形"，可以将箱线图保存到所需目录下；点击右上角的×，可以在新的工作表中输出结果，显示异常数据点在 42 行（图 2-83）。

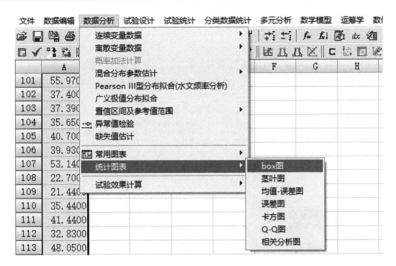

图 2-81　box 图菜单的选择

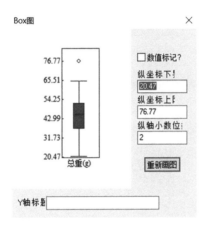

图 2-82　box 图分析结果

	A	B	C	D	E	F	G	H
1	计算结果	当前日期						
2	类别	中位数	Q1	Q3	下限	上限	异常数据点	
3	总重(g)	45.2000	36.8800	51.9700	20.4700	74.6050	42+	
4					20.4700	97.2400		
5								
6								
7								
8		76.77	◇					
9								
10		65.51						
11								
12		54.25						
13		42.99						
14								
15		31.73						
16		20.47	总重(g)					
17								
18								
19								

图 2-83　输出结果

2.4.5 概率图法

在 Minitab 中，可以用概率图来评估样本的正态性，显示正态分布以外的异常值。以 128 只马氏珠母贝总重数据为例（原始数据参考 2.1 章），可以通过以下步骤绘制概率图。

（1）调用菜单"图形"→"概率图"，弹出对话框，选择"单一"（图 2-84）。

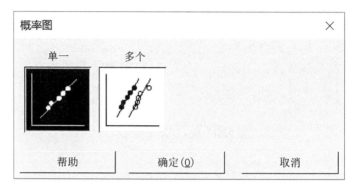

图 2-84　概率图菜单的选择

（2）点击"确定"，进入"概率图：简单"对话框，选择"总重（g）"进入"图形变量"（图 2-85）。

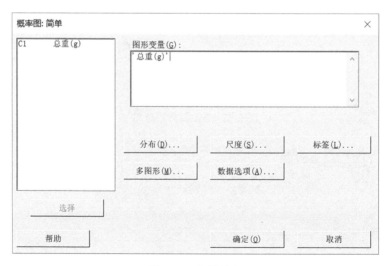

图 2-85　变量导入

（3）点击"确定"，输出结果，弹出"总重（g）的概率图"，可以看到一个点在正态分布范围之外，鼠标移到该点即会显示该点的位置与值（图 2-86）。

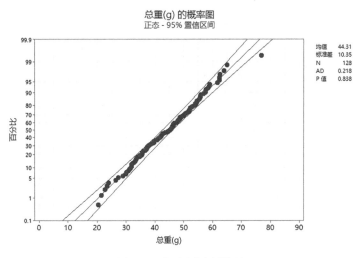

图 2-86　概率图分析结果

复习思考题

1. 解释下列基本概念并比较二者间的异同：总体与样本、变量与常量、参数与统计量、准确性与精确性、随机误差与系统误差。

2. 资料有哪几种类型？请说说它们之间的区别和联系。

3. 什么是描述性统计？描述性统计中主要有哪些统计量？如何开展描述性统计？具体有哪些方法或软件可以实现描述性统计？

4. 什么是异常值？检验异常值具体有哪些方法？

5. 以 50 枚受精蛋孵化出雏鸡的天数（表 2-5）为例，试制作频数分布表与频数分布图。

表 2-5　50 枚受精蛋孵化出雏鸡的天数　　　　　（单位：天）

21	20	20	21	23	22	22	22	21	22	20	23	22	23	22	19	22	23
24	22	19	22	21	21	21	22	22	24	22	21	21	22	22	23	22	22
21	22	22	23	22	23	22	22	22	23	23	22	21	22				

6. 某市 1996 年 104 名 8 岁男童身高（cm）资料见表 2-6，请对该资料进行描述性统计分析，并解释其生物学意义。

表 2-6　某市 1996 年 104 名 8 岁男童身高（cm）资料　　　　　（单位：cm）

117.3	119.6	121.9	125.1	117.0	115.4	124.7	120.1	123.0	122.8
120.6	121.5	125.0	125.9	123.2	126.6	122.0	127.6	125.1	120.1
119.5	126.1	126.4	125.6	118.9	130.4	124.9	125.8	126.1	120.9
116.1	124.0	124.6	118.7	119.1	121.9	118.0	117.0	114.6	123.9
116.0	125.3	123.6	123.6	126.4	115.5	119.2	114.0	123.4	126.6
117.3	113.6	127.6	120.5	113.6	130.2	128.3	118.2	124.7	122.4

续表

118.8	123.1	122.7	126.6	127.8	125.9	110.5	124.8	115.2	119.4
128.0	116.7	132.4	129.3	121.7	115.0	120.4	122.1	127.0	135.3
125.7	111.2	124.3	124.2	124.7	121.7	121.3	124.1	119.9	121.7
113.8	116.7	129.9	128.5	126.5	122.8	120.1	118.2	122.5	127.7
124.9	123.3	120.3	125.7						

7. 对某地 20 个 30～40 岁健康男子血清总胆固醇（mol/L）含量进行测定，测定结果为：4.77、3.37、8.14、3.95、3.56、4.23、4.31、4.71、5.69、4.12、4.56、4.37、5.39、6.30、5.21、7.22、5.54、3.93、5.21、6.51。测定的数据是否有异常值？如果有，请找出异常值。

第 3 章　概率分布与抽样分布

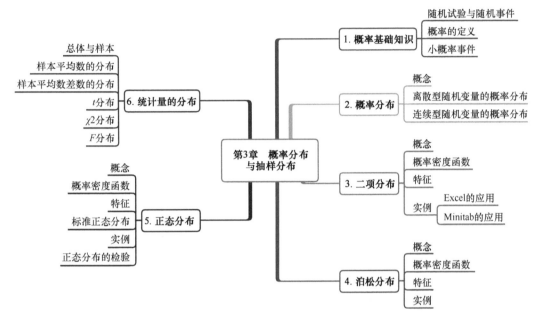

内 容 提 要

第 2 章介绍了如何进行单个样本资料的搜集与整理，但资料统计并不在于描述单个样本，而是要用样本的统计数来推断其所属总体的参数，这就是统计推断。学习统计推断之前，首先要了解概率分布，然后再学习统计数的分布，即抽样分布。

概率分布是统计推断的基础，根据大数定理，当样本容量 n 足够大时，可用样本统计量推断总体参数的特征。常见的理论分布主要有离散型随机变量的二项分布、泊松分布和连续型随机变量的正态分布。当 n 较大或 p 与 q 很接近时，二项分布趋近于正态分布；当 λ 足够大时，泊松分布也趋近于正态分布。

从总体中进行抽样时必须采用随机原则进行重复或非重复式抽样，所抽样本的统计量分布主要有平均数的分布、平均数差数的分布、t 分布、χ^2 分布以及 F 分布等，这是进行统计推断的重要理论基础。

3.1　概率基础知识

3.1.1　随机试验与随机事件

如果试验在相同条件下可以重复，试验结果可能不止一个，试验前知道会有哪些可能的结果，但不能肯定是哪一个结果，那么我们称这个试验为随机试验（random trial），简称试验（trial）。如在一定条件下治疗 5 尾病鱼，观察其治愈情况，可能的治愈情况是 6 种，即 0、1、2、3、4、5 尾中的一种，但事先不知能治愈几尾病鱼，该试验就是随机试验。

随机试验的每一种可能结果，在一定条件下可能发生，也可能不发生，称为随机事件（random event），简称事件（event）。

3.1.2 概率的定义

在相同条件下进行 n 次重复试验，如果随机事件 A 发生的次数为 m，那么 m/n 称为随机事件 A 的频率（frequency）；当试验重复数 n 逐渐增大时，随机事件 A 的频率越来越稳定地接近某一数值 p，那么就把 p 称为随机事件 A 的概率（probability）。

例如，为了确定抛掷一枚硬币发生正面朝上这个事件的概率，历史上有人做过成千上万次抛掷硬币的试验。表 3-1 中列出了他们的试验记录。

表 3-1 历史上抛掷一枚硬币发生正面朝上的试验记录

实验者	投掷次数	发生正面朝上的次数	频率（m/n）	实验者	投掷次数	发生正面朝上的次数	频率（m/n）
摩根	2 048	1 061	0.518 1	卡尔·皮尔逊	12 000	6 019	0.501 6
蒲丰	4 040	2 048	0.506 9	卡尔·皮尔逊	24 000	12 012	0.500 5

从表 3-1 可看出，随着试验次数的增多，正面朝上这个事件发生的频率越来越稳定地接近 0.5，我们就把 0.5 作为这个事件的概率。

在一般情况下，随机事件的概率 p 是不可能准确得到的。通常以试验次数 n 充分大时随机事件 A 的频率作为该随机事件概率的近似值，即：

$$P(A)=p \approx m/n \quad （n \text{ 充分大}）\tag{3.1}$$

对于任何事件 A，有 $0 \leqslant P(A) \leqslant 1$。

3.1.3 小概率事件

随机事件的概率表示随机事件在一次试验中出现的可能性大小。若随机事件的概率很小，如小于 0.05、小于 0.01、小于 0.001，则称之为小概率事件。小概率事件虽然不是不可能事件，但在一次试验中出现的可能性很小，不出现的可能性很大，以至于实际上可以看成是不可能发生的事件。在统计学上，将小概率事件在一次试验中看成是实际不可能发生的事件，称为小概率事件实际不可能性原理，亦称为小概率原理，这是统计学上进行假设检验（显著性检验）的基本依据。在第 4 章介绍显著性检验的基本原理时，将详细叙述小概率事件实际不可能性原理的具体应用。

3.2 概 率 分 布

做一次试验，其结果有多种可能。每一种可能结果都可用一个数来表示，把这些数

作为变量 x 的取值范围，则试验结果可用变量 x 来表示。

例如，用某种药物对 100 尾病鱼进行治疗，其可能结果是"0 尾治愈""1 尾治愈""2 尾治愈"……"100 尾治愈"。若用 x 表示治愈尾数，则 x 的取值为 0、1、2、……、100。例如，孵化一枚种蛋可能结果只有两种，即"孵出小鸡"与"未孵出小鸡"。若用变量 x 表示试验的两种结果，则可令 $x=0$ 表示"未孵出小鸡"，$x=1$ 表示"孵出小鸡"。这类试验结果的变量 x 的取值范围只能是 0 与正整数，这类变量 x 称为离散型随机变量。

例如，测定某品种猪的初生重，表示测定结果的变量 x 所取的值为 0.5～1.5kg，x 值可以是这个范围内的任何实数，这类变量 x 称为连续型随机变量。

引入随机变量的概念后，对随机试验概率分布的研究就转为对随机变量概率分布的研究了。

3.2.1　离散型随机变量的概率分布

要了解离散型随机变量 x 的统计规律，就必须知道它的一切可能值 x_i 及取每种可能值的概率 p_i。

以治疗病鱼试验为例，某种渔药的治愈率为 0.8，如果取 5 尾病鱼进行治疗，那么治愈病鱼的结果有 6 种，即 0、1、2、3、4、5 尾中的一种，治愈数是离散型随机变量 x，对应的治愈概率为 p，则可以用表 3-2 来表示随机变量 x 的概率分布。

表 3-2　某批病鱼治愈数的概率分布

治愈数(x, 尾)	0	1	2	3	4	5
概率（p）	0.0003	0.0064	0.0512	0.2048	0.4096	0.3277

我们可以在 Excel 中作出 5 尾病鱼治愈的概率分布图（图 3-1）。

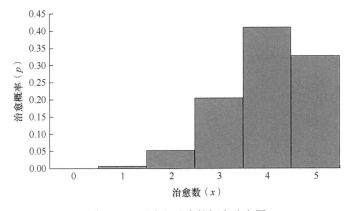

图 3-1　5 尾病鱼治愈的概率分布图

我们可以将治愈 3 尾病鱼的概率记为 $p(x=3)=0.2048$。如果离散型随机变量 x 的一切可能取值 x_i（$i=1, 2, \cdots, n$）对应的概率为 p_i，那么 x 的概率分布可以记作：

$$p(x=x_i)=p_i \quad (i=1, 2, \cdots, n) \tag{3.2}$$

显然，离散型随机变量的概率分布具有 $p_i \geqslant 0$ 和 $\sum p_i =1$ 这两个基本性质。

3.2.2 连续型随机变量的概率分布

离散型随机变量的每个取值都有一个概率，可以把每个概率一一列出来。但连续型随机变量可能取的值是不可数的，如体长、体重、蛋重、DNA 分子量等，对应的概率分布就无法用直方图来一一列举表示，考虑各个可取值的概率已经没有意义，此时我们改用随机变量 x 在某个区间内的取值用概率分布函数 $f(x)$ 表示。若记体重概率分布函数为 $f(x)$，则 x 取值于区间$[a,b]$的概率 $P(a \leqslant x \leqslant b)$ 为图 3-2 中阴影部分的面积，即：

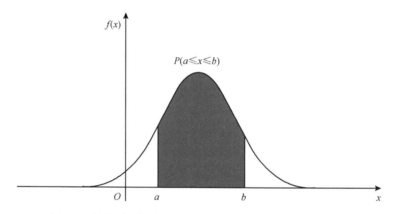

图 3-2 连续型随机变量 x 在区间$[a, b]$的概率分布函数曲线

当 x 取值于区间$[a, b]$，对应的概率 $P(a \leqslant x \leqslant b)$ 可以用以下公式表示。

$$P(a \leqslant x \leqslant b)=\int_a^b f(x)\mathrm{d}x \tag{3.3}$$

可见，连续型随机变量 x 的概率 P 由概率分布函数 $f(x)$ 确定。对于随机变量 x 在区间$(-\infty, +\infty)$内进行抽样，对应的概率密度曲线如下（图 3-3）。

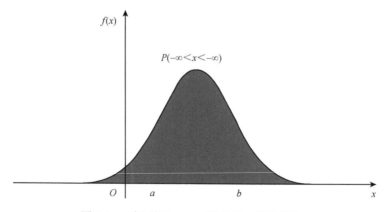

图 3-3 x 在区间$(-\infty, +\infty)$取值时，其概率为 1

当 x 取值于区间$(-\infty, +\infty)$，对应的概率 $P(-\infty, +\infty)$ 为 1，即：

$$P(-\infty < x < +\infty) = \int_{-\infty}^{+\infty} f(x)\mathrm{d}x = 1 \qquad (3.4)$$

该公式表示概率分布函数 $f(x)$ 曲线与 x 轴围成的面积为 1。

3.3　二　项　分　布

3.3.1　二项分布的概念及概率分布函数

二项分布（binomial distribution）是离散型随机变量概率分布的一种，生物学研究中常碰到这类变量，如动物是雌性还是雄性、对患者治疗是有效还是无效、种子萌发还是不萌发、后代成活还是死亡、酶有活性还是没有活性、基因表达还是不表达等。这类随机事件只具有两种相互排斥的结果，二项分布就是对这类离散型随机变量进行描述的一种概率分布。

这类试验只有两种结果，发生的概率为 p，不发生的概率为 q（$q=1-p$），且各次试验结果相互独立。如果进行 n 次类似试验，则该事件发生 k 次的概率为

$$P(x=k) = C_n^k p^k q^{n-k} \qquad k=0, 1, 2, \cdots, n \qquad (3.5)$$

这时，称 X 为服从参数 n、p 的二项分布，记作 $B(n, p)$。

二项分布的概率累积函数可以用下式表示。

$$f(x) = \sum_{x=0}^{i} P(x) \qquad (3.6)$$

二项分布具有以下特征。

（1）服从二项分布的变量 X 的平均数为 $\mu = np$，方差为 $\sigma^2 = npq$。

（2）二项分布的曲线形状由 n 与 p 两个参数决定，当 p 较小（如 $p=0.1$）且 n 较小时，二项分布是偏倚的。

（3）随着 n 逐渐增大，分布逐渐趋于对称（图 3-4）。当 p 值趋于 0.5 时，分布趋于对称，如图 3-5 所示。

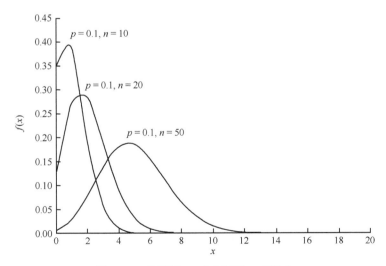

图 3-4　n 值不同、p 值相同的二项分布

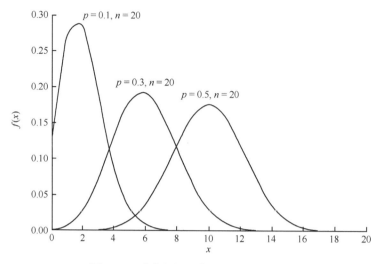

图 3-5　n 值相同、p 值不同的二项分布

（4）当 n 较大，p 接近 0.5 时，二项分布更接近正态分布。

（5）当 $p \to \infty$，二项分布趋近于正态分布。

3.3.2　二项分布的概率计算

3.3.2.1　实例 1

【例 3-1】　某种渔药的治愈率是 0.90，现从某批病鱼中任选 5 尾进行治疗，试求：①治愈 3 尾病鱼的概率；②至多治愈 3 尾病鱼的概率；③至少治愈 3 尾病鱼的概率。

本题中，$n=5$，$p=0.90$，$q=1-p=0.10$，治疗 5 尾病鱼，治愈病鱼的概率服从二项分布 $B(5, 0.90)$。

（1）治愈 3 尾病鱼的概率为 $P(x=3)$，如图 3-6 所示。

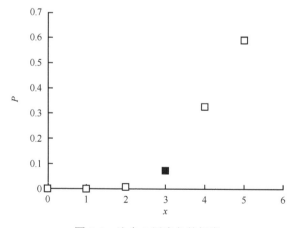

图 3-6　治愈 3 尾病鱼的概率

（2）至多治愈 3 尾病鱼的概率为

$P(x{\leq}3)=P(x=0)+P(x=1)+P(x=2)+P(x=3)$，如图 3-7 所示。

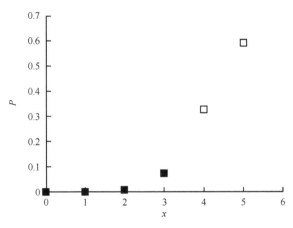

图 3-7　至多治愈 3 尾病鱼的概率

（3）至少治愈 3 尾病鱼的概率为

$P(x{\geq}3)=1-P(x{\leq}2)=1-[P(x=0)+P(x=1)+P(x=2)]$，如图 3-8 所示。

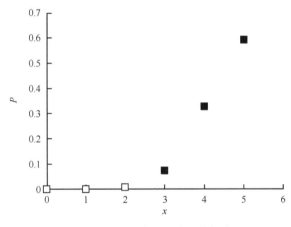

图 3-8　至少治愈 3 尾病鱼的概率

（A）Excel 的应用

Excel 中有专门计算二项分布的函数，该函数的格式为 binomdist(i, n, p, 0 或 1)。其中，i 是事件发生的次数；n 是试验进行的次数；p 是事件发生的概率；0 或 1 是逻辑值，当为 0 时，返回事件发生 i 次的概率，当为 1 时，返回事件至多发生 i 次的概率。利用 Excel 来分析例 3-1 中的问题。

（1）治愈 3 尾病鱼的概率为 binomdist(3, 5, 0.9, 0)，在 Excel 中，将 i、n、p 依次写出，在需要计算二项分布概率 P 的单元格输入=binomdist(3, 5, 0.9, 0)（图 3-9）。

按回车键后即可得到结果：0.0729。

至多治愈 3 尾病鱼的概率为 $P(x{\leq}3)$，在 Excel 中，将 i、n、p 依次写出，在需要计算二项分布概率 P 的单元格中输入=binomdist(3, 5, 0.9, 1)（图 3-10）。

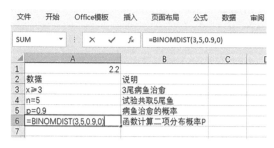 

图 3-9　治愈 3 尾病鱼的概率　　　　　图 3-10　至多治愈 3 尾病鱼的概率

按回车键后即可得到结果：0.081 46。

（2）至少治愈 3 尾病鱼的概率为 $P(x\geqslant3)=1-P(x\leqslant2)$，在 Excel 中，将 i、n、p 依次写出，在需要计算二项分布概率 P 的单元格输入=1-binomdist(2, 5, 0.9, 1)（图 3-11）。

按回车键后即可得到结果：0.991 44。

（B）Minitab 的应用

Minitab 具有专门进行概率作图与计算的功能。

（1）例 3-1 中，$n=5$，$p=0.90$，治愈 3 尾病鱼的概率为 $P(x=3)$，可以在 Minitab 中采用以下步骤解题。

a. 调用菜单"图形"→"概率分布图"，得到以下对话框（图 3-12）。

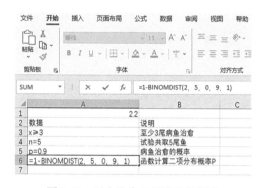 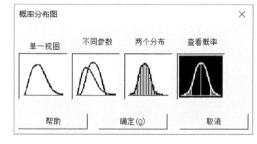

图 3-11　至少治愈 3 尾病鱼的概率　　　　　图 3-12　概率分布图菜单

b. 选择"查看概率"，点击"确定"，得到以下对话框，在"分布"中的下拉条选择"二项"分布，"试验数"填入 5，"事件概率"填入 0.9，再点击"阴影区域"（图 3-13）。

c. 在"定义阴影区域按"下面选择"X 值"的"中间"，两个"X 值"均填 3（图 3-14）。

d. 点击"确定"，得到二项分布计算结果如图 3-15 所示。

e. 结果显示，当 $x=3$ 时，概率为 0.0729。

（2）对于例 3-1 中第二个问题：至多治愈 3 尾病鱼的概率，我们可以在第一个问题的第 c 步"定义阴影区域按"下面选择"X 值"的"左尾"，"X 值"填写 3（图 3-16）。

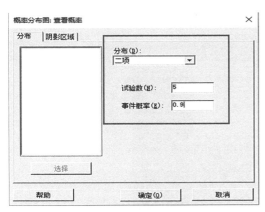

图 3-13 分布对话框的设置   图 3-14 阴影区域对话框的设置

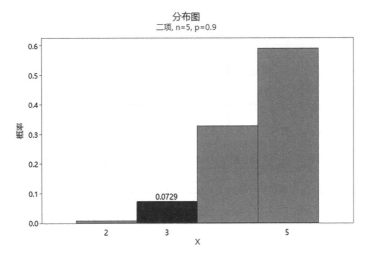

图 3-15 二项分布计算结果

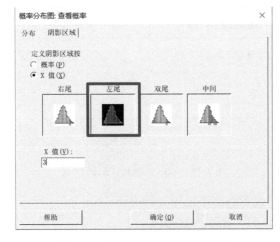

图 3-16 阴影区域对话框的设置

点击"确定"，得到计算结果如图 3-17 所示。

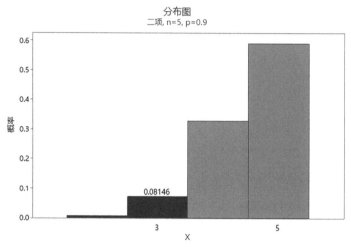

图 3-17　计算结果

结果显示，当 $x \leqslant 3$ 时，概率为 0.081 49。

（3）对于例 3-1 中第三个问题：至少治愈 3 尾病鱼的概率，我们可以在第一个问题的第 c 步"定义阴影区域按"下面选择"X 值"的"右尾"，"X 值"填写 3（图 3-18）。

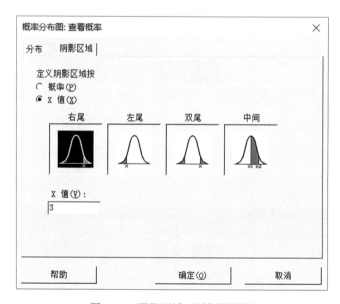

图 3-18　阴影区域对话框的设置

点击"确定"，即会得到结果如图 3-19 所示。

结果显示，当 $x \geqslant 3$ 时，概率为 0.9914。

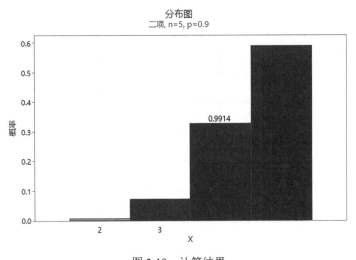

图 3-19 计算结果

3.3.2.2 实例 2

【**例 3-2**】 某养殖场鱼病发病率为 0.0045，试计算：①调查 100 尾，至少获得 2 尾病鱼的概率是多少？②期望有 0.99 的概率至少获得 3 尾病鱼，至少应该调查多少尾鱼？

（A）Excel 的应用

（1）$P(x \geqslant 2) = 1 - P(x \leqslant 1)$，可以调用函数，在 Excel 中直接计算：①在需要计算二项分布概率 P 的单元格输入=1−binomdist(1, 100, 0.0045, 1)；②按回车键后即可得到结果 0.0751。

（2）$P(x \geqslant 3) = 1 - P(x \leqslant 2) = 1 - $binomdist(2, n, 0.0045, 1)=0.99，binomdist(2, n, 0.0045, 1)=0.01，在 Excel 中用代入法找出 n 值，结果为 1865 尾。

（B）Minitab 的应用

（1）$P(x \geqslant 2)$，采用以下步骤解题。

a. 调用菜单"图形"→"概率分布图"，得到以下对话框（图 3-20）。

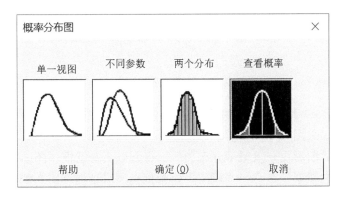

图 3-20 概率分布图对话框

b. 选择"查看概率"，点击"确定"，得到以下对话框（图 3-21），在"分布"下面的下拉条选择"二项"分布,"试验数"填入 100,"事件概率"填入 0.0045,再点击"阴影区域"。

c. 在"定义阴影区域按"下面选择"X 值"的"右尾","X 值"填写 2(图 3-22)。

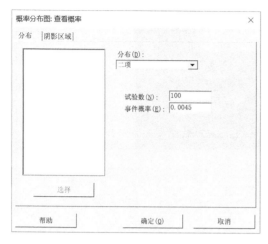 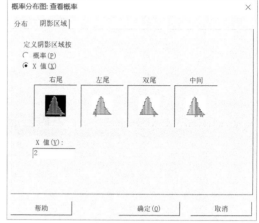

图 3-21　概率分布对话框的设置　　　图 3-22　阴影区域对话框的设置

d. 点击"确定",得到结果如图 3-23 所示。

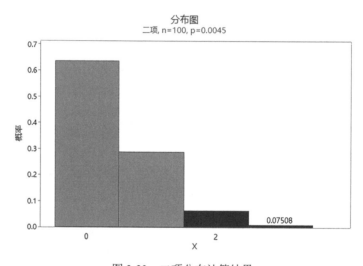

图 3-23　二项分布计算结果

结果显示,当 $x \geq 2$ 时,概率为 0.075 08。

(2) $P(x \geq 3)$,采用以下步骤解题。

a. 调用菜单"图形"→"概率分布图",得到以下对话框(图 3-24)。

b. 选择"查看概率",点击"确定",得到以下对话框(图 3-25),在"分布"下面"分布"的下拉条选择"负二项"分布,"事件概率"填入 0.0045,"所需事件数"填入 3,再点击"阴影区域"。

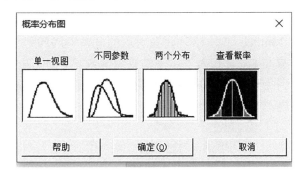

图 3-24　概率分布图对话框

c. 在"定义阴影区域按"下面选择"概率"的"左尾","概率"填写 0.99（图 3-26）。

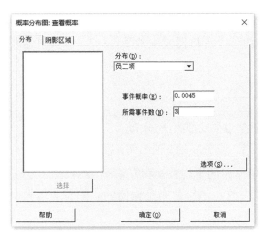

图 3-25　概率分布对话框的设置

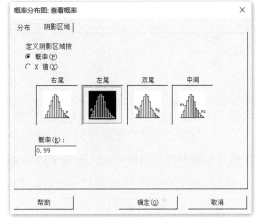

图 3-26　阴影区域对话框的设置

d. 点击"确定",得到结果如图 3-27 所示。

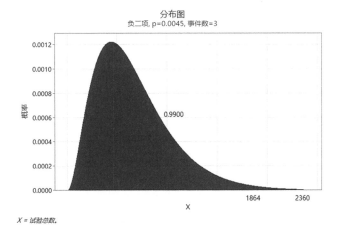

图 3-27　二项分布计算结果

结果显示，当发病概率为 $P=0.0045$，期望有 0.99 的概率至少获得 3 尾病鱼，至少应该调查 1864 尾鱼。Minitab 依据 1864 尾鱼对应的概率（0.9899）最接近 0.99，给出结果：1864 尾，但该结果与 Excel 代入法所得结果（1865 尾）有所出入。根据题意，应该确保概率大于 0.99，因此至少调查 1865 尾鱼更适宜。可以看到，在软件的使用过程中，我们应该根据实际问题对数据进行判别和取舍。

3.4 泊 松 分 布

3.4.1 泊松分布的特征

泊松分布常用来描述和分析在单位空间或时间里随机发生的事件。如每毫升水中大肠杆菌的数量，每平方米草地上蝗虫的数量，单位时间内动物产畸胎的数量，一个显微镜视野中染色体有变异的细胞数等，这些都是服从或近似服从于泊松分布。单位空间或时间里发生的小概率事件数记作 λ，如每天平均有 3 台机器发生故障，$\lambda=3$，每天机器发生故障的概率分布服从泊松分布。

$$P(x=k) = \frac{\lambda^k \mathrm{e}^{-\lambda}}{k!} \tag{3.7}$$

式中，$k=1, 2, 3, \cdots, n$。上式称为随机变量 X 服从参数 λ 的泊松分布，记作 $X \sim P(\lambda)$。

泊松分布其实是二项分布的一种特殊形式。当二项分布的 p 很小而 n 很大时，且 $\mu=np$，二项分布就变成了泊松分布。服从泊松分布的总体 X 的平均数 μ 和方差 σ^2 均为 λ。

泊松分布图的形状由参数 λ 决定。当 λ 较小时，泊松分布是偏倚的。随着 λ 增大，分布逐渐趋于对称，如图 3-28 所示。

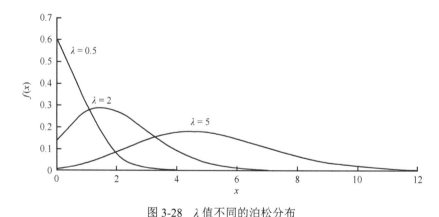

图 3-28 λ 值不同的泊松分布

3.4.2 泊松分布的概率计算

【例 3-3】 根据统计资料，某水产公司工人平均每天巡塘 2.5 次。试求在一天内巡塘 5 次的概率。

Excel 的应用如下。

Excel 有专门计算泊松分布的函数，该函数的格式为：poisson(k, λ, 0 或 1)。其中，k 是事件发生的次数；λ 是单位空间或时间内平均发生的事件数；0 或 1 是逻辑值，当为 0 时，返回事件发生 k 次的概率，当为 1 时，返回事件至多发生 k 次的概率。

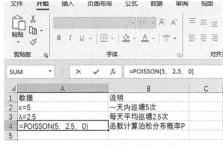

例 3-3 中，在一天内巡塘 5 次的概率为 poisson(5, 2.5, 0)。

（1）在 Excel 中，将 k、λ 依次写出。

（2）在需要计算泊松分布概率 p 的单元格输入=poisson(5, 2.5, 0)（图 3-29）。

点击"回车"即可得到结果：0.0668。

图 3-29　泊松分布的计算

3.5　正　态　分　布

3.5.1　正态分布的特征

正态分布是一种连续型随机变量的概率分布，是统计理论和应用上最常用，也是最重要的一种分布形式。在生产与科学研究中所遇到的很多随机变量都服从或近似服从于正态分布，如试验误差、鱼的体长和体重、年降雨量等一般都服从正态分布。在一定的条件下，离散型或其他类型的随机变量可以转换为正态分布。如在 p 接近 0.5，n 较大时，二项分布接近正态分布；当 λ 较大时，泊松分布接近正态分布。

正态分布的概率分布函数为

$$f(x) = \frac{1}{\sigma\sqrt{2\pi}} e^{-\frac{1}{2}\left(\frac{x-\mu}{\sigma}\right)^2} \tag{3.8}$$

式中，μ 为总体平均数，σ 为总体标准差，π 为圆周率，正态分布记作 $X \sim N(\mu, \sigma^2)$。

如图 3-30 所示，正态分布具有以下特征。

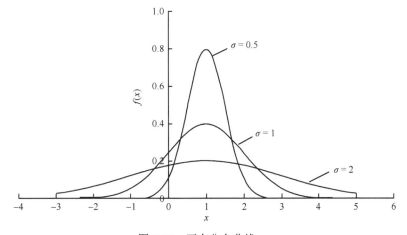

图 3-30　正态分布曲线

（1）正态分布曲线为一个单峰型钟形曲线，呈 $x=\mu$ 对称。

（2）正态分布曲线在 $x=\mu$ 处达到最高点，然后往左右两边下降，越接近两边，$f(x)$ 值越小，但 $f(x)$ 永远不会等于 0，因此正态分布以 x 轴为渐近线，x 的取值范围为 $(-\infty, +\infty)$。

（3）正态分布的曲线形状由参数 μ 和 σ 决定。μ 决定了正态分布曲线在 x 轴上的位置，σ^2 决定了曲线形状，σ^2 越小，曲线越陡峭，σ^2 越大，曲线越平坦。

（4）正态分布曲线在 $x=\mu \pm \sigma$ 处各有一个拐点。

（5）X 在区间 $\mu \pm \sigma$ 范围内的概率为 0.6827；X 在区间 $\mu \pm 2\sigma$ 范围内的概率为 0.9545；X 在区间 $\mu \pm 3\sigma$ 范围内的概率为 0.9975（图 3-30）。

3.5.2 标准正态分布

$\mu=0$、$\sigma=1$ 时的正态分布称为标准正态分布。对于任何一个服从正态分布 $N(\mu, \sigma^2)$ 的随机变量 X，可以令 $u=\dfrac{x-\mu}{\sigma}$，这样 u 就服从 $N(0, 1)$ 的标准正态分布，也称 u 分布。

3.5.2.1 实例 1

【例 3-4】 u 服从正态分布 $N(0, 1)$，试求：①$P(u \leqslant 1)$；②$P(u>1)$；③$P(-2.0<u \leqslant 1.5)$；④$P(|u|>2.58)$。

1）Excel 的应用

Excel 中专门用于计算正态分布的函数是 normdist，其格式为：normdist=$(x, \mu, \sigma, 0$ 或 1)。其中，x 是需要计算其分布的数值；μ 是总体平均数；σ 是总体标准差；0 或 1 是逻辑值，当为 0 时，返回概率分布函数值，当为 1 时，返回累积概率分布函数值。利用 Excel 计算例 3-4 中问题的步骤如下。

（1）计算 $P(u \leqslant 1)$，$\mu=0$，$\sigma=1$，在 Excel 中，在需要计算正态分布概率 P 的单元格输入=normdist(1, 0, 1, 1)，按回车键即可得到结果：0.8413（图 3-31）。

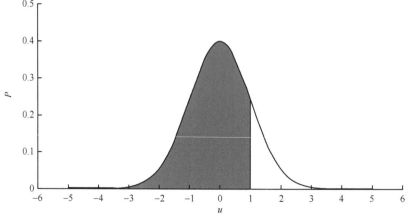

图 3-31　$u \leqslant 1$ 的累积概率分布函数值

（2）$P(u>1)=1-P(u\leqslant1)$，在 Excel 中，在需要计算正态分布概率 P 的单元格输入 =1-normdist(1, 0, 1, 1)，点击回车键即可得到结果：0.1587（图 3-32）。

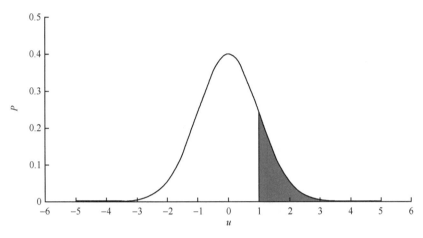

图 3-32 $u>1$ 的累积概率分布函数值

（3）$P(-2.0<u\leqslant1.5)=P(u\leqslant1.5)-P(u\leqslant-2)$，在 Excel 中，在需要计算正态分布概率 P 的单元格输入 normdist(1.5, 0, 1, 1)-normdist(-2, 0, 1, 1)，点击回车键即可得到结果：0.910 44（图 3-33）。

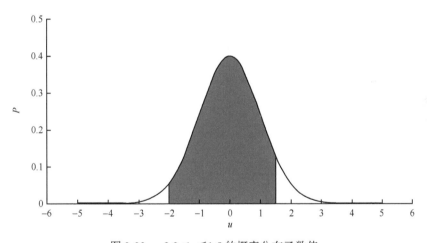

图 3-33 $-2.0<u\leqslant1.5$ 的概率分布函数值

（4）$P(|u|>2.58)=1-P(|u|\leqslant2.58)=1-[P(u\leqslant2.58)-P(u\leqslant-2.58)]$，在 Excel 中，在需要计算正态分布概率 P 的单元格输入：1-[normdist(2.58, 0, 1, 1)-normdist(-2.58, 0, 1, 1)]，点击回车键，即可得到结果：0.009 88（图 3-34）。

2）Minitab 的应用

（1）$P(u\leqslant1)$，$\mu=0$，$\sigma=1$，在 Minitab 中，分析过程如下。

a. 调用菜单 "图形" → "概率分布图"，得到以下对话框（图 3-35）。

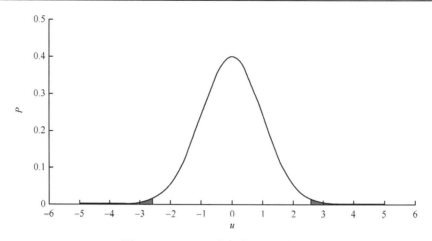

图 3-34 |u|＞2.58 的概率分布函数值

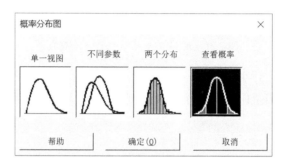

图 3-35 概率分布图对话框

b. 选择"查看概率",点击"确定",得到以下对话框(图 3-36),在"分布"下拉条中选择"正态","均值"填入 0.0,"标准差"填入 1.0,再点击"阴影区域"。

c. 在"定义阴影区域按"下面选择"X 值"的"左尾","X 值"填写 1(图 3-37)。

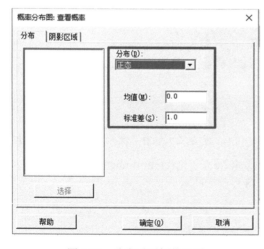

图 3-36 分布对话框的设置

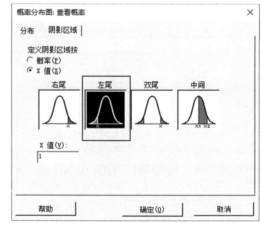

图 3-37 阴影区域对话框的设置

d. 点击"确定",得到如图 3-38 所示结果。

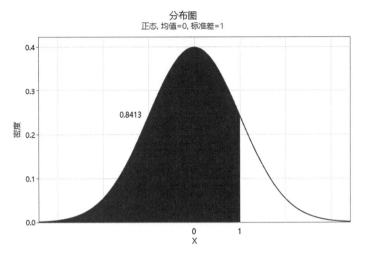

图 3-38　正态分布计算结果

结果显示，当 $u \leqslant 1$ 时，概率为 0.8413。

（2）$P(u>1)$，在 Minitab 中，分析过程如下。

a. 调用菜单"图形"→"概率分布图"，弹出如下对话框（图 3-39）。

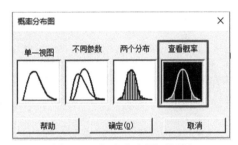

图 3-39　概率分布图对话框

b. 选择"查看概率"，点击"确定"，得到以下对话框（图 3-40），在"分布"下拉条中选择"正态"，"均值"填入 0.0，"标准差"填入 1.0，再点击"阴影区域"。

c. 在"定义阴影区域按"下面选择"X 值"的"右尾"，"X 值"填写 1（图 3-41）。

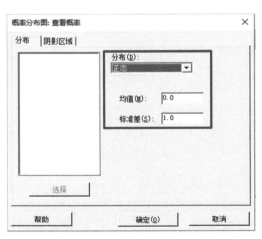

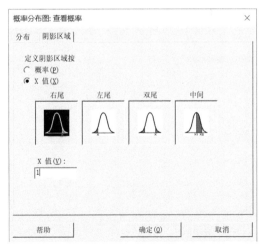

图 3-40　分布对话框的设置　　　图 3-41　阴影区域对话框的设置

d. 点击"确定"，即会得到结果如图 3-42 所示。

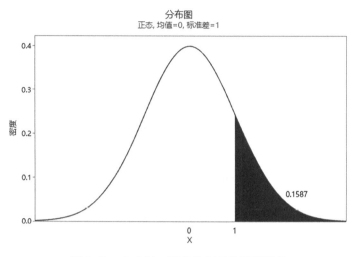

图 3-42 $u>1$ 时，正态分布下的累积概率

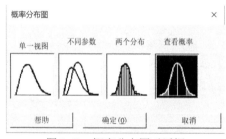

图 3-43 概率分布图对话框

结果显示，当 $u>1$ 时，概率为 0.1587。

（3）$P(-2.0<u\leq1.5)$，在 Minitab 中，分析过程如下。

a. 调用菜单"图形"→"概率分布图"，弹出如下对话框（图 3-43）。

b.选择"查看概率"，点击"确定"，得到以下对话框（图 3-44），在"分布"下拉条中选择"正态"，"均值"填入 0.0，"标准差"填入 1.0，再点击"阴影区域"。

c. 在"定义阴影区域按"下面选择"X 值"的"中间"，"X 值 1"填写–2，"X 值 2"填写 1.5（图 3-45）。

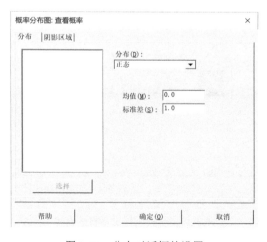

图 3-44 分布对话框的设置

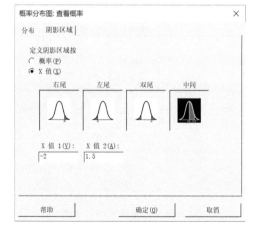

图 3-45 阴影区域对话框的设置

d. 点击"确定"，即会得到结果如图 3-46 所示。

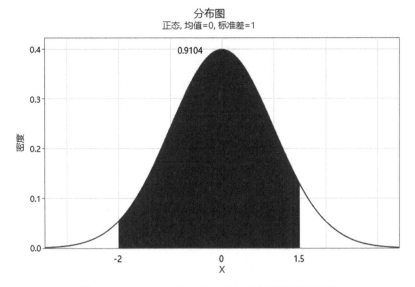

图 3-46　$-2.0<u\leq1.5$ 时，正态分布下的累积概率

结果显示，当$-2.0<u\leq1.5$ 时，概率为 0.9104。

（4）$P(|u|>2.58)$，在 Minitab 中，分析过程如下。

a.调用菜单"图形"→"概率分布图"，弹出如下对话框（图 3-47）。

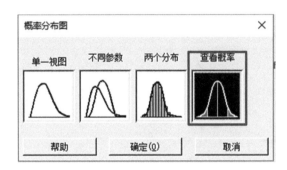

图 3-47　概率分布图对话框

　　b. 选择"查看概率"，点击"确定"，得到以下对话框（图 3-48），在"分布"下拉条中选择"正态"，"均值"填入 0.0，"标准差"填入 1.0，再点击"阴影区域"。

　　c. 在"定义阴影区域按"下面选择"X 值"的"双尾"，"X 值"填写 2.58（图 3-49）。

　　d. 点击"确定"，即会得到 $P(|u|>2.58)$的计算结果（图 3-50）。

结果显示，$|u|>2.58$ 时的概率 $P=0.004\,94\times2=0.009\,88$。

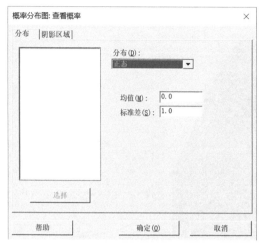

图 3-48　分布对话框的设置　　　　图 3-49　阴影区域对话框的设置

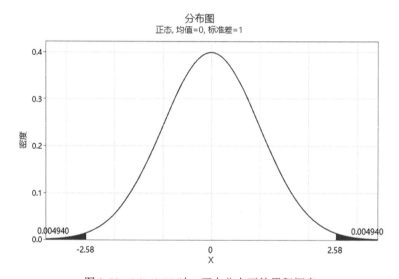

图 3-50　$|u|>2.58$ 时，正态分布下的累积概率

3.5.2.2　实例 2

【例 3-5】　调查某养殖场 50 只南美白对虾的体长，得到均值 $\bar{x}=15.7$cm，标准差 $\sigma=1.02$cm。试求：①该南美白对虾体长的 95% 正常值范围；②体长 >16cm 的概率。

当该南美白对虾体长 95% 处于正常范围时，如图 3-51 所示，95% 的正常范围为中间部分，其余 5% 分布在两尾，每尾各有 2.5%。

1）Excel 的应用

$F(x_1)=P(x\leqslant x_1)=2.5\%$，$F(x_2)=P(x\leqslant x_2)=97.5\%$，根据题意：

（1）找出 x_1 与 x_2 的值。Excel 中专门计算这种正态分布临界值的函数是 norminv，其格式为：norminv(p，μ，σ)。其中，p 是临界点的累积概率；μ 是总体平均数；σ 是总体标准差。函数返回的就是临界点 x 的取值。

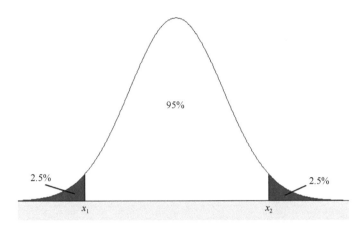

图 3-51　正态分布曲线示意图

a. 根据题意，在 Excel 中，在需要计算正态分布概率 P 的单元格输入=norminv(2.5%, 15.7, 1.02)。

b. 点击回车键即可得到结果：x_1=13.70；输入=norminv(97.5%, 15.7, 1.02)，点击回车键即可得到结果：x_2=17.70。

（2）$P(x>16)=1-P(x\leqslant16)$。

a. 在 Excel 中，在需要计算正态分布概率 P 的单元格输入=1−normdist(16, 15.7, 1.02, 1)。

b. 点击回车键即可得到结果：0.3843。

2）Minitab 的应用

（1）该南美白对虾体长的 95%正常值范围，即双尾概率和为 5%。

a. 调用菜单"图形"→"概率分布图"，弹出如下对话框（图 3-52）。

b. 选择"查看概率"，点击"确定"，得到以下对话框（图 3-53），在"分布"下拉条中选择"正态"，"均值"填入 15.7，"标准差"填入 1.02，再点击"阴影区域"。

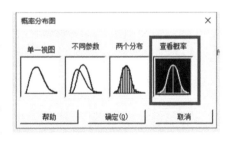

图 3-52　概率分布图对话框

c. 在"定义阴影区域按"下面选择"概率"，"概率"填写 0.05（图 3-54）。

d. 点击"确定"，即会得到结果（图 3-55）。

从结果可以看出，$13.7\leqslant x\leqslant17.7$ 是该南美白对虾体长的 95%正常值。

（2）体长>16cm 的概率分析如下。

a. 调用菜单"图形"→"概率分布图"，弹出如下对话框（图 3-56）。

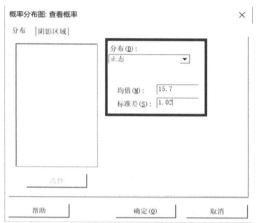

图 3-53　分布对话框的设置

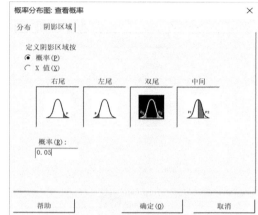

图 3-54　阴影区域对话框的设置

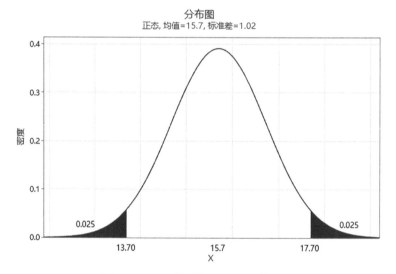

图 3-55　95%范围内 x_1 和 x_2 的临界值

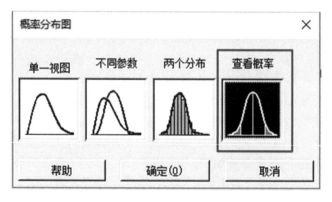

图 3-56　概率分布图对话框

b. 选择"查看概率"，点击"确定"，得到以下对话框（图 3-57），在"分布"下拉条中选择"正态"，"均值"填入 15.7，"标准差"填入 1.02，再点击"阴影区域"。

c. 在"定义阴影区域按"下面选择"X 值"的"右尾"，"X 值"填写 16（图 3-58）。

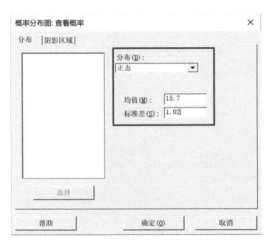

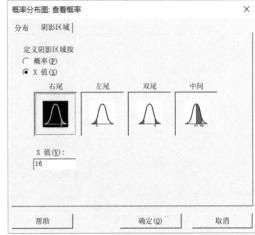

图 3-57　分布对话框的设置　　　　　　　图 3-58　阴影区域对话框的设置

d. 点击"确定"，即会得到结果（图 3-59）。

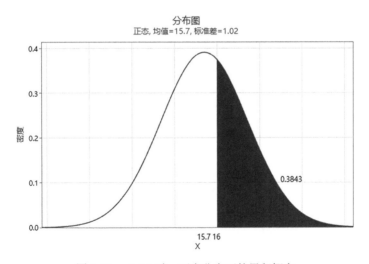

图 3-59　$x > 16$ 时，正态分布下的累积概率

结果显示，$x > 16$ 时的概率为 0.3843。

3.5.3　正态分布的检验

3.5.3.1　Anderson-Darling 检验

安德森-达令（Anderson-Darling，AD）检验是估计偏离正态性的最有效的统计方法之一，对于样本容量小于或者等于 25 的抽样很有效，大样本也适用。此检验是将样本数据的经验累积分布函数与假设数据呈正态分布时的期望分布进行比较，AD 值越小，表明分布对数据的拟合度越高。

【例 3-6】 以第 2 章例 2-1 的 128 只马氏珠母贝总重观测值为例，检验该样本是否服从正态分布。

Minitab 的应用步骤如下。

1）第一种方法

（1）将样本数据从 Excel 中拷贝到 Minitab 工作表中，点击菜单"统计"→"基本统计"→"正态性检验"（图 3-60）。

图 3-60　正态性检验的选择

（2）弹出"正态性检验"对话框，将"总重（g）"选择到"变量"中，"正态性检验"选择"Anderson-Darling"（图 3-61）。

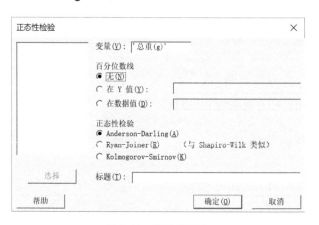

图 3-61　变量的导入

（3）点击"确定"，即可得到结果（图 3-62）。

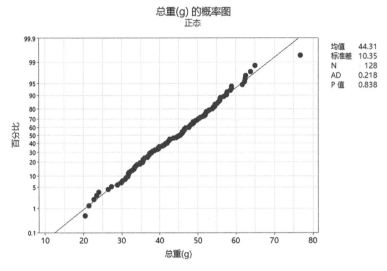

图 3-62 正态性检验的分析结果

结果是一个概率图，样本观测值越贴近图中直线就越接近正态分布。检验结果的 P 值为 0.838，大于 0.05，表明 128 个观测值是服从正态分布的。

2）第二种方法

（1）Minitab 还提供了"Anderson-Darling"检验：点击菜单"图形"→"概率图"，弹出对话框（图 3-63），选择"单一"。

（2）点击"确定"，弹出对话框，将"总重（g）"选择到"图形变量"中（图 3-64）。

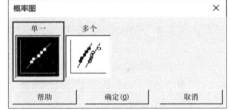

图 3-63 概率图对话框

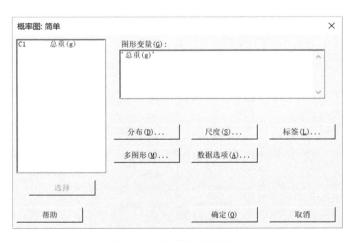

图 3-64 图形变量的导入

（3）点击"确定"，即可得到结果（图 3-65）。

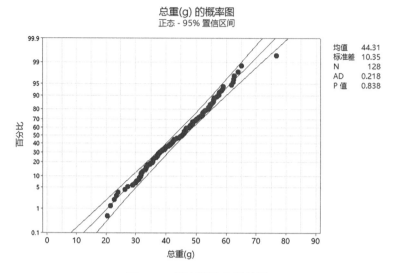

图 3-65　概率图的分析结果

概率图中，样本观测值越贴近图中直线就越趋向正态分布。图中结果显示，虽然有一个观测值在正态分布之外，但检验结果的 P 值为 0.838，大于 0.05，表明 128 个观测值是服从正态分布的。

3.5.3.2　Shapiro-Wilk 检验

夏皮洛-威尔克（Shapiro-Wilk）检验也称 W 检验，这个检验适应的样本容量为 $8<n<50$，SPSS 具备该项检验功能。

SPSS 的应用如下。

（1）将 128 个马氏珠母贝总重观测值中的前 50 个样本数据从 Excel 中拷贝到 SPSS 工作表中，点击菜单"分析"→"描述统计"→"探索"（图 3-66）。

图 3-66　探索菜单的选择

（2）弹出"探索"对话框，将"总重（g）"选择到"因变量列表"中（图 3-67）。

（3）点击"图"，在弹出的对话框勾选"含检验的正态图"（图 3-68）。

图 3-67　因变量的导入

图 3-68　图对话框的设置

（4）点击"继续"，返回上级对话框，点击"确定"，即可得到结果（图 3-69）。

正态性检验

	Kolmogorov-Smirnov[a]			Shapiro-Wilk		
	统计量	df	Sig.	统计量	df	Sig.
总重(g)	.083	50	.200[*]	.971	50	.244

a. Lilliefors 显著水平修正

*. 这是真实显著水平的下限。

图 3-69　正态性检验的分析结果

Shapiro-Wilk 检验结果中，P 值为 0.244，大于 0.05，表明 50 个观测值服从正态分布。

3.5.3.3　科尔莫戈罗夫-斯米尔诺夫检验

科尔莫戈罗夫-斯米尔诺夫（Kolmogorov-Smirnov）检验也称 D 检验，该检验适用于大样本。

1）Minitab 的应用

（1）将样本数据从 Excel 中拷贝到 Minitab 工作表中，点击菜单"统计"→"基本统计"→"正态性检验"（图 3-70）。

（2）弹出"正态性检验"对话框，将"总重（g）"选择到"变量"中，"正态性检验"选择"Kolmogorov-Smirnov"（图 3-71）。

（3）点击"确定"，即可得到结果（图 3-72）。

图 3-70　正态性检验菜单的选择

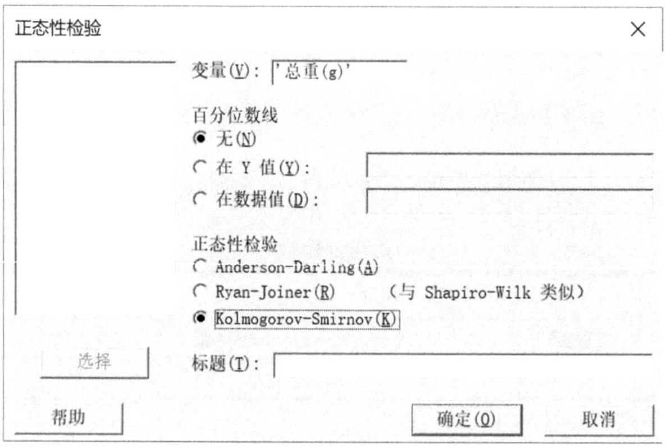

图 3-71　变量的导入

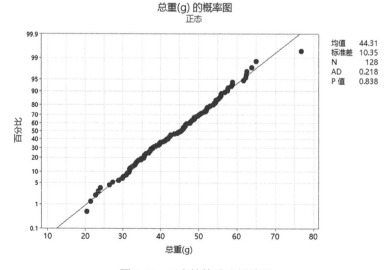

图 3-72　正态性检验分析结果

结果是一个概率图，样本观测值越贴近图中直线就越接近正态分布。检验结果的
$P>0.05$，表明 128 个观测值是服从正态分布的。

2）SPSS 的应用

（1）将 128 个样本数据（含标题）从 Excel 中拷贝到 SPSS 工作表中，点击菜单"分
析"→"描述统计"→"探索"（图 3-73）。

图 3-73　探索菜单的选择

（2）弹出"探索"对话框，将"总重（g）"选择到"因变量列表"中（图 3-74）。

（3）点击"图"，在弹出的对话框中，勾选"含检验的正态图"，点击"继续"返
回"探索"对话框（图 3-75）。

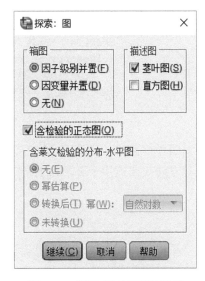

图 3-74　因变量的导入　　　　　　　图 3-75　探索-图对话框的设置

（4）点击"继续"返回上级对话框，点击"确定"，即可得到结果（图 3-76）。

正态性检验

	Kolmogorov-Smirnov[a]			Shapiro-Wilk		
	统计量	df	Sig.	统计量	df	Sig.
总重(g)	.041	128	.200[*]	.993	128	.785

a. Lilliefors 显著水平修正

[*]. 这是真实显著水平的下限。

图 3-76　正态性检验的分析结果

Kolmogorov-Smirnov 的检验结果中，P 值为 0.200，大于临界值，表明 128 个观测值服从正态分布。这里 SPSS 给出了 Kolmogorov-Smirnov 与 Shapiro-Wilk 两种检验结果，一般当样本容量小于 50 时用后者，此时 $n>50$，应以 Kolmogorov-Smirnov 检验结果为准。

3）DPS 的应用

DPS 提供了正态检验，而且一次性给出了 Shapiro-Wilk、Kolmogorov-Smirnov、D'Agostino、Epps_Pulley 四种方法。具体过程如下。

（1）将样本数据从 Excel 中拷贝到 DPS 工作表中。

（2）选择数据（注意不要选择标题行）。

（3）点击菜单"数据分析"→"正态性检验"，即可得到结果（图 3-77）。

正态性检验			
矩法			
项目	参数	z值	p值
偏度	0.0577	0.2696	0.7874
峰度	-0.0898	-0.2113	0.8327
Jarque-Bera(JB)			0.9495
Shapiro - Wilk	W=0.993077		P=0.785352
Kolmogorov-Smirnov D=0.040786			p>0.1500
D' Agostino　D=0.283087			p>0.10
Epps_Pulley TEP=0.049075;		Z=-0.72272, p=0.76507	

图 3-77　正态性检验的分析结果

四种检验方法都认为 128 只马氏珠母贝总重数据符合正态分布。Epps_Pulley 这种检验方法主要适用于 $n>8$ 的样本。

3.6　统计量的分布

生物统计学的核心问题是研究总体与从总体中随机抽样所构成的样本之间的关系，这种关系可从两个方向进行研究：一是从样本到总体，即统计推断（statistical inference），这部分内容将在第 4 章详细讨论；二是从总体到样本，即抽样分布（sampling distribution），是本节重点讨论的内容。对于一个总体而言，我们可以从中随机抽取样本容量相同的若干个样本，从这些样本计算出的某个统计量的所有取值也会服从一定的概率分布，称为该统计量的分布，也就是抽样分布。

3.6.1　样本平均数的分布

假如有一个总体，共有 N 个观测值，每次从中抽取 n 个样本，每个样本的平均值分别为 $\bar{x}_1$、$\bar{x}_2$、$\bar{x}_3$、……，那么这些平均值 $\bar{x}_1$、$\bar{x}_2$、$\bar{x}_3$、……也构成一个样本，我们同样可以计算出样本平均数的均值 $\mu_{\bar{x}}$、方差 $\sigma_{\bar{x}}^2$ 这两个特征数。样本平均数的特征数与总体参数、样本特征数之间具有如下关系。

（1）样本平均数的平均数 $\mu_{\bar{x}}$ 等于总体的平均数 μ，即 $\mu_{\bar{x}} = \mu$。

（2）样本平均数的方差 $\sigma_{\bar{x}}^2$ 等于总体方差 σ^2 除以所抽样本容量 n，即 $\sigma_{\bar{x}}^2 = \dfrac{\sigma^2}{n}$。进而得到样本平均数的标准误 $\sigma_{\bar{x}} = \dfrac{\sigma}{\sqrt{n}}$。

（3）如果从正态总体 $N(\mu, \sigma^2)$ 进行抽样，那么样本平均数 $\bar{x}$ 构成的样本的分布也是正态分布，具有平均值 μ 和方差 σ^2/n，记作 $N\left(\mu, \dfrac{\sigma^2}{n}\right)$。

（4）如果总体不服从正态分布，但有平均值 μ 和方差 σ^2，当样本容量 n 不断增大，样本平均数 $\bar{x}$ 的分布也越来越接近正态分布，且具有平均数 μ 和方差 σ^2/n，这称为中心极限定理。这个性质对于连续型随机变量或非连续型随机变量都适用。不论总体为何种分布，当样本容量 $n \geqslant 30$，就属于大样本，都可以应用中心极限定理，认为平均数 $\bar{x}$ 的分布也是正态分布，这时可对样本平均数进行标准化，使 $u \sim N(0, 1)$：

$$u = \frac{\bar{x} - \mu_{\bar{x}}}{\sigma_{\bar{x}}} = \frac{\bar{x} - \mu}{\sigma/\sqrt{n}} \tag{3.9}$$

3.6.2　样本平均数差值的分布

假如从两个独立正态总体 $N(\mu_1, \sigma_1^2)$ 与 $N(\mu_2, \sigma_2^2)$ 取样。每次从 $N(\mu_1, \sigma_1^2)$ 中抽取样本 n_1 个，每个样本的平均值分别为 $\bar{x}_1$、$\bar{x}_2$、$\bar{x}_3$、……，我们也可以计算平均值 $\mu_{\bar{x}}$、方差 $\sigma_{\bar{x}}^2$ 这两个特征数；从 $N(\mu_2, \sigma_2^2)$ 抽取样本 n_2 个，每个样本的平均值为 $\bar{y}_1$、$\bar{y}_2$、$\bar{y}_3$、……，同样可以计算平均值 $\mu_{\bar{y}}$、方差 $\sigma_{\bar{y}}^2$ 这两个特征数。两个样本平均数差 $\bar{x} - \bar{y}$ 也可以构成一个新的样本，这个由 $\bar{x} - \bar{y}$ 构成的新样本的特征数与两个总体、样本的特征数之间有如下规律。

（1）两个样本平均数差 $\bar{x} - \bar{y}$ 的平均数 $\mu_{\bar{x}-\bar{y}}$ 等于：

$$\mu_{\bar{x}-\bar{y}} = \mu_1 - \mu_2 = \mu_{\bar{x}} - \mu_{\bar{y}} \tag{3.10}$$

（2）两个样本平均数差 $\bar{x} - \bar{y}$ 的方差 $\sigma_{\bar{x}-\bar{y}}^2$ 等于：

$$\sigma_{\bar{x}-\bar{y}}^2 = \frac{\sigma_1^2}{n_1} + \frac{\sigma_2^2}{n_2} = \sigma_{\bar{x}}^2 + \sigma_{\bar{y}}^2 \qquad (3.11)$$

（3）两个样本平均数差 $\bar{x}-\bar{y}$ 的分布也是正态分布，服从 $N(\mu_1 - \mu_2, \sigma_{\bar{x}-\bar{y}}^2)$。

3.6.3 t 分布

根据样本平均数抽样分布的性质（3），我们知道：从正态总体 $N(\mu, \sigma^2)$ 进行抽样，那么样本平均数 $\bar{x}$ 构成的样本的分布也是正态分布，具有平均值 μ 和方差 σ^2 / n，记作 $N\left(\mu, \dfrac{\sigma^2}{n}\right)$，令 $u = \dfrac{\bar{x} - \mu}{\sigma / \sqrt{n}}$，则 $u \sim N(0,\ 1)$。当总体方差 σ^2 未知时，用样本方差 s^2 来估计 σ^2，这时候，$\dfrac{\bar{x} - \mu}{s_{\bar{x}}}$ 就不再服从标准正态分布了，而是服从自由度（degree of freedom，df）$= n - 1$ 的 t 分布，即：

$$t = \frac{\bar{x} - \mu}{s_{\bar{x}}} = \frac{\bar{x} - \mu}{s / \sqrt{n}} \qquad (3.12)$$

式中，$s_{\bar{x}}$ 为样本平均数的标准误，是 $\sigma_{\bar{x}}$ 的估计值。

自由度是指计算某一统计量时，取值不受限制的变量的个数。通常 df$=n-k$，其中 n 为样本含量，k 为被限制的条件数或变量个数，或计算某一统计量时用到其他独立统计量的个数。自由度通常用于抽样分布中。

t 分布是英国统计学家 Gosset 于 1908 年以笔名 "Student" 所发表的论文中提出的，因此也称学生氏分布（t 分布）。t 分布具有以下特征。

（1）t 分布曲线以 $t = 0$ 为轴，左右对称，在 $t = 0$ 处取最大值，然后向两侧递减。

（2）每一个自由度 df $= n - 1$，都有一条 t 分布曲线与之对应。

（3）与正态分布相比，t 分布顶部偏低，尾部偏高，当自由度 df $\geqslant 30$ 时，t 分布曲线接近正态分布曲线，当自由度 df $\to \infty$ 时，t 分布曲线与正态分布曲线重合（图 3-78）。

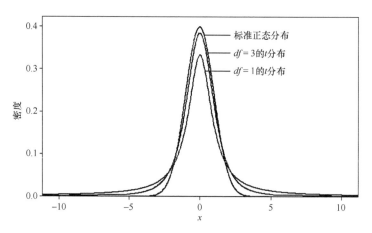

图 3-78　正态分布曲线与不同 df 的 t 分布曲线的比较

（4）与正态分布一样，t 分布曲线与横轴所围成的面积也等于 1。各种 df 下的 t 值可以用 Excel 函数 tdist 计算。

3.6.3.1　已知 df，求单尾或双尾 p

1）Excel 的应用

对于 t 分布在不同自由度下的双尾概率及单尾概率，Excel 有专门的函数可对其进行计算：tdist(x, df, 1 或 2)。例如，当 $t=3$，df=15 时的双尾概率与单尾概率，可以用 tdist 函数进行如下计算。

（1）在 Excel 中任意空白单元格中输入"=tdist(3, 15, 2)"，回车即可得到 $t=3$，df=15 时的双尾概率为 0.0090。

（2）在 Excel 中任意空白单元格中输入"=tdist(3, 15, 1)"，回车即可得到 $t=3$，df=15 时的单尾概率为 0.0045。

2）Minitab 的应用

（1）在 Excel 中，tdist(3, 15, 2)返回的是 $|x|>3$ 的概率，用 Minitab 的概率分布图可以显示，如图 3-79 所示。

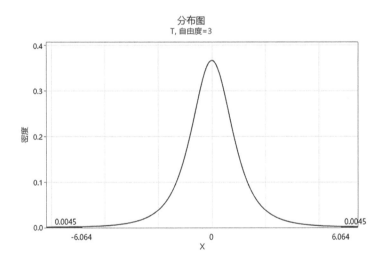

图 3-79　df=15，$|x|>3$ 的双尾概率值

（2）在 Excel 中，tdist(3, 15, 1)返回的概率是 $x>3$ 的概率。用 Minitab 的概率分布图可以显示，如图 3-80 所示。

3.6.3.2　当 df 一定，双尾概率 p 已知，如何求对应的 t 值

另外，当 df 一定，概率 p 已知，求对应的 t 值，Excel 也有对应的函数进行计算：tinv(p, df)。如已知 df=8，求 $p=0.1$ 对应的 t 值，可以在 Excel 中任意空白单元格中输入"=tinv(0.1, 8)"，按回车即可得到结果 1.86。

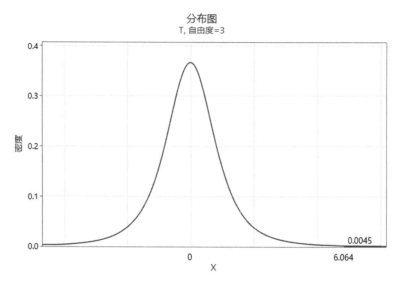

图 3-80　df=15，$x>3$ 的单尾概率值

1）Excel 的应用

如已知 df=8，求 $p=0.05$ 对应的 t 值。

（1）可以在 Excel 中任意空白单元格中输入"=tinv(0.05, 8)"。

（2）按回车即可得到结果 2.31。

另外，Excel 的 tinv(p, df)函数中的 p 指的是双尾概率，而返回的临界值仅有大于零的一个，另外一个对称的小于零的临界值没有给出。

2）Minitab 的应用

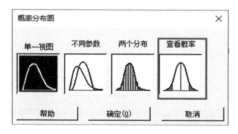

图 3-81　概率分布图对话框

Minitab 可很好地解决这类问题，如已知 df=8，求 $p=0.1$ 对应的 t 值。

（1）在 Minitab 中点击菜单"图形"→"概率分布图"，弹出对话框（图 3-81）。

（2）选择"查看概率"，点击"确定"，弹出对话框（图 3-82）。

（3）在"分布"中选择"t"，"自由度"填入 8，点击"阴影区域"（图 3-83）。

（4）选择"双尾"，"概率"填 0.1，点击"确定"，即可得到结果（图 3-84）。

因此，当 df=8，$p=0.1$ 时，双尾临界值为−1.86 与 1.86。同样，也可以求出当 df=8，$p=0.05$ 时双尾临界值为−2.31 与 2.31（图 3-85）。

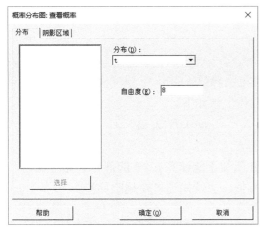 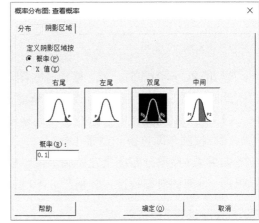

图 3-82　分布对话框的设置　　　　图 3-83　阴影区域对话框的设置

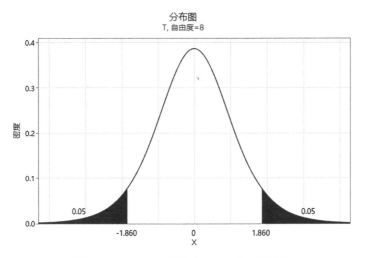

图 3-84　df=8，双尾概率 *p*=0.1 的 *t* 临界值

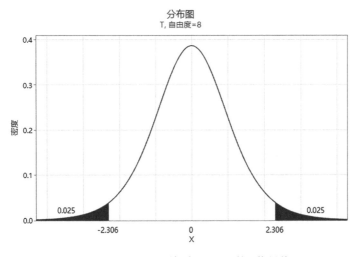

图 3-85　df=8，双尾概率 *p*=0.05 的 *t* 临界值

3.6.3.3 当 df 一定，单尾概率 p 已知，如何求对应的 t 值

1）Excel 的应用

当 df=8，p=0.05 时，求 t 概率分布图上右尾临界值。

此时，用 Excel 的 tinv(p, df)函数解题，具体步骤如下。

（1）可以在 Excel 中任意空白单元格中输入"=tinv(0.05*2, 8)"。

（2）按回车即可得到结果 1.86。

如果求 t 概率分布图上左尾临界值，Excel 函数不能计算 p<0 的部分，此时我们可以根据 t 分布的对称特性，先得到 p>0 的临界值，也就知道了左尾临界值。

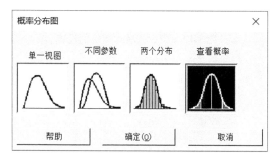

图 3-86 概率分布图对话框

2）Minitab 的应用

当 df=8，p=0.05 时，求 t 概率分布图上右尾临界值，在 Minitab 中，具体步骤如下。

（1）可以点击菜单"图形"→"概率分布图"，弹出对话框（图 3-86）。

（2）选择"查看概率"，点击"确定"，弹出对话框（图 3-87）。

（3）在"分布"中选择"t"，"自由度"填入 8，点击"阴影区域"（图 3-88）。

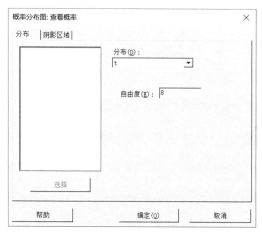

图 3-87 分布对话框的设置

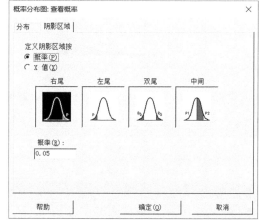

图 3-88 阴影区域对话框的设置

（4）选择"概率"下的"右尾"，"概率"填 0.05，点击"确定"，即可得到结果（图 3-89）。

当 df=8，p=0.05 时，右尾临界值为 1.86。

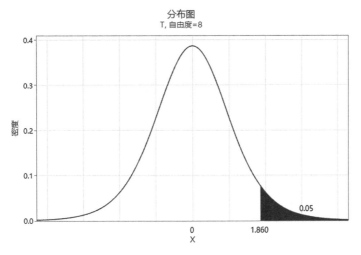

图 3-89　df=8，右尾概率 p=0.05 的 t 临界值

3.6.4　χ^2 分布

假设总体服从 $N(\mu, \sigma^2)$，每次从中抽取 n 个样本，样本平均数 $\bar{x}$ 构成的新样本的分布也是正态分布，服从 $N\left(\mu, \dfrac{\sigma^2}{n}\right)$，如果 $u = \dfrac{\bar{x} - \mu}{\sigma / \sqrt{n}}$，那么 $u \sim N(0,1)$。如果从标准正态总体中取 k 个样本，那么就可得到 u_1、u_2、u_3、$\cdots\cdots$、u_k，将它们的平方的和定义为 χ^2，即：

$$\chi^2 = u_1^2 + u_2^2 + u_3^2 + \cdots + u_k^2 = \sum_{i=1}^{k} u_i^2 = \sum_{i=1}^{k} \left(\frac{x - \mu}{\sigma}\right)^2 \tag{3.13}$$

式中，χ^2 的自由度 df=k-1。

χ^2 分布是连续型随机变量的分布，每个自由度都有一个对应的 χ^2 分布曲线。χ^2 分布的特征如下。

χ^2 分布的区间为 $[0, +\infty)$，随着自由度 df 增大，χ^2 分布曲线渐趋于左右对称，当 df≥30 时，χ^2 分布已经接近正态分布（图 3-90）。

3.6.4.1　Excel 的应用

（1）当 p 与 df 已知，Excel 有专门的函数计算 x 值：chiinv(p, df)。例如，已知 p=0.05，df=2，求 x 值。

a. 可以在 Excel 中的任意空白单元格输入"=chiinv(0.05, 2)"。

b. 按回车就可以得到结果 5.99。

（2）当 x 与 df 已知，在 Excel 中有专门的函数 chidist(x, df) 可以计算 p 值。例如，当 x=15，df=8，求 p 值。

a. 可以在 Excel 中的任意空白单元格输入"=chidist(15, 8)"。

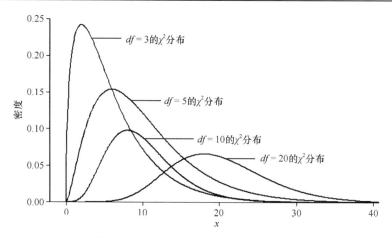

图 3-90 χ^2 分布曲线随自由度增大逐渐趋于对称的正态分布

b. 按回车就可以得到结果 0.0591。

3.6.4.2 Minitab 的应用

（1）Minitab 也可以用于以上计算。例如，已知 $p=0.05$，df=2，求 x 值。

a. 在 Minitab 中，可以点击菜单"图形"→"概率分布图"，弹出对话框。

b. 点击"查看概率"，在对话框中的"分布"选择"卡方"，"自由度"填入 2（图 3-91）。

c. 再点击"阴影区域"，在"定义阴影区域按"下选择"概率"的"右尾"，"概率"填入 0.05（图 3-92）。

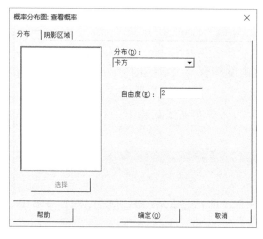
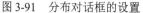
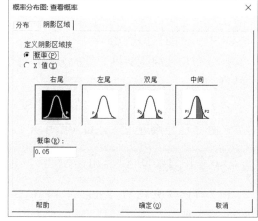

图 3-91 分布对话框的设置　　　　图 3-92 阴影区域对话框的设置

d. 点击"确定"，即可得到结果（图 3-93）。

当 $p=0.05$，df=2 时，$\chi^2=5.991$。

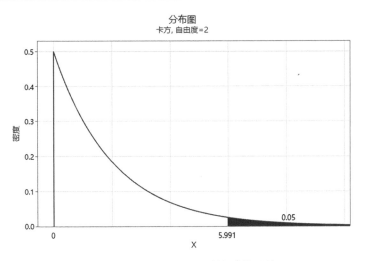

图 3-93　df=2，p=0.05 时的 χ^2 临界值

（2）如果已知 $\chi^2 \geq 15$，df=8，那么如何求 p 值呢？

a. 在 Minitab 中，可以点击菜单"图形"→"概率分布图"，弹出对话框。

b. 点击"查看概率"，在对话框中的"分布"下选择"卡方"，"自由度"填入 8 （图 3-94）。

c. 再点击"阴影区域"，在"定义阴影区域按"下选择"X 值"，图形选择"右尾"，"X 值"填入 15（图 3-95）。

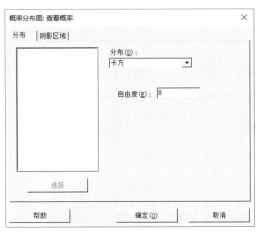

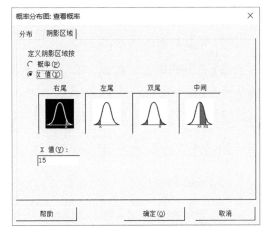

图 3-94　分布对话框的设置　　　　　　图 3-95　阴影区域对话框的设置

d. 点击"确定"，即可得到结果（图 3-96）。

因此，结果为：当 $\chi^2 \geq 15$，df=8 时，p=0.059 15。

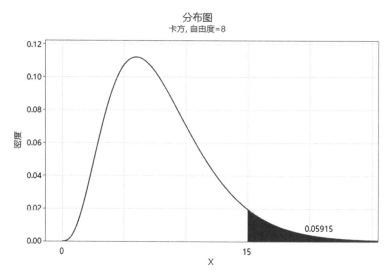

图 3-96 df=8，$\chi^2 \geqslant 15$ 时概率 p 值

3.6.5 *F* 分布

假设总体服从 $N(\mu, \sigma^2)$ ，每次从中抽取 n_1 与 n_2 个样本，每次的样本方差分别为 s_1^2 与 s_2^2，定义 $F = s_1^2 / s_2^2$，则每次抽样就会有一个 F 值，这些 F 值构成一个 F 分布，自由度为 $df_1 = n_1 - 1$， $df_2 = n_2 - 1$。

F 分布具有以下特征。

（1） F 分布的区间为 $[0, +\infty)$ 。

（2） F 分布的平均数 $\mu_F = 1$ ，这是因为构成 F 值的 s_1^2 与 s_2^2 都是同一个总体 σ^2 的无偏估计值。

（3） F 分布曲线的形状仅由 $df_1 = n_1 - 1$ 和 $df_2 = n_2 - 1$ 决定。

3.6.5.1 已知 x 与 df_1、df_2，求 p 值

1）Excel 的应用

在已知 x 与 df_1、df_2 时，在 Excel 中可以用函数 "fdist(x, df_1, df_2)" 计算对应的 p 值。例如，已知 $x=4$，$df_1=4$，$df_2=10$，求 p 值。

（1）可以在 Excel 任意单元格中输入 "=fdist(4, 4, 10)"。

（2）按回车即可得到结果 0.0343。

2）Minitab 的应用

在 Minitab 中，可以调用菜单 "图形" → "概率分布图"，得到如下结果（图 3-97）。

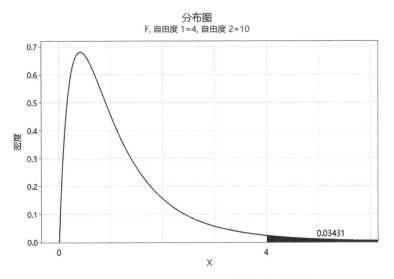

图 3-97　x=4，df_1=4，df_2=10 时的概率分布图

3.6.5.2　已知 p 与 df_1、df_2，求对应的 x 值

1）Excel 的应用

在已知 p 与 df_1、df_2 时，在 Excel 中可以用函数 "finv(p, df_1, df_2)" 计算对应的 x 值。例如，已知 p=0.05，df_1=4，df_2=10，求 x 值。

（1）可以在 Excel 任意单元格中输入 "=finv(0.05, 4, 10)"。

（2）按回车即可得到结果 3.48。

2）Minitab 的应用

在 Minitab 中，可以调用菜单 "图形" → "概率分布图"，得到如下结果（图 3-98）。

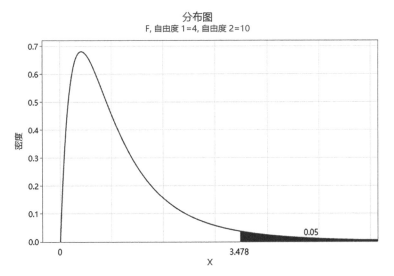

图 3-98　df_1=4，df_2=10，p=0.05 时 F 分布的临界值

复习思考题

1. 常见的概率分布有哪几种？

2. 什么是正态分布？什么是标准正态分布？正态分布曲线有什么特点？

3. 在进行方差分析前，首先必须对资料进行正态性检验，如何进行资料的正态性检验？有哪些方法？

4. 已知小麦穗长服从 $N(9.978, 1.4412)$，求下列概率：

（1）穗长＜6.536cm；

（2）穗长＞12.128cm；

（3）穗长在 8.573cm 与 9.978cm 之间。

5. 某种细菌性鱼病在某地区的死亡率为 40%，即 $p=0.4$。现有 10 尾病鱼，若不予治疗，计算在 10 尾病鱼中：

（1）7 尾存活，3 尾死亡的概率；

（2）8 尾存活，2 尾死亡的概率；

（3）9 尾存活，1 尾死亡的概率；

（4）10 尾全部存活的概率。

6. 已知 $u \sim N(0, 1)$，试求下列概率：

（1）$P(u<-1.64)$；

（2）$P(u \geq 2.58)$；

（3）$P(|u| \geq 2.56)$；

（4）$P(0.34 \leq u < 1.53)$。

7. 设 x 服从 $\mu=30.26$、$\sigma^2=5.102$ 的正态分布，试求 $P(21.64 \leq x < 32.98)$。

8. 已知猪血红蛋白含量 x 服从正态分布 $N(12.86, 1.33^2)$，若 $P(x<L_1)=0.03$，$P(x \geq L_2)=0.03$，求 L_1、L_2。

9. 某小麦品种在田间出现自然变异植株的概率为 0.0045，那么调查 100 株该品种，获得两株或两株以上自然变异植株的概率是多少？

10. 为监测饮用水的污染情况，现检验某社区每毫升饮用水中的细菌数，共得到 400 个记录如下。

	1mL 水中细菌个数				合计
	0	1	2	≥3	
次数 f	243	120	31	6	400

试分析饮用水中细菌数的分布是否服从泊松分布。若服从，按泊松分布计算每毫升水中细菌数的概率及理论次数，并将频率分布与泊松分布作直观比较。

第4章 统计推断

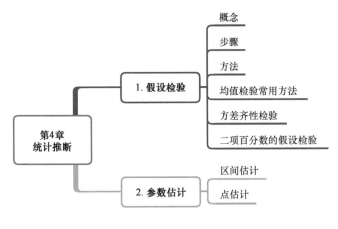

内 容 提 要

统计推断是从总体中随机抽取部分样本，然后对样本数据进行科学分析，进而在一定概率的基础上对总体特征进行推断，主要包括假设检验与参数估计。假设检验主要是基于小概率原理和总体的理论分布，常见的假设检验方法主要有 u 检验、t 检验、F 检验、χ^2 检验。其中，u 检验主要应用于大样本资料或方差已知的资料，t 检验主要应用于小样本资料，F 检验主要对方差齐性或方差同质性进行检验，χ^2 检验则主要应用于适合性检验、独立性检验和方差同质性检验这三个方面。参数估计主要包括区间估计与点估计。

4.1 假设检验的原理与方法

假设检验（hypothesis test），又称显著性检验（significance test），是对未知或不完全知道的总体提出两种对立的假设：一种是认为样本与总体（或另一样本）没有显著差异的零假设，另一种是认为样本与总体（或另一样本）有显著差异的备择假设；然后在假设没有显著差异的情况下，计算抽样误差引起的概率 p，与小概率（small probability）相比较，确定是接受还是拒绝零假设。一般生物统计学中，将小概率界定为 $P \leqslant 0.05$ 或 $P \leqslant 0.01$，如果 $P \leqslant 0.05$ 或 $P \leqslant 0.01$，那么就拒绝零假设，认为差异是显著或极显著的；如果 $P > 0.05$ 或 $P > 0.01$，那就接受零假设，认为差异不显著。当 $P \leqslant 0.05$ 时认为差异显著，在资料右上方标注"*"；当 $P \leqslant 0.01$ 时认为差异极显著，在资料右上方标注"**"。

4.1.1 假设检验的基本步骤

假设检验的步骤可以概括为以下四步。

（1）对样本所属总体提出零假设 H_0 和备择假设 H_A。

（2）确定检验的显著水平 α。

（3）在 H_0 正确的前提下，计算样本的统计数或相应的概率值 p。

（4）如果 $p > \alpha$，接受零假设 H_0；如果 $p < \alpha$，接受备择假设 H_A。

4.1.2 双尾检验与单尾检验

如果理论总体服从正态分布 $N(\mu_0, \sigma_0^2)$，被检验总体平均值为 μ。当 $\alpha=0.05$ 时，样本平均值 $\bar{x}$ 的接受区域与否定区域有以下三种情况。

1）双尾

图 4-1 中空白的 0.95 的概率区为接受区，而两侧共 0.05 的阴影区为否定区。当 $\mu_0 - 1.96\sigma_{\bar{x}} \leqslant \bar{x} \leqslant \mu_0 + 1.96\sigma_{\bar{x}}$ 时，就可接受 H_0，μ 与 μ_0 无差异；当 $\bar{x} < \mu_0 - 1.96\sigma_{\bar{x}}$ 或 $\bar{x} > \mu_0 + 1.96\sigma_{\bar{x}}$ 时，就认为 μ 与 μ_0 差异显著。

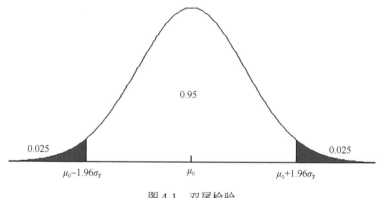

图 4-1 双尾检验

2）左尾

图 4-2 中空白的 0.95 的概率区为接受区，而左侧 0.05 的阴影区为否定区。当 $\bar{x} \geqslant \mu_0 - 1.64\sigma_{\bar{x}}$，就可接受 H_0，μ 与 μ_0 无差异；当 $\bar{x} < \mu_0 - 1.64\sigma_{\bar{x}}$，就认为 μ 与 μ_0 差异显著。

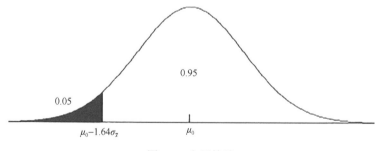

图 4-2 左尾检验

3）右尾

图 4-3 中空白的 0.95 的概率区为接受区，而右侧 0.05 的阴影区为否定区。当 $\bar{x} \leqslant \mu_0 + 1.64\sigma_{\bar{x}}$，就可接受 H_0，μ 与 μ_0 无差异；当 $\bar{x} > \mu_0 + 1.64\sigma_{\bar{x}}$，就认为 μ 与 μ_0 差异显著。

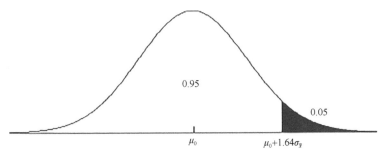

图 4-3　右尾检验

4.2　单样本平均数的 u 检验

当正态总体方差 σ^2 已知，检验样本平均数 $\bar{x}$ 所属总体平均数 μ 与已知总体平均数 μ_0 是否有显著差异，可以用 u 检验（也称 Z 检验）。

【例 4-1】　某渔场按照常规方法所育鲢鱼苗一月龄的平均体长为 7.25cm，标准差为 1.58cm。为了提高鱼苗质量，现采用一新方法进行育苗，一月龄时随机抽取 100 尾进行测量，测得其平均体长为 7.65cm。试问新方法与常规方法有无显著差异？

这里总体 σ 已知，因此采用 u 检验；在新的育苗方法下，鱼苗体长可能高于常规方法，也可能低于常规方法，因此要进行双尾检验。具体方法如下。

Minitab 解题过程如下。

（1）选择菜单"统计"→"基本统计"→"单样本 Z"（图 4-4）。

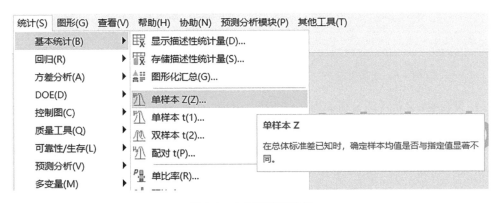

图 4-4　分析菜单的选择

（2）弹出菜单后，选择"汇总数据"，在"样本数量"后填入 100，"样本均数"填入 7.65，"已知标准差"填入 1.58，将"进行假设检验"前面的□中打√，"假设均值"后面填入 7.25（图 4-5）。

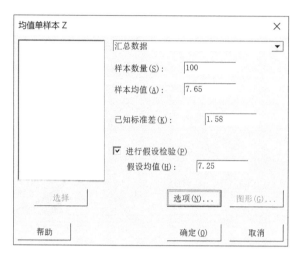

图 4-5 参数设置

（3）点击"选项"，在弹出窗口中，"置信水平"默认为 95.0，即 $\alpha=0.05$，如果改成 99.0，则 $\alpha=0.01$。"备择假设"后面选择"均值≠假设均值"，即是双尾检验（图 4-6）。

（4）点击"确定"返回上级对话框，再点击"确定"，就可以得到结果（图 4-7）。

描述性统计量

N	均值	均值标准误	μ 的 95% 置信区间
100	7.650	0.158	(7.340, 7.960)

μ: 样本 的总体均值
已知标准差 = 1.58

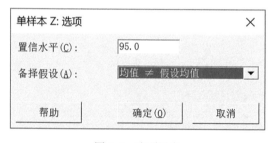

图 4-6 选项设定

检验

原假设　H_0: μ = 7.25
备择假设　H_1: μ ≠ 7.25

Z 值	P 值
2.53	0.011

图 4-7 分析结果

结果表明，Z 值（即 u 值）为 2.53，$P=0.011<0.05$，否定零假设 H_0，接受备择假设 H_A，与常规方法相比，认为新育苗方法下鱼苗体长有显著差异。

【例 4-2】 某罐头厂生产鱼类罐头，其自动装罐机在正常工作状态下每罐净重具有正态分布 $N(500, 8^2)$（单位：g）。某日随机抽查了 10 罐罐头，测得结果为：505、512、497、493、508、515、502、495、490、510。问装罐机工作是否正常？

Minitab 解题过程如下。

（1）在工作表中输入数据（图 4-8）。

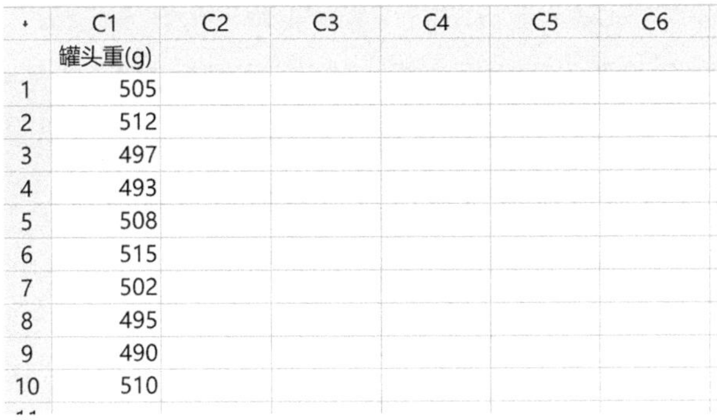

.	C1	C2	C3	C4	C5	C6
	罐头重(g)					
1	505					
2	512					
3	497					
4	493					
5	508					
6	515					
7	502					
8	495					
9	490					
10	510					

图 4-8 数据输入

（2）选择菜单"统计"→"基本统计"→"单样本 Z"（图 4-9）。

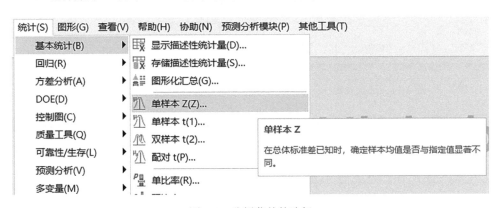

图 4-9 分析菜单的选择

（3）弹出菜单后，单击"一个或多个样本，每列一个"下方方框，将"罐头重（g）"选择到方框中，在"已知标准差"后填入 8，将"进行假设检验"前面的□中打√，"假设均值"后面填入 500（图 4-10）。

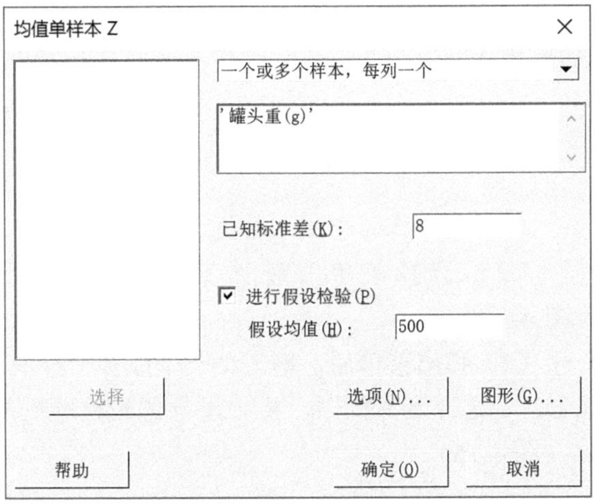

图 4-10 参数设置

（4）点击"选项"，在弹出窗口中，"置信水平"默认为 95.0，即 $\alpha=0.05$，如果改成 99.0，则 $\alpha=0.01$。"备择假设"后面选择"均值≠假设均值"，即是双尾检验（图 4-11）。

（5）点击"确定"返回上级对话框，再点击"确定"，就可以得到结果（图 4-12）。

单样本 Z: 罐头重(g)

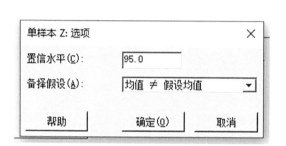

描述性统计量

N	均值	标准差	均值标准误	μ 的 95% 置信区间
10	502.70	8.64	2.53	(497.74, 507.66)

μ: 罐头重(g) 的总体均值
已知标准差 = 8

检验

原假设　　H_0: μ = 500
备择假设　H_1: μ ≠ 500

Z 值	P 值
1.07	0.286

图 4-11　选项设定　　　　　图 4-12　分析结果

结果表明，Z 值（即 u 值）为 1.07，$P=0.286>0.05$，接受零假设 H_0，认为样本重量与标准差异不显著，装罐机工作正常。

4.3　单样本平均数的 t 检验

↓	C1
	含氧量(mg/L)
1	4.33
2	4.62
3	3.89
4	4.14
5	4.78
6	4.64
7	4.52
8	4.55
9	4.48
10	4.26

图 4-13　数据输入

当正态总体方差 σ^2 未知时，检验样本平均数 $\bar{x}$ 所属总体平均数 μ 与已知总体平均数 μ_0 是否有显著差异，可以用 t 检验。

【例 4-3】　某鱼塘水的含氧量多年平均数为 4.5mg/L，现在该鱼塘设 10 个点采集水样，测定水中含氧量（单位：mg/L）分别为：4.33、4.62、3.89、4.14、4.78、4.64、4.52、4.55、4.48、4.26。问该次抽样的水中含氧量与多年平均数是否有显著差异？

4.3.1　Minitab 解题

（1）在工作表中输入数据（图 4-13）。

（2）选择菜单"统计"→"基本统计"→"单样本 t"（图 4-14）。

（3）弹出菜单后，单击"一个或多个样本，每列一个"下方方框，将"含氧量（mg/L）"选择到方框中，将"进行假设检验"前面的□中打√，"假设均值"后面填入 4.5（图 4-15）。

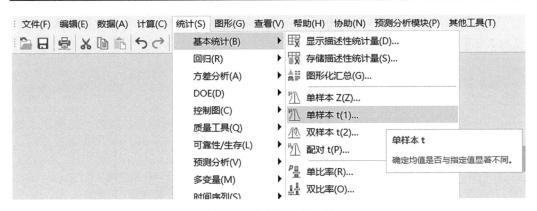

图 4-14　分析菜单的选择

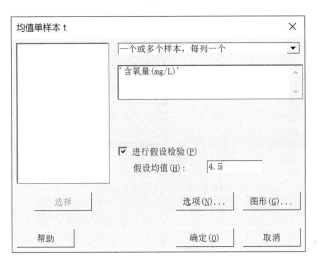

图 4-15　参数设置

（4）点击"选项"，在弹出窗口中，"置信水平"默认为 95.0，即 α=0.05，如果改成 99.0，则 α=0.01。"备择假设"后面选择"均值≠假设均值"，即是双尾检验（图 4-16）。

（5）点击"确定"返回上级对话框，再点击"确定"，就可以得到结果（图 4-17）。

描述性统计量

N	均值	标准差	均值标准误	μ 的 95% 置信区间
10	4.4210	0.2670	0.0844	(4.2300, 4.6120)

μ: 含氧量(mg/L) 的总体均值

图 4-16　选项设定

检验

原假设　H_0: μ = 4.5
备择假设　H_1: μ ≠ 4.5

T 值	P 值
-0.94	0.374

图 4-17　分析结果

结果表明，t 值为-0.94，$P=0.374>0.05$，接受零假设 H_0，认为所抽样水体的含氧量与多年平均值无显著差异。

4.3.2 DPS 解题

（1）在工作表中输入数据，然后选择数据，注意不选择标题行，然后点击菜单"试验统计"→"单样本平均数检验"（图 4-18）。

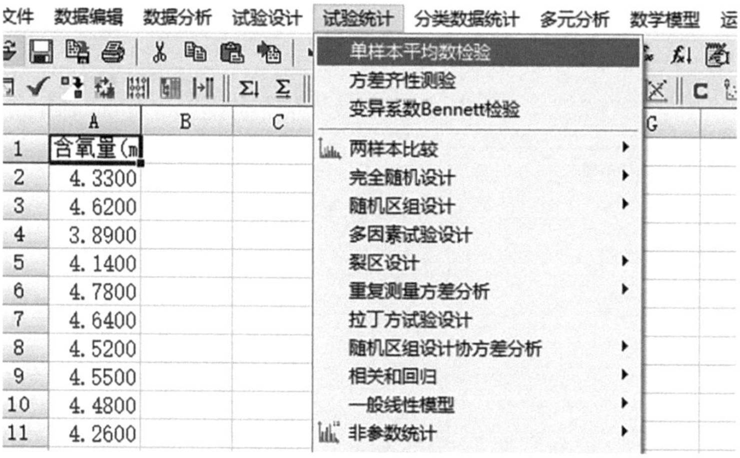

图 4-18 分析菜单的选择

（2）弹出菜单后，在"输入总体平均数"下面填入 4.5（图 4-19）。

（3）点击"OK"，即可得到结果（图 4-20）。

结果表明，t 值为 0.9357，$P=0.3738>0.05$，接受零假设 H_0，认为所抽样水体的含氧量与多年平均值无显著差异。

图 4-19 总体平均数的输入

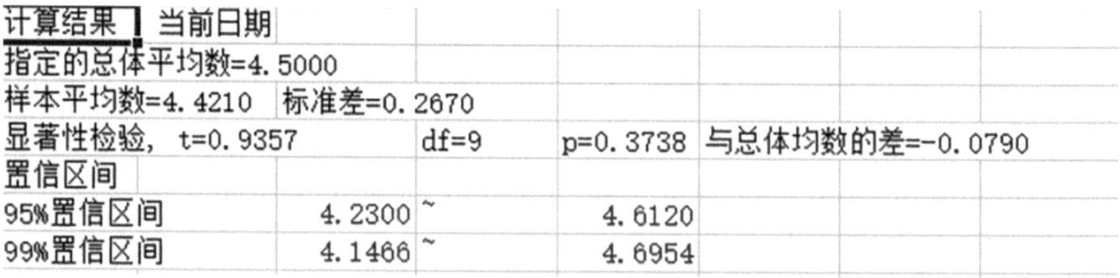

计算结果	当前日期		
指定的总体平均数=4.5000			
样本平均数=4.4210	标准差=0.2670		
显著性检验，t=0.9357	df=9	p=0.3738	与总体均数的差=-0.0790
置信区间			
95%置信区间	4.2300 ~		4.6120
99%置信区间	4.1466 ~		4.6954

图 4-20 分析结果

4.3.3 SPSS 解题

（1）输入数据，选择菜单"分析"→"比较平均值"→"单样本 T 检验"（图 4-21）。

图 4-21 分析菜单的选择

（2）弹出菜单后，将"含氧量 mgL"选择到"检验变量"中，"检验值"后填入 4.5（图 4-22）。

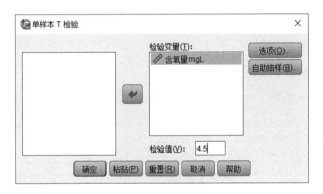

图 4-22 参数设置

（3）点击"确定"，即可得到结果（图 4-23）。

➡ **T-检验**

单样本统计

	个案数	平均值	标准 偏差	标准 误差平均值
含氧量(mg/L)	10	4.4210	.26698	.08443

单样本检验

检验值 = 4.5

	t	自由度	Sig.（双尾）	平均值差值	差值 95% 置信区间 下限	上限
含氧量(mg/L)	-.936	9	.374	-.07900	-.2700	.1120

图 4-23 分析结果

结果表明，t 值为 -0.936，$P=0.374>0.05$，接受零假设 H_0，认为所抽样水体的含氧量与多年平均值无显著差异。

4.4 成组数据平均数比较的 t 检验

从两个独立正态总体中取样，得到两个样本，两个样本的容量 n_1 与 n_2、观测值 x_i 与 x_j 已知，或两个样本的容量 n_1 与 n_2、平均值 $\bar{x}_1$ 与 $\bar{x}_2$、标准差 σ_1 与 σ_2 已知，比较两个样本所属总体的平均数 μ_1 与 μ_2 是否有显著差异。该检验在 SPSS 中也叫独立样本 t 检验。

4.4.1 两个总体方差可假设相等

【例 4-4】 用高蛋白和低蛋白两种饲料饲养 1 月龄的野生鲫鱼，饲养 11 个月后，测定两组野生鲫鱼的增重（g），两组数据分别为

高蛋白组：134、146、106、119、124、161、107、83、113、129、97、123

低蛋白组：70、118、101、85、107、132、94

试问两种饲料养殖的野生鲫鱼增重是否有显著差异？

1）DPS 解题

（1）在工作表中输入数据，然后选择数据，注意不选择标题行，然后点击菜单"试验统计"→"两样本比较"→"两样本平均数 Student t 检验"（图 4-24）。

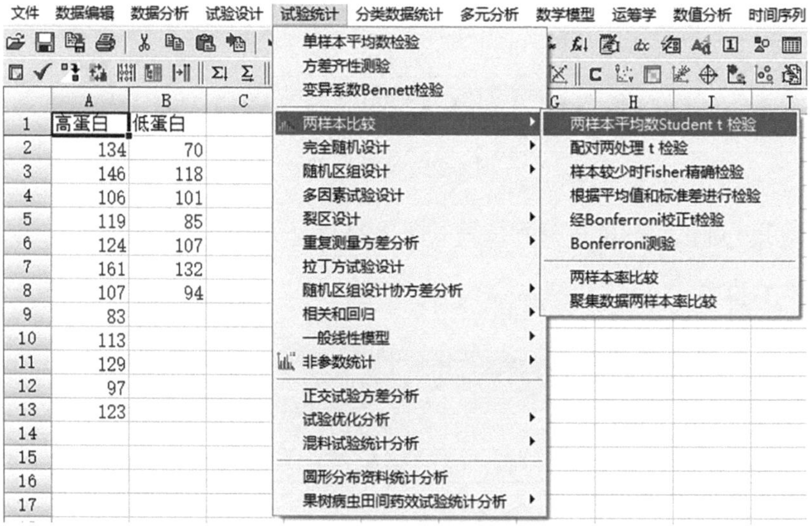

图 4-24 分析菜单的选择

（2）然后立刻得到结果（图 4-25）。

结果表明，t 值为 1.9157，$P=0.0724>0.05$，接受零假设 H_0，表明两种饲料养殖的野生鲫鱼增重无显著差异。

图 4-25　分析结果

2）SPSS 解题

（1）输入数据，选择菜单"分析"→"比较平均值"→"独立样本 T 检验"
（图 4-26）。

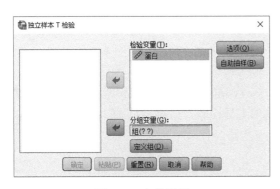

图 4-26　分析菜单的选择

（2）弹出菜单后，将"蛋白"选择到"检验变量"中，"组"选择到"分组变量"
中，然后点击"定义组"（图 4-27）。

（3）弹出对话框，根据组 1、组 2 定义的数字，分别填入 1、2（图 4-28）。

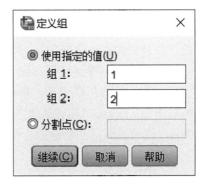

图 4-27　参数设置　　　　　　　　　　　　　图 4-28　组的定义

（4）点击"继续"，返回上级对话框，点击"确定"，即可得到结果（图 4-29）。

→ **T-检验**

[数据集6]

组统计

	组	个案数	平均值	标准 偏差	标准 误差平均值
蛋白	1	12	120.17	21.260	6.137
	2	7	101.00	20.624	7.795

独立样本检验

		莱文方差等同性检验		平均值等同性 t 检验					差值 95% 置信区间	
		F	显著性	t	自由度	Sig.（双尾）	平均值差值	标准误差差值	下限	上限
蛋白	假定等方差	.009	.926	1.916	17	.072	19.167	10.005	-1.943	40.276
	不假定等方差			1.932	13.016	.075	19.167	9.921	-2.264	40.597

图 4-29　分析结果

结果表明，t 值为 1.916，$P=0.072>0.05$，接受零假设 H_0，表明两种饲料养殖的野生鲫鱼增重无显著差异。

4.4.2　两个总体方差不相等

【例 4-5】　有人测定了甲、乙两地区某种水产饲料的含铁量（mg/kg），结果如下。
甲地：5.9、3.8、6.5、18.3、18.2、16.1、7.6
乙地：7.5、0.5、1.1、3.2、6.5、4.1、4.7
试问这种饲料的含铁量在两地间是否有显著差异？

本题中两地饲料含铁量的总体方差不知是否相等，因此需要对样本进行方差齐性检验，然后进行 t 检验。DPS 与 SPSS 在结果中给出了方差齐性检验，而 Minitab 没有给出，需要另外进行方差齐性检验。本题独立样本 t 检验推荐使用 DPS 与 SPSS 这两种方法进行解题。

1. DPS 解题

（1）在工作表中输入数据，然后选择数据，注意不选择标题行，然后点击菜单"试验统计"→"两样本比较"→"两样本平均数 Student t 检验"（图 4-30）。

（2）然后立刻得到结果（图 4-31）。

方差齐性检验结果表明，$F=5.9773$，$P=0.0469<0.05$，方差不等，因此要看方差不等情况下的 t 检验。"两处理方差不等，均值差异检验"结果为：t 值为 2.6951，$P=0.0274<0.05$，表明该饲料在两地的含铁量有显著差异。

| 文件 | 数据编辑 | 数据分析 | 试验设计 | 试验统计 | 分类数据统计 | 多元分析 | 数学模型 | 运筹学 | 数值分析 | 时间序列 |

单样本平均数检验
方差齐性测验
变异系数Bennett检验

两样本比较 ▶   两样本平均数Student t 检验

完全随机设计 ▶   配对两处理 t 检验
随机区组设计 ▶   样本较少时Fisher精确检验
多因素试验设计 ▶   根据平均值和标准差进行检验
裂区设计 ▶   经Bonferroni校正t检验
重复测量方差分析 ▶   Bonferroni测验
拉丁方试验设计
随机区组设计协方差分析 ▶   两样本率比较
相关和回归 ▶   聚集数据两样本率比较
一般线性模型 ▶
非参数统计 ▶

正交试验方差分析
试验优化分析 ▶
混料试验统计分析 ▶

圆形分布资料统计分析
果树病虫田间药效试验统计分析 ▶

	A	B	C
1	甲地	乙地	
2	5.9000	7.5000	
3	3.8000	0.5000	
4	6.5000	1.1000	
5	18.3000	3.2000	
6	18.2000	6.5000	
7	16.1000	4.1000	
8	7.6000	4.7000	
9			
10			
11			
12			
13			
14			
15			
16			
17			

图 4-30 分析菜单的选择

2	两组均数t检验						
3	处理	样本数量	均值	标准差	标准误	95%置信区间	
4	X1	7	10.9143	6.3344	2.3942	5.0559	16.7726
5	X2	7	3.9429	2.5909	0.9793	1.5467	6.3391
6	差值		6.9714	4.8393	2.5867	1.3355	12.6074
7							
8	两处理方差齐性, 均值差异检验		t=2.6951	df=12	p=0.0195		
9							
10	两处理方差齐性检验		F=5.9773	p=0.0469			
11	两处理方差不等, 均值差异检验		t=2.6951	df=7.953	p=0.0274		

图 4-31 分析结果

2. SPSS 解题

（1）输入数据，选择菜单"分析"→"比较平均值"→"独立样本 T 检验"
（图 4-32）。

图 4-32 分析菜单的选择

（2）弹出菜单后，将"含铁量"选择到"检验变量"中，"组"选择到"分组变量"中，然后点击"定义组"（图4-33）。

（3）弹出对话框，根据组1、组2定义的数字，分别填入1、2（图4-34）。

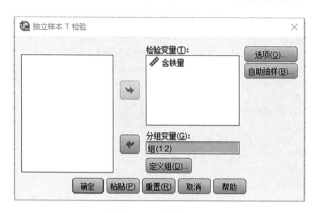

图 4-33　参数设置

图 4-34　组的定义

（4）点击"继续"，返回上级对话框，点击"确定"，即可得到结果（图4-35）。

➡ **T-检验**

[数据集8]

组统计

	组	个案数	平均值	标准 偏差	标准 误差平均值
含铁量	1	7	10.914	6.3344	2.3942
	2	7	3.943	2.5909	.9793

独立样本检验

		莱文方差等同性检验		平均值等同性 t 检验					差值 95% 置信区间	
		F	显著性	t	自由度	Sig. (双尾)	平均值差值	标准误差差值	下限	上限
含铁量	假定等方差	20.534	.001	2.695	12	.019	6.9714	2.5867	1.3355	12.6074
	不假定等方差			2.695	7.953	.027	6.9714	2.5867	1.0003	12.9426

图 4-35　分析结果

方差齐性检验[莱文（Levene）检验]结果表明，$F=20.534$，$P=0.001<0.05$，方差不相等，因此要看方差不相等情况下的 t 检验；此时 t 值为 2.695，$P=0.027<0.05$，表明该饲料在两地的含铁量有显著差异。

4.5　成对数据平均数比较的 t 检验

成对数据是指通过配对试验设计所获得的数据。配对试验设计是将试验单位两两配对，配对方式有同源配对与自身配对两种。同源配对就是将同品种、同批次、同年龄、同性别等动物配对进行试验。自身配对是自身接受两种不同的处理。

【例 4-6】 某人研究冲水对草鱼亲鱼产卵率的影响，获得冲水前后草鱼产卵率（%）如下。

冲水前：82.5、85.2、87.6、89.9、89.4、90.1、87.8、87.0、88.5、92.4

冲水后：91.7、94.2、93.3、97.0、96.4、91.5、97.2、96.2、98.4、95.8

问冲水前后草鱼亲鱼产卵率有无显著差异？

↓	C1	C2
	冲水前	冲水后
1	82.5	91.7
2	85.2	94.2
3	87.6	93.3
4	89.9	97.0
5	89.4	96.4
6	90.1	91.5
7	87.8	97.2
8	87.0	96.2
9	88.5	98.4
10	92.4	95.8

图 4-36 数据输入

4.5.1 Minitab 解题

（1）在工作表中输入数据（图 4-36）。

（2）选择菜单"统计"→"基本统计"→"配对 t"（图 4-37）。

图 4-37 分析菜单的选择

图 4-38 参数设置

（3）弹出菜单后，将冲水前、冲水后两组数据选择到"每个样本单独一列"（图 4-38）。

（4）点击"选项"，在弹出窗口中，"置信水平"默认为 95.0，即 $\alpha=0.05$，如果改成 99.0，则 $\alpha=0.01$。"备择假设"后面选择"差值≠假设差值"，即是双尾检验（图 4-39）。

（5）点击"确定"返回上级对话框，再点击"确定"，就可以得到结果（图 4-40）。

结果表明，t 值为 -7.88，$P=0.000<0.01$，表明冲水前后，草鱼亲鱼的产卵率有极显著的差异。

配对 T 检验和置信区间: 冲水前, 冲水后

描述性统计量

样本	N	均值	标准差	均值标准误
冲水前	10	88.040	2.766	0.875
冲水后	10	95.170	2.376	0.751

配对差值的估计值

均值	标准差	均值标准误	μ_差 的 95% 置信区间
-7.130	2.862	0.905	(-9.177, -5.083)

μ_差 (冲水前 - 冲水后) 的总体均值

检验

原假设　H_0: μ_差 = 0
备择假设　H_1: μ_差 ≠ 0

T 值	P 值
-7.88	0.000

图 4-39　选项设定　　　　　　　　图 4-40　分析结果

4.5.2　DPS 解题

（1）在工作表中输入数据，然后选择数据，注意不选择标题行，然后点击菜单"试验统计"→"两样本比较"→"配对两处理 t 检验"（图 4-41）。

图 4-41　分析菜单的选择

（2）然后立刻得到结果（图 4-42）。

2	项目	平均值	标准差	标准误			
3	1	88.0400	2.7661	0.8747			
4	2	95.1700	2.3763	0.7515			
5	配对差值	-7.1300	2.8616	0.9049			
6							
7	差值的可						
8	项目	95%可信	95%可信区间范围				
9	Bland-	9.2329	-16.3629	2.1029			
10	配对t检验						
11	观察值对数=10	均值=	-7.1300	标准差=	2.8616	标准误=0.90493	
12	95%置信区间	-9.1771	~	-5.0829			
13	配对样本相关系数	0.3887					
14	两处理各样本配对, 其均值差异	t=7.8791	df=9	p=0.0000			

2	项目	平均值	标准差	标准误			
3	1	88.0400	2.7661	0.8747			
4	2	95.1700	2.3763	0.7515			
5	配对差值	-7.1300	2.8616	0.9049			
6							
7	差值的可						
8	项目	95%可信	95%可信区间范围				
9	Bland-	9.2329	-16.3629	2.1029			
10	配对t检验						
11	观察值对数=10	均值=	-7.1300	标准差=	2.8616	标准误=0.90493	
12	95%置信区间	-9.1771	~	-5.0829			
13	配对样本相关系数	0.3887					
14	两处理各样本配对, 其均值差异	t=7.8791	df=9	p=0.0000			

图 4-42　分析结果

结果表明，t 值为 7.8791，$P=0.000<0.01$，拒绝零假设，表明冲水前后草鱼亲鱼的产卵率有极显著的差异。

4.5.3　SPSS 解题

（1）输入数据，选择菜单"分析"→"比较平均值"→"成对样本 T 检验"（图 4-43）。

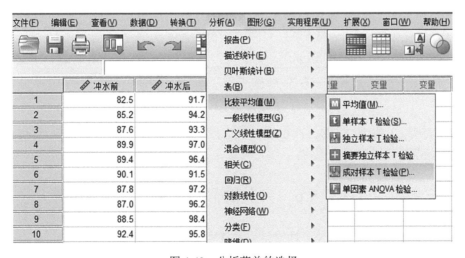

图 4-43　分析菜单的选择

（2）弹出菜单后，将"冲水前"选择到"配对变量"中的"变量 1"，将"冲水后"选择到"配对变量"中的"变量 2"（图 4-44）。

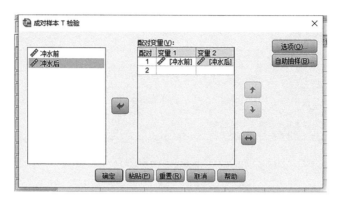

图 4-44　参数设置

（3）点击"确定"，即可得到结果（图 4-45）。

➡ **T-检验**

[数据集9]

配对样本统计

		平均值	个案数	标准 偏差	标准 误差平均值
配对 1	冲水前	88.040	10	2.7661	.8747
	冲水后	95.170	10	2.3763	.7515

配对样本相关性

		个案数	相关性	显著性
配对 1	冲水前 & 冲水后	10	.389	.267

配对样本检验

		配对差值					t	自由度	Sig.（双尾）
		平均值	标准 偏差	标准 误差平均值	差值 95% 置信区间 下限	上限			
配对 1	冲水前 - 冲水后	-7.1300	2.8616	.9049	-9.1771	-5.0829	-7.879	9	.000

图 4-45　分析结果

结果表明，t 值为-7.879，P=0.000<0.01，拒绝零假设，表明冲水前后草鱼亲鱼的产卵率有极显著的差异。

4.6　方差的假设检验

方差的假设检验也称方差齐性检验或方差同质性检验。

4.6.1 单个方差的假设检验

【例 4-7】 一个初步育成的鲫鱼品种,其生物学最小型的体重变异较大,平均标准差 σ_0 =80g;经过再次选育,随机测定 10 尾,测定结果(g)为:480、495、401、495、500、500、501、505、493、497。问再次选育后,该鲫鱼群体的体重是否比原来整齐?

本题可用 Minitab 解题。Minitab 解题过程如下。

(1)输入数据,调用菜单"统计"→"基本统计"→"单方差"(图 4-46)。

图 4-46 分析菜单的选择

(2)弹出菜单,选择"一个或多个样本,每列一个",将"选育鱼"选择到右边,勾选"进行假设检验","假设标准差"后面填入 80(图 4-47)。

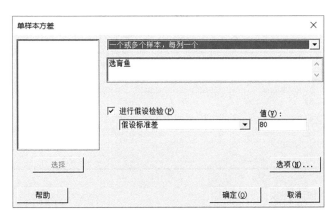

图 4-47 参数设置

(3)点击"选项",弹出菜单后,"置信水平"默认为 95.0,即 α=0.05,如果改成

99.0，则 $\alpha=0.01$。在"备择假设"右边选择"标准差＜假设标准差"，因为本题所问为体重是否比原来整齐，所以备择假设是标准差小于原来鱼体重的标准差（图4-48）。

图 4-48　选项设定

单方差检验和置信区间: 总重（g）

方法

σ: 总重（g）的标准差
Bonett 方法对任何连续分布有效。
卡方方法仅对正态分布有效。

描述性统计量

N	标准差	方差	使用 Bonett 的 σ 95% 上限	使用卡方的 σ 的 95% 上限
10	30.9	952	98.9	50.8

检验

原假设　H_0: σ = 80
备择假设　H_1: σ < 80

方法	检验统计量	自由度	P 值
Bonett	—	—	0.083
卡方	1.34	9	0.002

图 4-49　分析结果

（3）点击"确定"返回上级对话框，再点击"确定"，就可以得到结果（图4-49）。

本题中，选育鱼的体重是正态分布的，因此选择标准方法的卡方检验 P 值，$P=0.002<0.01$，表明选育鱼的体重与原来的鱼是有极显著的差异的，比原来更加整齐。

4.6.2　两个及两个以上方差的假设检验

【例 4-8】 比较 4 种鲤鱼的体型指数(体长/体高)，每种鲤鱼测量 7 条，结果如表 4-1 所示。试问 4 种鲤鱼的体型指数的方差是否相等？

表 4-1　4 种鲤鱼的体型指数

品种	体型指数（体长/体高）						
	重复 1	重复 2	重复 3	重复 4	重复 5	重复 6	重复 7
A_1	1.89	1.86	1.85	1.87	1.98	1.95	1.89
A_2	2.95	2.90	2.95	2.98	2.99	2.77	2.95
A_3	1.97	1.95	1.99	1.91	1.98	1.80	1.96
A_4	2.53	2.58	2.56	2.65	2.63	2.95	2.59

Minitab 解题过程如下。

（1）输入数据，调用菜单"统计"→"方差分析"→"等方差检验"（图4-50）。

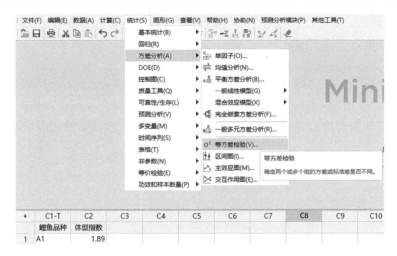

图 4-50 分析菜单的选择

（2）弹出菜单，选择"所有因子水平的响应数据位于同一列中"，点击"响应"后的空格，将体型指数选择到"响应"，将鲤鱼品种选择到"因子"（图 4-51）。

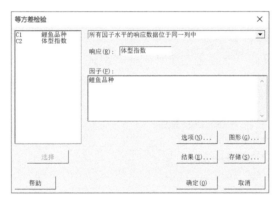

图 4-51 参数设置

（3）点击"确定"，就可以得到结果（图 4-52）。

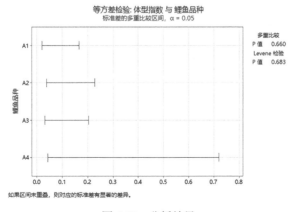

图 4-52 分析结果

图 4-52 显示了多重比较与 Levene 检验的结果，P 值都大于 0.05，说明 4 个品种的鲤鱼体型指数的方差没有显著差异。

4.7 样本频率的假设检验

样本频率的假设检验也称二项百分数的假设检验或二项成数的假设检验。

4.7.1 一个样本频率的假设检验

4.7.1.1 实例 1

【例 4-9】 有一批鱼苗的平均成活率为 0.85，现随机抽取 500 尾，在饲料里添加催长剂并对鱼苗进行投喂，结果有 445 尾快速长大，试问催长剂对鱼苗长大是否有显著效果？

本题中 $n=500$，$p=0.85$，$q=0.15$。在一个样本频率的假设检验中，当 np 和 nq 均大于 30 时，可以不用校正，用基于正态分布的 u 检验。本题 np 和 nq 均大于 30，因此可用 u 检验。

Minitab 解题过程如下。

（1）调用菜单"统计"→"基本统计"→"单比率"（图 4-53）。

图 4-53 分析菜单的选择

（2）弹出菜单，选择"汇总数据"，在"事件数"后面填入 445，在"试验数"后面填入 500，勾选"进行假设检验"，在"假设比率"后面填入 0.85（图 4-54）。

（3）点击"选项"，"置信水平"默认为 95.0，不作修改。"备择假设"默认为"比率≠假设比率"，不作修改。"方法"选择"正态近似"（图 4-55）。

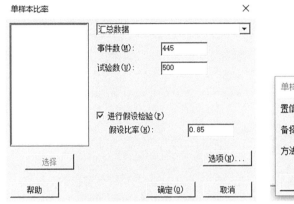

图 4-54 参数设置

图 4-55 选项设定

（4）点击"确定"，返回上级对话框；再点击"确定"，即可得到结果（图 4-56）。

结果显示，P=0.012＜0.05，表明催长剂对鱼苗长大有显著效果。

4.7.1.2 实例 2

【例 4-10】 规定某种鱼的孵化率 p_0＞0.80 为合格，现对一批种鱼随机抽取 100 尾进行孵化检验，结果有 78 尾孵出，问这批鱼是否合格？

本题中 n=100，p=0.80，q=0.20。在一个样本频率的假设检验中，nq 小于 30，不能用基于正态分布的 u 检验。

Minitab 解题过程如下。

（1）调用菜单"统计"→"基本统计"→"单比率"（图 4-57）。

（2）弹出菜单，选择"汇总数据"，在"事件数"后面填入 78，在"试验数"后面填入 100，勾选"进行假设检验"，在"假设比率"后面填入 0.80（图 4-58）。

（3）点击"选项"，"置信水平"默认为 95.0，不作修改。本题检验是否合格，要求孵化率大于 80%，因此"备择假设"应选择"比率＞假设比率"。"方法"选择"精确"（图 4-59）。

单比率检验和置信区间

方法

p: 事件比率
此分析使用正态近似方法。

描述性统计量

N	事件	样本 p	p 的 95% 置信区间
500	445	0.890000	(0.862575, 0.917425)

检验

原假设　H_0: p = 0.85
备择假设　H_1: p ≠ 0.85

Z 值	P 值
2.50	0.012

图 4-56 分析结果

图 4-57　分析菜单的选择

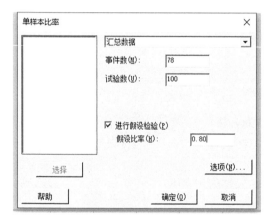

图 4-58　参数设置

图 4-59　选项设定

（4）点击"确定"，返回上级对话框；再点击"确定"，即可得到结果（图 4-60）。

欢迎使用 Minitab，请按 F1 获得有关帮助。

单比率检验和置信区间

p = 0.8 与 p > 0.8 的检验

样本	X	N	样本 p	95% 下限	精确 P 值
1	78	100	0.780000	0.700988	0.739

图 4-60　分析结果

结果显示，$P=0.739>0.05$，表明孵化率并没有超过 80%，因此不合格。

4.7.2 两个样本频率的假设检验

4.7.2.1 实例 1

【例 4-11】 研究水质对成鱼水霉病发病率的影响，调查浅水区成鱼 378 尾，其中发病 342 尾；调查深水区成鱼 396 尾，其中发病 313 尾。试比较两个不同水层的水区水霉病发病率是否有显著差异？

1）Minitab 解题

（1）调用菜单"统计"→"基本统计"→"双比率"（图 4-61）。

（2）弹出菜单，选择"汇总数据"，在"样本 1"下面的"事件数"后面填入 342，在"试验数"后面填入 378；在"样本 2"下面的"事件数"后面填入 313，在"试验数"后面填入 396（图 4-62）。

（3）点击"选项"，"置信水平"默认为 95.0，不作修改。"备择假设"默认为"差值≠假设差值"，"检验方法"选择"分别估计比率"（图 4-63）。

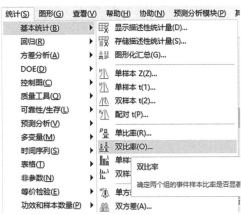

图 4-61 分析菜单的选择

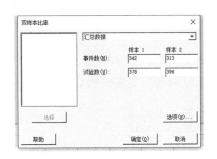

图 4-62 参数设置

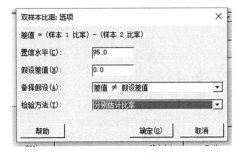

图 4-63 选项设定

（4）点击"确定"，返回上级对话框；再点击"确定"，即可得到结果（图 4-64）。

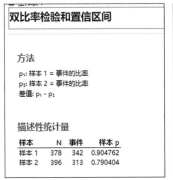

图 4-64 分析结果

结果显示，根据费希尔（Fisher）精确检验，*P*=0.000＜0.01，表明两个不同水层的水区水霉病发病率有极显著的差异。

2）DPS 解题

（1）点击菜单"试验统计"→"两样本比较"→"两样本率比较"（图 4-65）。

图 4-65　分析菜单的选择

图 4-66　参数设置

（2）弹出对话框，在"处理 1"的"样本数"下填入 378，"反应数"下填入 342；在"处理 2"的"样本数"下填入 396，"反应数"下填入 313（图 4-66）。

（3）点击"确定"，再点击"返回"，即可得到结果（图 4-67）。

根据校正计算的 *P* 值，*P*=0.000 02＜0.01，表明两个不同水层的水区水霉病发病率有极显著的差异。

图 4-67　分析结果

4.7.2.2　实例 2

【例 4-12】　某渔场发生药物中毒，抽查两个鱼池，甲鱼池 29 尾中死亡 20 尾，乙鱼池 28 尾中死亡 21 尾。试问两个鱼池的死亡率是否有显著差异？

1）Minitab 解题

（1）调用菜单"统计"→"基本统计"→"双比率"（图 4-68）。

（2）弹出菜单，选择"汇总数据"，在
"样本 1"下面的"事件数"后面填入 20，
在"试验数"后面填入 29；在"样本 2"下
面的"事件数"后面填入 21，在"试验数"
后面填入 28（图 4-69）。

（3）点击"选项"，"置信水平"默认
为 95.0，不作修改。"备择假设"默认为"差
值≠假设差值"，"检验方法"选择"分别估
计比率"（图 4-70）。

（4）点击"确定"，返回上级对话框；
再点击"确定"，即可得到结果（图 4-71）。

结果显示，根据费希尔精确检验，
$P=0.770>0.05$，表明两个鱼池的死亡率没有显著差异。

图 4-68　分析菜单的选择

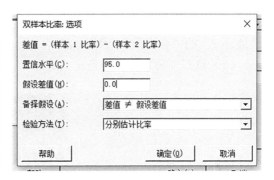

图 4-69　参数设置　　　　　　　　　图 4-70　选项设定

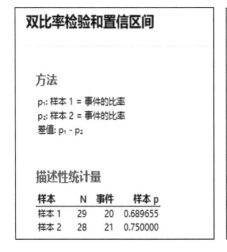
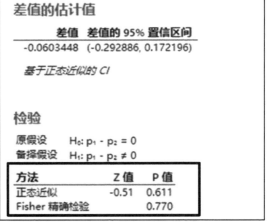

图 4-71　分析结果

2）DPS 解题

（1）点击菜单"试验统计"→"两样本比较"→"两样本率比较"（图 4-72）。

图 4-72　分析菜单的选择

（2）弹出对话框，在"处理 1"的"样本数"下填入 29，"反应数"下填入 20；在"处理 2"的"样本数"下填入 28，"反应数"下填入 21（图 4-73）。

（3）点击"确定"，再点击"返回"，即可得到结果（图 4-74）。

图 4-73　参数设置　　　　　　　　　图 4-74　分析结果

根据费希尔精确检验，$P=0.769\,603 > 0.05$，表明两个鱼池的死亡率没有显著的差异。

4.8　参数的区间估计与点估计

4.8.1　一个总体平均数 μ 的区间估计与点估计

当总体标准差 σ 已知，可以利用样本平均数 $\bar{x}$ 作出置信度为 $P=1-\alpha$ 的总体平均数 μ 的区间估计为 $(\bar{x}-u_\alpha\sigma_{\bar{x}},\ \bar{x}+u_\alpha\sigma_{\bar{x}})$，点估计为 $(\bar{x}\pm u_\alpha\sigma_{\bar{x}})$。

当总体标准差 σ 未知，可以利用样本平均数 $\bar{x}$ 作出置信度为 $P=1-\alpha$ 的总体平均数 μ 的区间估计为 $(\bar{x}-t_\alpha s_{\bar{x}}, \ \bar{x}+t_\alpha s_{\bar{x}})$，点估计为 $(\bar{x}\pm t_\alpha s_{\bar{x}})$。

【例 4-13】 测得某批 25 尾成鱼样本的平均蛋白质含量 $\bar{x}$ =14.5%，已知 σ =2.50%，试进行 95%置信度下的蛋白质含量的区间估计与点估计。

本题中，总体标准差 σ 已知，因此用单样本 u 检验（Z 检验）。Minitab 可以直接进行区间估计。

Minitab 解题过程如下。

（1）点击菜单"统计"→"基本统计"→"单样本 Z"（图 4-75）。

图 4-75　分析菜单的选择

（2）弹出菜单，选择"汇总数据"，在"样本数量"后填入 25，"样本均值"后填入 14.5，"已知标准差"后填入 2.5（图 4-76）。

（3）点击"选项"，"置信水平"默认为 95.0，"备择假设"为"均值 ≠ 假设均值"（图 4-77）。

（4）点击"确定"，返回上级对话框，再点击"确定"，即可得到结果（图 4-78）。

结果直接给出了 95%置信度下，该批成鱼的蛋白质含量的区间估计为（13.52%, 15.48%）。点估计需要计算 $u_\alpha \sigma_{\bar{x}}$，$u_\alpha \sigma_{\bar{x}}$ =(15.48–13.52)/2= 0.98，因此点估计 $\bar{x}\pm u_\alpha \sigma_{\bar{x}}$ 为 14.5%±0.98%。

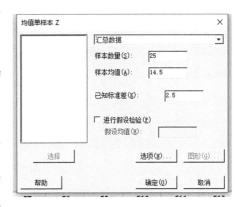

图 4-76　参数设置

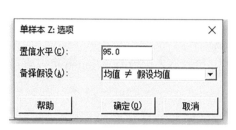

图 4-77 选项设定

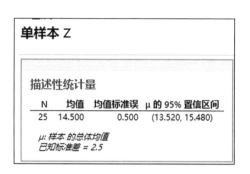

图 4-78 分析结果

【例 4-14】 从某养殖场的一批对虾中随机取 20 尾，测得平均体长 $\bar{x}$=120mm，标准差 σ=15mm，试估计该批对虾 99%置信度下的总体平均数。

Minitab 解题过程如下。

（1）点击菜单"统计"→"基本统计"→"单样本 t"（图 4-79）。

图 4-79 分析菜单的选择

（2）弹出菜单，选择"汇总数据"，在"样本数量"后填入 20，"样本均值"后填入 120，"标准差"后填入 15（图 4-80）。

（3）点击"选项"，"置信水平"修改为 99（图 4-81）。

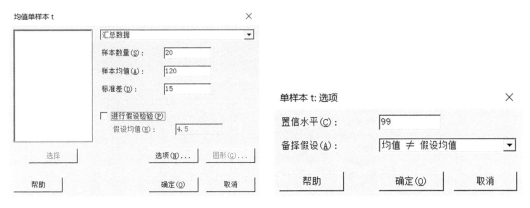

图 4-80 参数设置 　　　　　　　　 图 4-81 选项设定

（4）点击"确定"，返回上级对话框，再点击"确定"，即可得到结果（图 4-82）。

结果直接给出了 99%置信度下,该批对虾体长平均值的区间估计为(110.40mm, 129.60mm)。点估计需要计算 $t_\alpha s_{\bar{x}}$, $t_\alpha s_{\bar{x}}$ =(129.60–110.40)/2=9.6,因此点估计 $\bar{x} \pm t_\alpha s_{\bar{x}}$ 为 120mm±9.6mm。

图 4-82 分析结果

4.8.2 两个总体平均数 $\mu_1-\mu_2$ 的区间估计与点估计

当两个独立总体标准差 σ_1 与 σ_2 已知,可以利用样本平均数 $\bar{x}_1$ 与 $\bar{x}_2$ 作出置信度为 $P=1-\alpha$ 的总体平均数 $\mu_1-\mu_2$ 的区间估计为 $[(\bar{x}_1-\bar{x}_2)-u_\alpha\sigma_{\bar{x}_1-\bar{x}_2}, (\bar{x}_1-\bar{x}_2)+u_\alpha\sigma_{\bar{x}_1-\bar{x}_2}]$,点估计为 $(\bar{x}_1-\bar{x}_2)\pm u_\alpha\sigma_{\bar{x}_1-\bar{x}_2}$。

当两个独立总体标准差未知,可以利用样本平均数 $\bar{x}_1$ 与 $\bar{x}_2$ 作出置信度为 $P=1-\alpha$ 的总体平均数 μ 的区间估计为 $[(\bar{x}_1-\bar{x}_2)-t_\alpha s_{\bar{x}_1-\bar{x}_2}, (\bar{x}_1-\bar{x}_2)+t_\alpha s_{\bar{x}_1-\bar{x}_2}]$,点估计为 $(\bar{x}_1-\bar{x}_2)\pm t_\alpha s_{\bar{x}_1-\bar{x}_2}$

【例 4-15】 用例 4-4 的资料,用高蛋白和低蛋白两种饲料饲养 1 月龄的野生鲫鱼,饲养 11 个月后,测定两组的增重（g）,两组数据分别为

高蛋白组：134、146、106、119、124、161、107、83、113、129、97、123

低蛋白组：70、118、101、85、107、132、94

试在 95%的置信度下对两种蛋白质饲料饲养的野生鲫鱼增重差数进行区间估计与点估计。

Minitab 解题过程如下。

（1）输入数据后,点击菜单"统计"→"基本统计"→"双样本 t"（图 4-83）。

图 4-83　分析菜单的选择

（2）弹出菜单，选择"每个样本位于其自己的列中"，将"高蛋白"选择到"样本1"，"低蛋白"选择到"样本2"（图4-84）。

（3）点击"选项"，"置信水平"默认为 95.0，不作修改；勾选"假定等方差"（图4-85）。

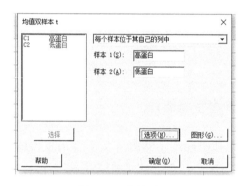

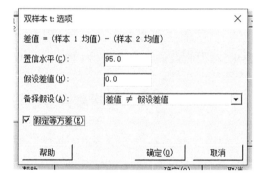

图 4-84　参数设置　　　　　　　　　　图 4-85　选项设定

（4）点击"确定"，返回上级对话框，再点击"确定"，即可得到结果（图4-86）。

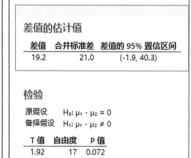

图 4-86　分析结果

结果直接给出了95%置信度下，两种蛋白饲料饲养的野生鲫鱼增重差数的区间估计为(−1.9g，40.3g)。点估计需要计算 $t_\alpha s_{\bar{x}_1-\bar{x}_2}$，$t_\alpha s_{\bar{x}_1-\bar{x}_2}$ =(40.3+1.9)/2=21.1，因此点估计

$(\bar{x}_1 - \bar{x}_2) \pm t_\alpha s_{\bar{x}_1-\bar{x}_2}$ 为 $(120.2-101.0) \pm 21.1$，即 $19.2g \pm 21.1g$。

4.8.3 一个总体频率 *p* 的区间估计与点估计

在置信度 $P=1-\alpha$ 下，已知样本频率为 $\hat{p}$，对于一个总体频率 p 进行的区间估计为 $(\hat{p}-a, \hat{p}+a)$，点估计为 $\hat{p}\pm a$。

【例 4-16】 调查 100 尾对虾，有 20 尾被弧菌侵害，试在 95%置信度下对弧菌的危害率进行区间估计与点估计。

本题可用 Minitab 解题。

Minitab 解题过程如下。

（1）调用菜单"统计"→"基本统计"→"单比率"（图 4-87）。

（2）弹出菜单，选择"汇总数据"，在"事件数"后面填入 20，在"试验数"后面填入 100（图 4-88）。

图 4-87 分析菜单的选择

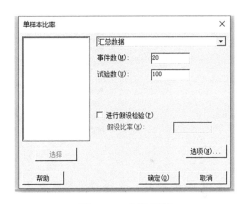

图 4-88 参数设置

（3）点击"选项"，"置信水平"默认为 95.0，不作修改（图 4-89）。

（4）点击"确定"，返回上级对话框；再点击"确定"，即可得到结果（图 4-90）。

结果显示，在 95%置信度下，弧菌的危害率的区间估计为(0.126 656, 0.291 843)。点估计为 $0.20 \pm (0.291\ 843-0.126\ 656)/2$，即 $0.20 \pm 0.082\ 593\ 5$。

图 4-89 选项设定

图 4-90 分析结果

4.8.4 两个总体频率差数的区间估计与点估计

在置信度 $P=1-\alpha$ 下,已知样本 1 的频率为 $\hat{p}_1$,样本 2 的频率为 $\hat{p}_2$,对于两个总体频率 $p_1 - p_2$ 进行的区间估计为 $[(\hat{p}_1 - \hat{p}_2) - a, (\hat{p}_1 - \hat{p}_2) + a]$,点估计为 $(\hat{p}_1 - \hat{p}_2) \pm a$。

【例 4-17】 利用例 4-11 的数据,研究水层对成鱼水霉病发病率的影响,调查浅水区成鱼 378 尾,其中发病 342 尾,调查深水区成鱼 396 尾,其中发病 313 尾。试在置信度 99%下对两个不同水层的水区成鱼水霉病发病率差数进行区间估计与点估计。

本题可用 Minitab 解题。

Minitab 解题过程如下。

(1)调用菜单"统计"→"基本统计"→"双比率"(图 4-91)。

图 4-91 分析菜单的选择

(2)弹出菜单,选择"汇总数据",在"样本 1"下面的"事件数"后面填入 342,在"试验数"后面填入 378;在"样本 2"下面的"事件数"后面填入 313,在"试验数"后面填入 396(图 4-92)。

(3)点击"选项","置信水平"填入 99;"备择假设"默认为"差值≠假设差值",不作修改;"检验方法"选择"分别估计比率"(图 4-93)。

图 4-92 参数设置

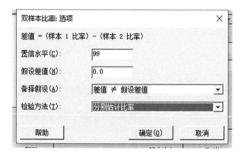

图 4-93 选项设定

(4)点击"确定",返回上级对话框;再点击"确定",即可得到结果(图 4-94)。

双比率检验和置信区间

方法

p_1: 样本 1 = 事件的比率
p_2: 样本 2 = 事件的比率
差值: $p_1 - p_2$

描述性统计量

样本	N	事件	样本 p
样本 1	378	342	0.904762
样本 2	396	313	0.790404

差值的估计值

差值	差值的 99% 置信区间
0.114358	(0.048874, 0.179842)

基于正态近似的 CI

检验

原假设　　H_0: $p_1 - p_2 = 0$
备择假设　H_1: $p_1 - p_2 \neq 0$

方法	Z 值	P 值
正态近似	4.50	0.000
Fisher 精确检验		0.000

图 4-94　分析结果

结果显示，在 99%置信度下，两个不同水层的水区成鱼水霉病发病率差数的区间估计为(0.049, 0.180)。点估计为(0.904 762–0.790 404)±(0.291 843–0.126 656)/2，即 0.114±0.083。

复习思考题

1. 已知某物质在某溶剂中的标准含量为 20.7mg/L。现用某方法测定该物质样品 9 次，其测量值（单位：mg/L）如下：20.99、20.41、20.10、20.00、20.91、22.41、20.00、23.00、22.00。问用该方法测定的结果与标准值有无差别？

2. 某次测验，已知全校男生的平均成绩为 72 分，某班男生的平均成绩为 74.2 分，标准差为 6.5 分。能否认为该班男生的平均成绩显著高于全校男生的平均成绩？

3. 以往通过大规模调查已知某地新生儿出生平均体重为 3.30kg，从该地难产儿中随机抽取 35 名新生儿作为研究样本，平均出生体重为 3.42kg，标准差为 0.40kg。问该地难产儿出生体重是否与一般新生儿出生体重不同？

4. 将 25 例糖尿病患者随机分成两组，甲组单纯用药物治疗，乙组采用药物治疗合并饮食疗法，两个月后测空腹血糖（mmol/L），血糖值如下表所示，问两种疗法治疗后患者血糖值是否相同？

编号	甲组血糖值（mmol/L）	编号	乙组血糖值（mmol/L）
1	8.4	1	5.4
2	10.5	2	6.4
3	12.0	3	6.4
4	12.0	4	7.5
5	13.9	5	7.6
6	15.3	6	8.1
7	16.7	7	11.6
8	18.0	8	12.0
9	18.7	9	13.4
10	20.7	10	13.5
11	21.1	11	14.8
12	15.2	12	15.6
		13	18.7

5. 为考察一种新型透析疗法的效果，随机抽取 10 名患者测量透析前后的血中尿素氮含量（mg/100mL），如下表所示，请根据本试验资料对此疗法进行评价。

患者序号	透析前血中尿素氮含量（mg/100mL）	透析后血中尿素氮含量（mg/100mL）	患者序号	透析前血中尿素氮含量（mg/100mL）	透析后血中尿素氮含量（mg/100mL）
1	31.6	18.2	6	20.7	10.7
2	20.7	7.3	7	50.3	25.1
3	36.4	26.5	8	31.2	20.9
4	33.1	23.7	9	36.6	23.7
5	29.5	22.6	10	28.1	16.5

6. 有 12 名接种卡介苗的儿童，8 周后用两批不同的结核菌素，一批是标准结核菌素，一批是新制结核菌素，分别注射在儿童的前臂，两种结核菌素的皮肤浸润反应平均直径（mm）如下表所示，问两种结核菌素的反应性有无差别？

编号	标准品皮肤浸润反应平均直径（mm）	新制品皮肤浸润反应平均直径（mm）	编号	标准品皮肤浸润反应平均直径（mm）	新制品皮肤浸润反应平均直径（mm）
1	12.0	10.0	7	10.5	8.5
2	14.5	10.0	8	7.5	6.5
3	15.5	12.5	9	9.0	5.5
4	12.0	13.0	10	15.0	8.0
5	13.0	10.0	11	13.0	6.5
6	12.0	5.5	12	10.5	9.5

7. 一般情况下 5～13 岁儿童氟斑牙的患病率为 7%。现随机抽取氟污染地区的 5～13 岁儿童 251 名，经检查有 146 人患有氟斑牙，患病率达 58.2%。问该地区的污染是否导致了氟斑牙患病率的增加？

8. 调查春大豆品种 A 的 120 个豆荚（n_1=120），其中有瘪荚 38 个（f_1=38），瘪荚率 31.7%（$\hat{p}_1$）；调查春大豆品种 B 的 135 个豆荚（n_2=135），其中有瘪荚 52 个（f_2=52），瘪荚率 38.5%（$\hat{p}_2$）。试检验这两个品种的瘪荚率差异是否显著？

9. 设某工件的长度 X 服从正态分布 $N(\mu, 16)$，现抽取 9 件测量其长度，测得数据如下（单位：mm）：142、138、150、165、156、148、132、135、160，试在 95% 置信度下求参数 μ 的区间估计。

10. 从某年某市 12 岁男孩中抽得 120 名样本，求得身高的均数为 143.05cm，标准差为 1.91cm。试估计某年该市 12 岁男孩身高均数的 95% 置信区间。

11. 从一批灯泡中随机地取 5 只作寿命试验，测得寿命（以 h 为单位计）为 1050、1100、1120、1250、1280，假设灯泡寿命服从正态分布。求灯泡寿命平均值的置信水平为 0.95 的单侧置信下限。

12. 用盖革计数器测定某样品的放射性，每次计数时间为 1min，共计 6 次，各次脉冲计数结果为：297、269、279、277、300、263。试检验该结果与理论脉冲计数 280 是否有显著差异？

13. 为了比较两种药物的疗效，各进行 10 组试验，其治愈率分别如下。甲药剂：94、88、83、92、87、95、90、90、86、84；乙药剂：86、84、85、78、76、82、83、84、82、83。试比较两种药物的疗效有无显著差异？

14. 小麦的两种肥料处理试验中，两个处理各 5 个小区，由 A 处理各小区产量算得方差为 1.34，由 B 处理各小区产量算得方差为 0.73，试检验两方差是否同质？

15. 测定东方红 3 号小麦的蛋白质含量 10 次，得到的方差为 1.621；测定农大 139 号小麦的蛋白质含量 5 次，得到的方差为 0.135。试检验东方红 3 号小麦蛋白质含量的变异是否比农大 139 号大？

16. 对正常组和白血病组鼠脾脏中 DNA 含量进行测定，结果如下，试分析正常鼠和白血病鼠脾脏中 DNA 平均含量（mg/g）是否不同？

白血病组：12.3、13.2、13.7、15.2、15.4、15.8、16.9

正常组：10.8、11.6、12.3、12.7、13.5、13.5、14.8

第5章 卡方检验

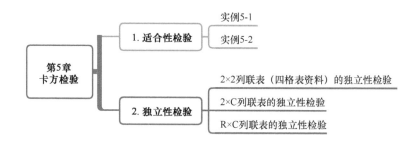

内 容 提 要

卡方检验（χ^2 检验）通常用于次数资料的分析。

卡方检验主要有三个方面的应用：①检验样本方差的齐性（见第 4 章）；②适合性检验，比较观测值与理论值是否符合；③独立性检验，比较两个或两个以上的因子相互之间是独立的还是相互影响的。

在具体进行卡方检验时需要注意：①每组的理论次数都要＞5；②应用卡方检验的次数资料不应是测量的观察值或以百分数表示的相对数；③适合性检验与独立性检验在自由度等于 1 时，一般要进行连续性矫正。

5.1 适合性检验

【例 5-1】 有一鲤鱼遗传试验，以红色和青灰色鲤鱼杂交，其 F_2 代出现性状分离，其中青灰色 1503 尾，红色 99 尾，问观测值是否符合孟德尔 3：1 分离定律？

DPS 解题过程如下。

（1）输入数据并选择数据，点击菜单"分类数据统计"→"模型拟合优度检验"（图 5-1）。

（2）立刻得到结果（图 5-2）。

根据孟德尔分离定律的分离比 3：1，结果给出了理论值为 1201.5 与 400.5。结果中卡方值[即皮尔逊（Pearson）卡方值]为 301.6263，对应的 P 值为 0.0000，小于 0.01，说明实际观测值与孟德尔理论分离比 3：1 是有极显著差异的。

【例 5-2】 用孔雀鱼的两对性状进行杂交试验，将红色上剑尾与蓝色下剑尾的孔雀鱼杂交后，F_2 分离情况为：红色上剑尾 315 条，红色下剑尾 101 条，蓝色上剑尾 108 条，蓝色下剑尾 32 条，共 556 条。问结果是否符合孟德尔理论分离比 9：3：3：1？

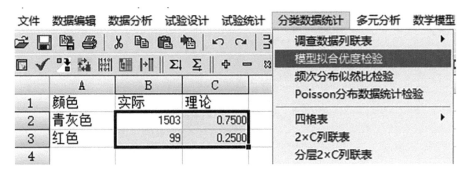

图 5-1　分析菜单的选择

观察值	理论值		
1503	1201.5000		
99	400.5000		
检验方法	统计量	df	p值
Pearson	301.6263	1	0.0000
似然比卡	396.2968	1	0.0000
Williams	396.1731	1	0.0000

观察值	理论值		
1503	1201.5000		
99	400.5000		
检验方法	统计量	df	p值
Pearson	301.6263	1	0.0000
似然比卡	396.2968	1	0.0000
Williams	396.1731	1	0.0000

图 5-2　分析结果

DPS 解题过程如下。

（1）输入数据并选择数据，点击菜单"分类数据统计"→"模型拟合优度检验"（图 5-3）。

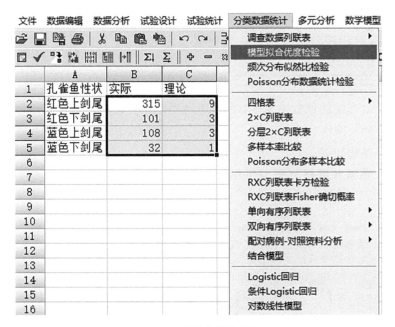

图 5-3　分析菜单的选择

（2）立刻得到结果（图 5-4）。

观察值	理论值
315	312.7500
101	104.2500
108	104.2500
32	34.7500

检验方法	统计量	df	p值
Pearson卡方	0.4700	3	0.9254
似然比卡方G	0.4754	3	0.9243
Williams校正	0.4747	3	0.9244

图 5-4　分析结果

结果中卡方值（即 Pearson 卡方值）为 0.4700，对应的 P 值为 0.9254，大于 0.05，说明实际观测值与孟德尔理论分离比 9：3：3：1 无显著差异。

5.2　独立性检验

独立性检验又叫列联表（contingency table）χ^2 检验。
它是研究两个或两个以上因子彼此之间是独立还是相互影响的一类统计方法。

5.2.1　2×2 列联表（四格表资料）的独立性检验

5.2.1.1　需要校正的四格表资料的 χ^2 检验

表 5-1　不同鱼群患烂鳍病的调查（单位：个）

鱼群	患病数	不患病数	总数
水质不良	50	250	300
水质良好	5	195	200

【例 5-3】　现随机抽取水质良好鱼群与水质不良鱼群，检查鱼群是否患有烂鳍病，结果如表 5-1 所示。

试检验两种鱼群患病率有无显著差异？

本例资料可整理成四格表形式，即有两个处理组，每个处理组的例数由发生数和未发生数两部分组成。表内有

50	250
5	195

四个基本数据，故称为四格表资料。

DPS 解题过程如下。

（1）输入数据并选择数据，点击菜单"分类数据统计"→"四格表"→"四格表（2×2 表）分析"（图 5-5）。

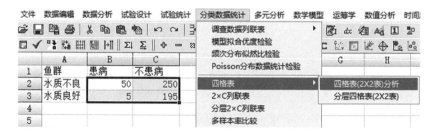

图 5-5　分析菜单的选择

（2）立刻得到结果（图 5-6）。

结果中给出了理论值，以及一般卡方值、校正卡方值、似然比卡方值与 Williams 校正 G 值。

关于列联表 χ^2 检验,在何种情况下需要校正参考理论值（T）、自由度（df）和四格表的总例数（n）,可参考以下原则。

（1）当 $n \geqslant 40$ 且所有 $T \geqslant 5$ 时,用一般卡方检验。若所得 $P \approx \alpha$,改用确切概率法（费希尔精确检验,Fisher's exact test）。

（2）df=1 或当 $n \geqslant 40$ 但 $1 \leqslant T < 5$ 时,用校正卡方。

（3）当 $n < 40$ 或 $T < 1$ 时,改用确切概率法。

本题中,df=1 时,需要看校正的卡方值,此时结果中校正卡方为 23.1742,对应的 P 值为 0.000,小于 0.01,表明两种鱼群的烂鳍病患病率有极显著的差异。

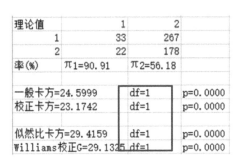

图 5-6　分析结果

【例 5-4】　某养殖户欲比较孔雀石绿与次甲基蓝治疗鱼肤霉病的疗效,将 78 例肤霉病病鱼随机分为两组,结果见表 5-2。问两种药物治疗肤霉病的有效率是否相等？

表 5-2　两种药物治疗肤霉病有效率的比较

组别	有效例数	无效例数
孔雀石绿组	46	6
次甲基蓝组	18	8

DPS 解题过程如下。

（1）在 DPS 中输入数据,选择数据,点击菜单"分类数据统计"→"四格表"→"四格表（2×2 表）分析"（图 5-7）。

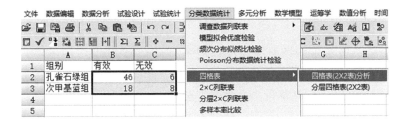

图 5-7　分析菜单的选择

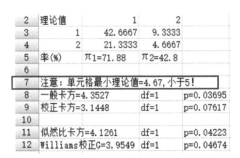

图 5-8　分析结果

（2）立刻得到结果（图 5-8）。

由于 $n \geqslant 40$ 但 $1 \leqslant T < 5$,因此要看校正的卡方值 3.1448,对应的 P 为 0.076 17 > 0.05,尚不能认为两种药物治疗肤霉病的有效率不等。

5.2.1.2　配对四格表资料的 χ^2 检验

【例 5-5】　某实验室分别用 A（直接荧光抗体法）和 B（间接荧光抗体法）两种方法对 58 个鱼类致病菌团中的抗核抗体进行测定,两种方法检测都是阳性的有 11 例,A 方法阳性 B 方法阴性的有 12 例,A 方法阴性 B 方

表 5-3 两种方法的检测结果（单位：例）

A（直接荧光抗体法）	B（间接荧光抗体法）	
	+	-
+	11	12
-	2	33

法阳性的有 2 例，两种方法检测都是阴性的有 33 例，结果见表 5-3。问两种方法的检测结果有无差别？

DPS 解题过程如下。

（1）在 DPS 中输入数据，选择数据，点击菜单"分类数据统计"→"四格表"→"四格表（2×2 表）分析"（图 5-9）。

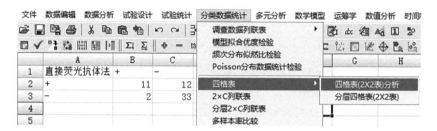

图 5-9 分析菜单的选择

（2）立刻得到结果（图 5-10）。

根据结果，配对设计卡方=5.7857，P=0.0162＜0.05，可以认为两种方法的检测结果是有显著差异的，直接荧光抗体法的阳性检测率高。

5.2.1.3 四格表资料的费希尔确切概率法

四格表资料的费希尔确切概率法的适用条件为 $n<40$ 或 $T<1$ 或 $p \approx \alpha$。

【例 5-6】 某渔医为研究草鱼出血病活疫苗预防病毒性出血病的效果，将 33 例病毒性出血病阳性鱼苗随机分为预防注射组和非预防组，结果见表 5-4。问两组新生鱼苗的病毒性出血病总体感染率有无差别？

表 5-4 两组新生鱼苗的病毒性出血病感染率的比较

组别	阳性例数	阴性例数
预防注射组	4	18
非预防组	5	6

2	理论值	1	2
3	1	5.1552	17.8448
4	2	7.8448	27.1552
5	率(%)	π1=84.62	π2=26.6
6			
7	一般卡方=14.1539	df=1	p=0.00017
8	校正卡方=11.8359	df=1	p=0.00058
9			
10	似然比卡方=14.5495	df=1	p=0.00014
11	Williams校正G=13.9444	df=1	p=0.00019
12			
13	列联系数=0.4429		
14	Cramer系数=0.4940		
15	Fisher精确检验		
16	π1<π2 概率	p=0.999985	
17	π1>π2 概率	p=0.000270	
18	两尾(π1≠π2)概率	p=0.000270	
19			
20	配对设计卡方=5.7857	df=1	p=0.0162

图 5-10 分析结果

DPS 解题过程如下。

（1）在 DPS 中输入数据，选择数据，点击菜单"分类数据统计"→"四格表"→"四格表（2×2 表）分析"（图 5-11）。

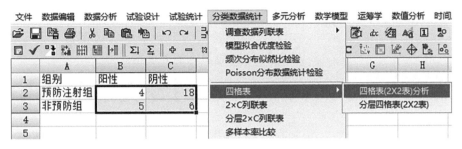

图 5-11 分析菜单的选择

（2）立刻得到结果（图 5-12）。

$n=33<40$，需要看费希尔精确检验的结果。两尾概率 $P=0.121\,045>0.05$，认为两组新生鱼苗的病毒性出血病感染率无显著差异。

【例 5-7】 某单位研究石斑鱼饲料中添加高蛋白对高温下 *HSP70* 基因表达的影响，分别用高蛋白饲料和正常饲料（对照）投喂 30 天，高温胁迫 2h 后分别对高蛋白组和对照组取样 10 份，用免疫组化法检测 *HSP70* 基因表达情况，资料见表 5-5。问饲料中添加高蛋白是否会有助于高温下 *HSP70* 基因的高表达？

表 5-5 高蛋白组和对照组 *HSP70* 基因表达的比较

（单位：尾）

分组	高表达	非高表达
高蛋白组	6	4
对照组	1	9

理论值		1	2
	1	6	16
	2	3	8
率(%)	$\pi_1=44.44$	$\pi_2=75.00$	

注意：单元格最小理论值=3.00，小于5！

一般卡方=2.7500   df=1   p=0.09725
校正卡方=1.5469   df=1   p=0.21360

似然比卡方=2.6525   df=1   p=0.10338
Williams校正G=2.4757 df=1   p=0.11562

列联系数=0.2774
Cramer系数=0.2887
Fisher精确检验
　$\pi_1<\pi_2$ 概率   p=0.108147
　$\pi_1>\pi_2$ 概率   p=0.979480
　两尾($\pi_1\neq\pi_2$)概率 p=0.121045

配对设计卡方=6.2609 df=1   p=0.0123

图 5-12 分析结果

DPS 解题过程如下。

（1）在 DPS 中输入数据，选择数据，点击菜单"分类数据统计"→"四格表"→"四格表（2×2 表）分析"（图 5-13）。

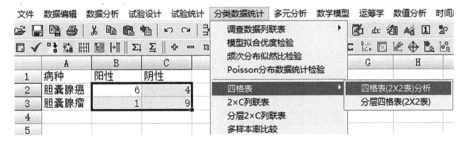

图 5-13 分析菜单的选择

（2）立刻得到结果（图 5-14）。

$n=20<40$，需要看费希尔精确检验的结果。两尾概率 $P=0.057\,276>0.05$，高蛋白组

理论值	1	2
1	3.5000	6.5000
2	3.5000	6.5000
率(%)	π_1=85.71	π_2=30.7

注意：单元格最小理论值=3.50,小于5！

一般卡方=5.4945	df=1	p=0.01908
校正卡方=3.5165	df=1	p=0.06076

似然比方=5.9360	df=1	p=0.01483
Williams校正G=5.4715	df=1	p=0.01933

列联系数=0.4642
Cramer系数=0.5241
Fisher精确检验
$\pi_1<\pi_2$ 概率 p=0.998452
$\pi_1>\pi_2$ 概率 p=0.028638
两尾($\pi_1\neq\pi_2$)概率 p=0.057276

配对设计卡方=0.8000 df=1 p=0.3711

单侧固定U检验:
p1=0.6000 p2=0.1000 z=1.7909 p=0.0733

图 5-14 分析结果

和对照组的 *HSP70* 表达情况不存在显著差异，尚不能认为饲料中添加高蛋白有助于高温下 *HSP70* 基因的高表达。

5.2.2 2×C列联表的独立性检验

【例 5-8】 检验甲、乙、丙三种药物对导致鱼患白点病的小瓜虫的毒杀效果，结果见表 5-6，试分析三种药物对小瓜虫的毒杀效果是否一致？

表 5-6 三种药物毒杀小瓜虫的效果 （单位：个）

	甲	乙	丙
死亡数	37	49	23
未死亡数	150	100	57

DPS 解题过程如下。

（1）输入数据并选择数据，点击菜单"分类数据统计"→"R×C 列联表卡方检验"（图 5-15）。

（2）立刻得到结果（图 5-16）。

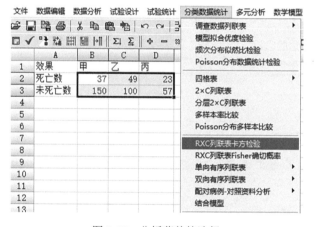

图 5-15 分析菜单的选择

图 5-16 分析结果

结果中看到卡方值 Chi=7.691 94，对应的 *P* 值为 0.021 37＜0.05，表明三种药物对小瓜虫的毒杀效果有显著的差异。

5.2.3 *R×C*列联表的独立性检验

5.2.3.1 多个样本率的比较

【例 5-9】 某养殖户用维生素 C 治疗东星斑进食效率低下的问题，不同规格东星斑的治疗效果列于表 5-7，试检验不同规格东星斑的治疗效果是否有差异？

表 5-7 维生素 C 治疗不同规格东星斑进食效率低下的效果

规格（cm）	治愈（尾）	显效（尾）	好转（尾）	无效（尾）	总和（尾）
0~5	67	9	10	5	91
5~6	32	23	20	4	79
10 以上	10	11	23	5	49

DPS 解题过程如下。

（1）输入数据并选择数据，点击菜单"分类数据统计"→"R×C 列联表卡方检验"（图 5-17）。

（2）立刻得到结果（图 5-18）。

图 5-17 分析菜单的选择

图 5-18 分析结果

结果中看到卡方值 Chi=46.988 05，对应的 P 为 0.0000＜0.01，表明不同规格东星斑的治疗效果有极显著的差异。

5.2.3.2 样本构成比的比较

【例 5-10】 在研究金钱鱼某基因的不同基因型（AA、Aa、aa）与免疫反应的关系时，将 249 尾感染嗜水气单胞菌金钱鱼按有无免疫反应分为两组，资料见表 5-8。问两组感染嗜水气单胞菌金钱鱼的基因型总体分布有无差别？

表 5-8 有免疫反应组与无免疫反应组感染嗜水气单胞菌金钱鱼的基因型分布的比较 （单位：尾）

组别	AA	Aa	aa
有免疫反应组	42	48	21
无免疫反应组	30	72	36

DPS 解题过程如下。

（1）在 DPS 中输入数据并选择数据，点击菜单"分类数据统计"→"R×C 列联表卡方检验"（图 5-19）。

（2）即可得到结果（图 5-20）。

图 5-19　分析菜单的选择　　　　　　　　图 5-20　分析结果

结果中，卡方值 Chi=7.912 69，对应的 P=0.019 13＜0.05，可认为有免疫反应和无免疫反应的金钱鱼的基因分布有显著差异。

5.2.3.3　双向无序分类资料的关联性检验

【例 5-11】　测得某贝类 5801 个贝壳的颜色（红、黄、蓝、绿）和壳型（A、B、AB），结果见表 5-9，问壳型和颜色指标之间是否有关联？

表 5-9　5801 个贝壳的特征分布　　　　　　　　（单位：个）

颜色	壳型			颜色	壳型		
	A	B	AB		A	B	AB
红	431	490	902	蓝	495	587	950
黄	388	410	800	绿	137	179	32

DPS 解题过程如下。

（1）在 DPS 中输入数据并选择数据，点击菜单"分类数据统计"→"R×C 列联表卡方检验"（图 5-21）。

（2）即可得到结果（图 5-22）。

图 5-21　分析菜单的选择　　　　　　　图 5-22　分析结果

结果中，卡方值 Chi=213.161 59，对应的 P=0.0000＜0.01，可认为基因和颜色指标之间的关联极显著。

列联系数为 0，表示完全独立；为 1 表示完全相关；列联系数愈接近于 0，关系愈不密切；列联系数愈接近于 1，关系愈密切。根据 Pearson 列联系数=0.1883，数值较小，故认为基因和颜色指标虽然有关联性，但关系不太密切。

复习思考题

1. 什么是适合性检验？什么是独立性检验？说明二者的主要适用范围。

2. 紫颜色水草与白颜色水草杂交的 F_1 全为紫颜色，F_2 出现分离，在 F_2 中总共观察的 1650 株水草中，紫颜色 1260 株，白颜色 390 株。问这一结果是否符合孟德尔分离定律的 3：1？

3. 有一批红宝石鱼卵，规定孵化率达 80%为合格，现随机抽取 200 粒作孵化试验，得孵化鱼卵 150 粒，问是否合格？

4. 正常情况下，孔雀鱼的雌雄比为：雌鱼：雄鱼=49：51，即每孵化 100 条雌鱼，就有 103～105 条雄鱼。现统计某实验室连续 3 年的孔雀鱼幼鱼的雌雄比：雌鱼 4159 条、雄鱼 4691 条，试问该实验室的幼鱼雌雄比正常吗？

5. 长尾黑身的孔雀鱼与扇尾红身的孔雀鱼交配，其后代 F_1 全为长尾黑身，F_1 进行自繁，结果出现了 4 种表现型：长黑（1477 尾）、长红（493 尾）、扇黑（446 尾）、扇红（143 尾），现假定控制尾部特征和身体颜色的两对基因是相互独立的，且都是显隐性关系，则四种类型的孔雀鱼的比例应当是 9：3：3：1。请验证这次试验的结果是否符合这一分离比例？

6. 调查经过消毒处理与未经消毒处理的鱼卵发生霉病的颗数，结果如下表，试分析鱼卵消毒与否和霉病是否有关？

处理	发病颗数	未发病颗数	总数
鱼卵消毒	26	50	76
鱼卵未消毒	184	200	384
总数	210	250	460

7. 某水产所用土法疫苗免疫草鱼烂鳃病，注射了 400 尾，其中免疫了 325 尾、死亡了 75 尾，对照 400 尾（未作注射）中免疫了 278 尾、死亡了 122 尾。试问这种土法疫苗具有免疫力吗？

8. 将鱼苗放进鱼池前先对鱼池消毒，在此之前先作一试验（单位：尾），数据见下表。试问鱼池消毒能否减轻鱼苗的发病？

处理	发病数	不发病数	合计
消毒	300	920	1220
不消毒	580	630	1210
合计	880	1550	2430

9. 研究不同品种金鱼感染水霉病的情况，调查 5 个品种的健条和病条结果如下，试

分析不同品种是否与水霉病发生有关？

处理	品种					总计
	A	B	C	D	E	
健条数	442	460	478	376	494	2250
病条数	78	39	35	298	50	500
总计	520	499	513	674	544	2750

10. 用某药物的三种浓度甲、乙、丙治疗 219 尾病鱼，治疗结果见下表（单位：尾），试分析哪种浓度效果最佳？

药物浓度	治愈数	显效数	好转数	无效数
甲	67	9	10	5
乙	32	23	20	4
丙	10	11	23	5

11. 为了检查鱼的饲养方式与鱼的等级是否有关，设计了如下试验：按不同方式分 A、B、C 三种网箱饲养，统计不同饲养方式下鱼的等级见下表，试分析饲养方式与鱼的等级之间的关系。

等级	饲养方式			总和
	A	B	C	
甲	22	18	16	56
乙	18	16	14	48
丙	11	13	14	38
丁	8	11	10	29
总和	59	58	54	171

12. 某一杂交组合的 F_3 共有 810 个家系，在室内研究各家系幼贝对某种病害的反应，并在海区鉴别幼贝对此病害的反应，结果列于下表。试测验两种反应间是否相关？

海区幼贝反应	室内幼贝反应			总和
	抗病	分离	感染	
抗病	142	51	3	196
分离	13	404	2	419
感染	2	17	176	195
总和	157	472	181	810

第6章 方差分析

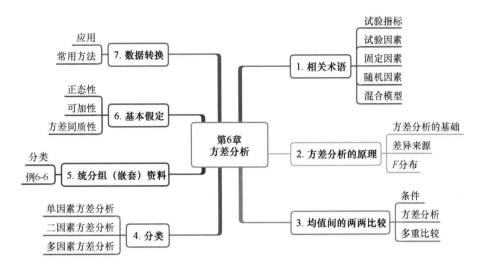

内 容 提 要

样本平均数的假设检验（u 检验或 t 检验）可对样本平均数与总体平均数的差异，以及两个样本平均数间的差异进行检验分析。但在实际研究中常常需要对三个及三个以上的样本平均数进行比较，该情况下若仍继续使用 u 检验或 t 检验进行两两比较，则可能会有检验烦琐、误差估计的精确性与检验的灵敏性降低等问题的出现，而采用方差分析则可有效避免上述问题。

方差分析（analysis of variance，ANOVA），又称"变异数分析"，主要用于两个或两个以上样本平均数差异的显著性检验，是由费希尔发明的。受各种因素影响，研究所得的数据呈波动状，造成波动的原因可分成两类：①不可控的随机因素；②研究中施加的对结果造成影响的可控因素。

方差分析的基本思想是通过分析研究不同来源的变异对总变异的贡献大小，从而确定可控因素对研究结果影响力的大小。其主要用途是：①比较平均数差异的显著性检验；②分离各有关因素并估计其对总变异的作用；③分析因素间的交互作用；④方差齐性检验。在科学实验中常常要探讨不同试验条件或处理方法对实验结果的影响。

方差分析的基本思路是将观测数据的总变异分为处理效应和误差效应两个部分，分析的基本步骤包括：①分析题意；②选择合适的数学模型；③平方和与自由度的分解；④F 检验；⑤结果解释。当 F 检验显著则必须进行多重比较，常见的多重比较方法有：最小显著差数法（LSD 法）、新复极差法（SSR 法）、q 法。其中 SSR 法和 q 法考虑到了秩次距（M），因此三种比较方法的检验尺度从大到小依次为：q 法 $\geqslant$ SSR 法 $\geqslant$ LSD 法。

在生命科学领域，通常采用 SSR 法。

方差分析通常是比较不同试验条件下样本均值间的差异。例如，医学界研究几种药物对某种疾病的疗效；农业上研究土壤、肥料、日照时间等因素对某种农作物产量的影响，研究不同化学药剂对作物害虫的杀虫效果等。进行方差分析时，所分析的资料必须满足 3 个基本假定：①处理效应与误差效应的可加性；②被检验的总体服从正态分布；③各处理的误差方差具有齐性。若资料不满足以上 3 个基本假定，则必须对资料进行转换。常见的资料转换方法有：平方根转换、对数转换、反正弦转换、倒数转换。此外，若资料存在缺失情况，可采用"误差平方和最小"的准则对观测资料进行弥补。

按因素分，方差分析可分为单因素方差分析、二因素方差分析和多因素方差分析。其中，单因素方差分析主要对因素的主效应进行分析；二因素及多因素方差分析除对主效应分析外，还可对因素间的交互作用进行分析。需注意的是，在进行交互作用分析时，观测值必须有重复。

6.1　方差分析的相关术语

案例基本描述：研究马氏珠母贝三亚、印度品系在不同地区的生长差异。选择同一批繁殖的两种马氏珠母贝稚贝，分别在海南黎安港、广东流沙港、广西防城港三个海区进行养殖，每个地区每个品系养殖 1000 个，1 年后测定马氏珠母贝壳高与总重，比较其生长差异。

案例中的壳高与总重称为"试验指标"。试验指标就是我们需要测量的数据，如日增重、产仔数、产奶量、产蛋率、瘦肉率、某些生理生化和体型指标（如血糖含量、体高、体重）等在试验中常会测定的指标。

案例中的品系与地区称为"试验因素"（experimental factor），是指影响试验指标的原因，也称处理因素、因子。试验因素一般用 A、B、C 等大写字母表示，一个因素的水平用代表该因素的字母添加下标 1、2、3 等表示，如 A_1、A_2、A_3 等。影响马氏珠母贝生长指标的因素有品系（A）与地区（B）。因素 A 有 2 个"水平"，即三亚品系与印度品系，分别表示为 A_1 与 A_2；因素 B 有 3 个水平，即海南黎安港、广东流沙港、广西防城港，分别表示为 B_1、B_2 与 B_3。

案例中的试验涉及两个因素，称为二因素试验，试验共有 2×3=6 个水平组合，即 6 个"处理"。每个马氏珠母贝就是一个"试验单位"，每个地区每个品种养殖 1000 个，1000 称为"重复"。

案例中因素 A 的 2 个水平即三亚品系与印度品系是固定的、特意选择的，因素 B 的 3 个养殖海区也是特意选择的，因此在分析时需选择"固定模型"进行处理，得到的结论仅仅适用试验所涉及的 2 个品系与 3 个海区。即马氏珠母贝在流沙港、徐闻、大亚湾都有养殖，但不能拿流沙港的养殖结果来说明徐闻与大亚湾的养殖情况。

有时候因素的水平不是常量，而是由随机因素引起的。例如，将引进的美国黑核桃在不同纬度下种植，观察其在不同地理条件下的适应情况，由于各地气候、土壤肥力等都是无法人为控制的，属于随机因素，因此需要用"随机模型"来处理，试验结论可以推广到随机因素的所有水平。

如果试验中的因素既包括固定效应，又包括随机效应，则试验需要用"混合模型"来处理。例如，为了研究不同养殖环境中红螯螯虾的体色变异情况是否一致，对 3 个养殖场的玻璃缸、水泥池和池塘，各随机抽取 30 尾红螯螯虾进行分析；其中玻璃缸、水泥池和池塘 3 个水平组成的环境因素是固定因素，而养殖场的 3 个水平是通过抽样确定的，是随机因素。该试验资料就要用"混合模型"来处理。

6.2　方差分析的原理

方差分析是建立在一定的线性可加模型的基础上的。所谓线性可加模型是指总体的每一个变量可按其变异的原因分解成若干个线性组成部分，每一个观察值都包含了总体平均数、因素主效应、随机误差三部分，这些组成部分必须以叠加的方式综合起来，即每一个观察值都可以视为这些组成部分的累加和，即 $x_{ij} = \mu + \alpha_i + \varepsilon_{ij}$，这是方差分析的基础。

方差分析的基本原理是认为不同处理组的均数间的差异主要有如下两个来源。

（1）随机误差，如测量误差造成的差异或个体间的差异，称为"组内差异"。用变量在各组的均值与该组内变量值的偏差平方和的总和表示，记作 SS_e，组内自由度为 df_t。

（2）试验条件，即不同的处理造成的差异，称为"组间差异"。用变量在各组的均值与总均值的偏差平方和表示，记作 SS_t，组间自由度为 df_t。

总偏差平方和 $SS_T = SS_t - SS_e$。

组内 SS_e、组间 SS_t 分别除以各自的自由度（组内 $df_e = n-m$，组间 $df_t = m-1$，其中 n 为样本总数，m 为组数），得到其均方 MS_t 和 MS_e。一种情况是处理没有作用，即各组样本均来自同一总体，$MS_t / MS_e \approx 1$；另一种情况是处理确实有作用，组间均方是由误差与不同处理共同导致的结果，即各样本来自不同总体。那么，$MS_t \gg MS_e$。

MS_t / MS_e 值构成 F 分布。用 F 值与其临界值比较，推断各样本是否来自相同的总体。

假设有 n 个样本，分成 m 组，如果零假设 H_0：样本均数都相同，即 $\mu_1 = \mu_2 = \mu_3 = \cdots = \mu_m = \mu$，$m$ 组样本有共同的方差 σ^2，则 n 个样本来自具有共同的方差 σ^2 和相同的均数 μ 的总体。

零假设 H_0：m 组样本均值都相同，即 $\mu_1 = \mu_2 = \cdots = \mu_m$。

如果计算结果的组间均方远远大于组内均方（$MS_t \gg MS_e$），$F > F_{0.05}(df_t, df_e)$，$P < 0.05$，拒绝零假设，说明样本来自不同的正态总体，说明处理造成的均值的差异有统计学意义；否则，$F < F_{0.05}(df_t, df_e)$，$P > 0.05$，接受零假设，说明样本来自相同的正态总体，处理间无显著差异。

6.3　均值间的两两比较

对完全随机设计多组平均水平进行比较时，当资料满足正态性和方差齐性时，就可以尝试方差分析。根据方差分析结果，若得到 $P>\alpha$ 的结果，不拒绝零假设，认为各组样本来自均数相等的总体，即不同的处理产生的效应居于同一水平，分析到此结束；若方差分析结果为 $P\leqslant\alpha$，则拒绝零假设，接受备择假设，认为各处理组的总体均数不等或不全相等，即各个处理组中至少有两组的总体均数居于不同水平。这是一个概括性的结论，而研究者往往希望进一步了解具体是哪两组的总体均数居于不同水平，哪两组的总体均数相等，这就需要进一步进行两两比较来考察各个组别之间的差别。

均数间的两两比较也称为多重比较，根据研究设计的不同可分为两种类型：①一种常见于探索性研究，在研究设计阶段并不明确哪些组别之间的对比是更受关注的，也不明确哪些组别间的关系已有定论、无需再探究，经方差分析结果提示"概括而言各组均数不相同"后，对每一对样本均数都进行比较，从中寻找有统计学意义的差异；②另一种是在研究设计阶段根据研究目的或专业知识所决定的某些均数间的比较，常见于证实性研究中多个处理组与对照组、施加处理后的不同时间点与处理前比较。

最初的设计方案不同，对应选择的检验方法也不同。下面分述两种不同试验设计下如何进行均值间的两两比较。

6.3.1　事先计划好的某对或某几对均数间的比较

事先计划好的某对或某几对均数间的比较适用于证实性研究。在设计时就设定了要比较的组别，其他组别间不必作比较。常用的方法有：Dunnett 检验、LSD 检验。这两种方法不管方差分析的结果如何——即便对于 P 稍大于检验水准时，都可进行所关心组别间的比较。

6.3.1.1　LSD 法

该法是最小显著差数（least significant difference）法的简称，是费希尔于 1935 年提出的，多用于检验某一对或某几对在专业上有特殊探索价值的均数间的两两比较，并且在多组均数的方差分析没有推翻零假设 H_0 时也可以应用。该方法实质上就是 t 检验，检验水准无需作任何修正，只是在标准误的计算上充分利用了样本信息，为所有的均数统一估计出一个更为稳健的标准误，因此它一般用于事先就已经明确所要实施对比的具体组别的多重比较。例如，在一个单因素 4 水平试验中，共有 A_1、A_2、A_3、A_4 这 4 个处理，设计时已确定只是 A_1 与 A_2、A_3 与 A_4（或 A_1 与 A_3、A_2 与 A_4；或 A_1 与 A_4、A_2 与 A_3）比较，而其他的处理间不进行比较。由于该方法的本质思想与 t 检验相同，因此只适用于两个相互独立的样本均数的比较。LSD 法单次比较的检验水准仍为 α，因此可以认为该方法是最为灵敏的两两比较方法。

6.3.1.2　Dunnett 法

该法适用于 k 个处理组与一个对照组的均数差异比较。默认对照组是最后一组。适用于 $n–1$ 个试验组与一个对照组的均数差别的多重比较，多用于证实性研究。

检验时可以选择双侧或单侧检验。要检验试验组的均值是否不等于控制组的均值，就使用双侧检验。要检验试验组的均值是否小于控制组的均值，就选择"＜控制"。类似地，要检验试验组的均值是否大于控制组的均值，请选择"＞控制"。

6.3.2　多个均数的两两事后比较

多个均数的两两事后比较适用于探索性研究，即各处理组两两间的对比关系都要回答，一般要将各组均数进行两两组合，分别进行检验。常用的方法有：SNK 法、邓肯（Duncan）法、图基（Tukey）法和沙菲（Scheffé）法。值得注意的是，这几种方法对数据有具体的要求和限制。

6.3.2.1　SNK 法

SNK（Student-Newman-Keuls）法的检验统计量为 q，也称为 q 检验法。适用于多个均数的两两比较，常用于探索性研究。

6.3.2.2　图基法

图基（Tukey）法原理与 SNK 法基本相同，该方法要求各比较组的样本含量相同。这种方法比 LSD 法有更高的检验效能，具有很好的稳定性，适用于大多数场合下的两两比较，计算简便。但是 Tukey 法是基于比较组全部参与比较这一假设下进行的，因此在只比较指定的某几组总体均数时并不适用，建议选择 Dunnett 法或者 Bonferroni 方法，因为这两种方法会给出较高效能的检验结果。

如果各组样本含量不等，需要用修正的 Tukey 法（Tukey-Kramer 法），效果优于 Bonferroni 法、Sidak 法或 Scheffé 法。

6.3.2.3　沙菲法

与一般的多重比较不同，沙菲（Scheffé）法的实质是对多组均数间的线性组合是否为 0 进行假设检验，多用于对比组样本含量不等的资料。如果进行组平均数的两两比较检验，与 Tukey 法和 Bonferroni 法相比，Scheffé 法最不容易达到显著水平。

6.3.2.4　邓肯法

邓肯（Duncan）法是 1955 年在 Newman 及 Keuls 的复极差法（multiple range method）基础上提出的，因此也称新复极差法。该法又称为 SSR 法（shortest significant ranges），与 Tukey 法相类似。

6.3.2.5 *q* 检验法

q 检验法也称为 SNK 法。对于 LSD 法、Duncan 法、*q* 检验法，其检验尺度有如下关系：LSD 法≤Duncan 法≤*q* 检验法。

当样本的处理数 *k*=2 时，取等号；*k*≥3 时，取小于号。在多重比较中，LSD 法的尺度最小（灵敏性最高），*q* 检验法的尺度最大（灵敏性最低），Duncan 法的尺度居中。在上述排列顺序中，用前面方法检验显著的，用后面方法检验未必显著；用后面方法检验显著的，用前面方法检验必然显著。

一般地讲，一份试验资料，究竟采用哪一种多重比较方法，主要应根据否定一个正确的 H_0 和接受一个不正确的 H_0 的相对重要性来决定。如果否定正确的 H_0 是事关重大或后果严重的，或对试验要求严格时，用 *q* 检验法较为妥当；如果接受一个不正确的 H_0 是事关重大或后果严重的，则宜用新复极差法。

生物试验中，由于试验误差较大，常采用 Duncan 法；*F* 检验结果是显著后，为了简便，也可采用 LSD 法。

6.3.3 探索性研究与证实性研究都适用的检验

6.3.3.1 Bonferroni 法

当比较次数不多（如小于 10 次）时，Bonferroni 法的效果较好。比较次数 *C* 与处理数 *k* 有关，*C*=*k*(*k*–1)/2，随着 *C* 增大，Bonferroni 法越不容易达到显著水平。

6.3.3.2 Sidak 法

Sidak 法是根据 Sidak 的不等式进行校正的 *t* 检验法。

6.3.4 方差不等时的检验

对于不能满足方差相等（有齐性）的资料，需要选择另外的检验方法进行两两比较，主要有：Tamhane's T_2、Dunnett's T_3、Games-Howell 和 Dunnett's *C*（图 6-1）。

Games-Howell 检验适用于样本含量小且方差不齐（轻度方差不齐例外）时的情况。该方法是方差不齐时的一种较好的检验方法，但如果样本含量相差悬殊，该法也会不精确。Dunnett's *C* 是一种基于学生化极差的适用于方差不齐情况时的两两比较方法。

SPSS 为 LSD、Bonferroni、Sidak、Dunnett、Tamhane's T_2、Dunnett's T_3、Games-Howell、Dunnett's *C* 进行多重比较；为 SNK、Tukey'b、Duncan、R-E-G-WF、R-E-G-WQ 以及 Waller-Duncan 进行子集一致性检验；为 Tukey、Scheffé、Hochberg's GT2、Gabriel 既进行多重比较，也进行多范围检验。

应当注意，无论采用何种方法进行多重比较，都应注明是哪一种多重比较方法。

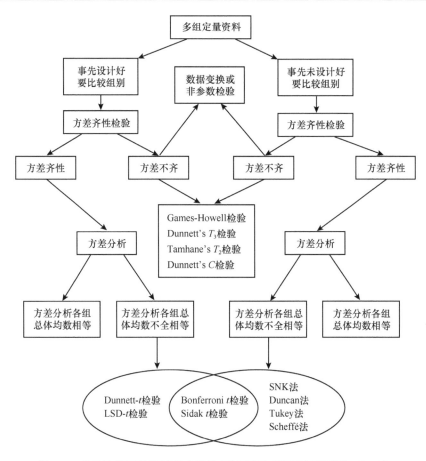

图 6-1 多组均值间比较时的方法选择流程图（张熙和张晋昕，2008）

6.4 单因素方差分析

【例 6-1】 某水产研究所比较 4 种不同配方的饲料对海鲈鱼的饲养效果，选择条件相同的鱼 20 尾，随机分成 4 组，投喂不同饲料，1 个月后各组鱼的增重（g）资料见表 6-1，试进行方差分析。

表 6-1 不同饲料投喂后鱼的增重资料 （单位：g）

饲料	重复 1	重复 2	重复 3	重复 4	重复 5
A_1	319	279	318	284	359
A_2	248	257	268	279	262
A_3	221	236	273	249	258
A_4	270	308	290	245	286

本题可以用 DPS、SPSS 来解题。

1）DPS 解题

（1）输入数据并选择数据，点击菜单"试验统计"→"完全随机设计"→"单因素试验统计分析"（图6-2）。

图6-2 分析菜单的选择

（2）弹出对话框，"数据转换方法"默认为"不转换"，不修改；"多重比较方法"默认为"Tukey法"，修改为"LSD法"（图6-3）。

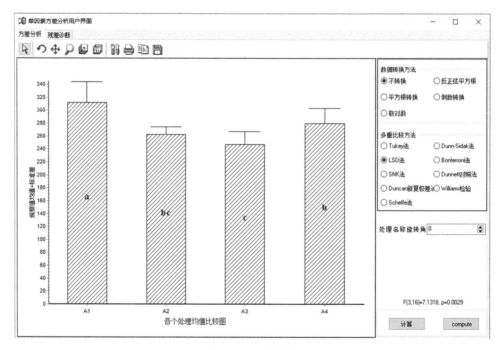

图6-3 参数设置

（3）点击"计算"，即可得到结果（图6-4）。

结果的第一部分给出了饲料因素的4个水平下各处理的样本数、均值、标准差、标准误、95%置信区间。

结果的第二部分是方差分析表，$F=7.1320$，$P=0.0029<0.01$，表明不同饲料对鱼的增重有极显著的差异。

结果的第三部分给出了LSD法多重比较结果。一是三角法，下三角为均值与统计量，上三角为 P 值，可以根据 P 值判断两个水平间有无显著差异。例如，A_1 与 A_4 之间 $P=0.0438 < 0.05$，有显著差异；A_1 与 A_2 间 $P=0.0041 < 0.01$，有极显著的差异。二是字母法，字母法表示的多重比较结果比较简洁。首先根据均值由大到小将 A 因素的 4 个水平从上而下排列，均值排在第二列，第四列是 5%显著水平，用小写字母 a、b、c 等表示各因素之间的差异。第五列是 1%极显著水平，用大写字母 A、B、C 等表示。在 5%或 1%的水平上，无论哪两个水平比较，只要看到有相同字母，就是无显著差异，只有完全不同的字母，才是有显著差异。如在 5%显著水平，A_1 的"a"与 A_4 的"b"，是完全不同的字母，就表示 A_1 与 A_4 之间有显著差异；而在 1%的极显著水平，A_1 的"A"与 A_4 的"AB"，由于含有相同字母"A"，就表示两者没有极显著的差异；而 A_1 的"A"与 A_2 的"B"，就表示两者间有极显著的差异。

处理	样本数	均值	标准差	标准误	95%置信区间	
A1	5	311.8000	32.2754	14.4340	271.7248	351.8752
A2	5	262.8000	11.6490	5.2096	248.3358	277.2642
A3	5	247.4000	19.9825	8.9364	222.5885	272.2115
A4	5	279.8000	23.6897	10.5943	250.3854	309.2146

方差分析表

变异来源	平方和	自由度	均方	F值	p值
处理间	11435.3500	3	3811.7833	7.1320	0.0029
处理内	8551.6000	16	534.4750		
总变异	19986.9500	19			

LSD法多重比较

（下三角为均值差及统计量，上三角为p值）

LSD05=30.9963　　LSD01=42.7064

No.	均值	A1	A4	A2	A3
A1	311.8000		0.0438	0.0041	0.0004
A4	279.8000	32.000(2.19)		0.2620	0.0415
A2	262.8000	49.000(3.35)	17.000(1.16)		0.3079
A3	247.4000	64.400(4.40)	32.400(2.22)	15.400(1.05)	

字母标记表示结果

处理	均值	10%显著水平	5%显著水平	1%极显著水平
A1	311.8000	a	a	A
A4	279.8000	b	b	AB
A2	262.8000	bc	bc	B
A3	247.4000	c	c	B

图 6-4　分析结果

本例中（例 6-1），用 LSD 法多重比较与 q 检验法的结果是不一样的，如图 6-5 所示。

LSD法多重比较

（下三角为均值差及统计量，上三角为p值）

LSD05=30.9963　　LSD01=42.7064

No.	均值	A1	A4	A2	A3
A1	311.8000		0.0438	0.0041	0.0004
A4	279.8000	32.000		0.2620	0.0415
A2	262.8000	49.000	17.000		0.3079
A3	247.4000	64.400	32.400	15.400	

字母标记表示结果

处理	均值	10%显著	5%显著水	1%极显著水平
A1	311.8000	a	a	A
A4	279.8000	b	b	AB

SNK法多重比较（下三角为均值差及统计量，上三角为p值）

No.	均值	A1	A4	A2	A3
A1	311.8000		0.0438	0.0107	0.0023
A4	279.8000	32.000		0.2620	0.0988
A2	262.8000	49.000	17.000		0.3079
A3	247.4000	64.400	32.400	15.400	

字母标记表示结果

处理	均值	10%显著	5%显著水	1%极显著水平
A1	311.8000	a	a	A
A4	279.8000	b	b	AB
A2	262.8000	bc	b	AB
A3	247.4000	c	c	B

LSD法　　　　　　　　　　　　　q检验法

图 6-5　LSD 法与 q 检验法分析结果的比较

这个结果验证了 LSD 法的尺度小于 q 检验法，即 LSD 法比 q 检验法更容易得出差异显著的结论。

2）SPSS 解题

（1）输入数据，点击菜单"分析"→"一般线性模型"→"单变量"（图 6-6）。

图 6-6　分析菜单的选择

图 6-7　参数设置

（2）弹出对话框，将"增重"选择到"因变量"中，将"饲料"选择到"固定因子"中（图 6-7）。

（3）点击"事后比较"，弹出子对话框，将"饲料"选择到"下列各项的事后检验"，在"假定等方差"下面，勾选 LSD、S-N-K、图基、邓肯（图 6-8）。

（4）点击"继续"返回上级对话框，再点击"选项"，弹出子对话框，在"显示"下勾选"齐性检验"（图 6-9）。

（5）点击"继续"返回上级对话框，再点击"确定"即可得到结果（图 6-10）。

图 6-8　多重比较方法的选择

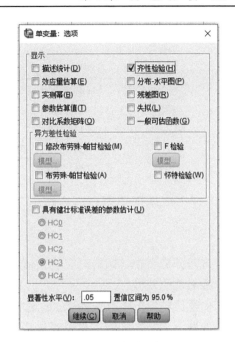

图 6-9　选项设定

主体间因子

		个案数
饲料	A1	5
	A2	5
	A3	5
	A4	5

误差方差的莱文等同性检验[a,b]

		莱文统计	自由度 1	自由度 2	显著性
增重	基于平均值	1.344	3	16	.295
	基于中位数	.829	3	16	.497
	基于中位数并具有调整后自由度	.829	3	11.113	.505
	基于剪除后平均值	1.382	3	16	.284

检验"各个组中的因变量误差方差相等"这一原假设。

a. 因变量：增重

b. 设计：[截距:

图 6-10　分析结果

结果首先给出了饲料的 4 个水平的样本数，然后是方差等同性的 Levene 检验，$P=0.295$，结果表明方差是有齐性的。

接下来就是方差分析表（图 6-11）。

主体间效应检验

因变量：增重

源	III 类平方和	自由度	均方	F	显著性
修正模型	11435.350[a]	3	3811.783	7.132	.003
截距	1517454.050	1	1517454.050	2839.149	.000
饲料	11435.350	3	3811.783	7.132	.003
误差	8551.600	16	534.475		
总计	1537441.000	20			
修正后总计	19986.950	19			

a. R 方 = .572（调整后 R 方 = .492）

图 6-11 显著性检验

方差分析表中，饲料对应的 F 值为 7.132，P=0.003＜0.01，表明不同饲料对鱼的增重有极显著的差异。

多重比较结果中首先是 Tukey 法的检验结果，sig 值（即 P 值）小于 0.05，就表明对应的两个水平之间的平均值有显著差异，对应的平均值差值的右上角有"*"标记。如 A_1 与 A_2、A_3 对应的 sig 值分别为 0.019 与 0.002，表明 A_1 与 A_2、A_3 之间的差异显著，对应的平均值差值右上角就有"*"标记，分别是"49.00*"与"64.40*"（图 6-12）。

多重比较

因变量: 增重

	(I) 饲料	(J) 饲料	平均值差值 (I-J)	标准误差	显著性	95% 置信区间 下限	上限
图基 HSD	A1	A2	49.00*	14.622	.019	7.17	90.83
		A3	64.40*	14.622	.002	22.57	106.23
		A4	32.00	14.622	.169	-9.83	73.83
	A2	A1	-49.00*	14.622	.019	-90.83	-7.17
		A3	15.40	14.622	.722	-26.43	57.23
		A4	-17.00	14.622	.658	-58.83	24.83
	A3	A1	-64.40*	14.622	.002	-106.23	-22.57
		A2	-15.40	14.622	.722	-57.23	26.43
		A4	-32.40	14.622	.161	-74.23	9.43
	A4	A1	-32.00	14.622	.169	-73.83	9.83
		A2	17.00	14.622	.658	-24.83	58.83
		A3	32.40	14.622	.161	-9.43	74.23
LSD	A1	A2	49.00*	14.622	.004	18.00	80.00
		A3	64.40*	14.622	.000	33.40	95.40
		A4	32.00*	14.622	.044	1.00	63.00
	A2	A1	-49.00*	14.622	.004	-80.00	-18.00
		A3	15.40	14.622	.308	-15.60	46.40
		A4	-17.00	14.622	.262	-48.00	14.00
	A3	A1	-64.40*	14.622	.000	-95.40	-33.40
		A2	-15.40	14.622	.308	-46.40	15.60
		A4	-32.40*	14.622	.042	-63.40	-1.40

图 6-12 多重比较结果

【例 6-2】 为研究某螯虾对水草补充性饲料的喜好，选择初始体重为 3.5g 的幼虾饲养于条件一致的玻璃缸中，用三种不同的水草与饲料组合进行投喂，A_1 投喂饲料和浮萍，A_2 投喂饲料和伊乐藻，A_3 投喂饲料和金鱼藻。养殖 30 天后，每组随机捞取 10 尾虾进行体重测量，每尾螯虾体重（g）列于表 6-2，试进行方差分析。

表 6-2 水草补充性饲料试验螯虾体重 （单位：g）

处理	重复									
	1	2	3	4	5	6	7	8	9	10
A_1	9.31	9.15	8.72	8.64	8.43	8.23	8.46	8.87	9.12	9.05
A_2	9.23	8.87	9.15	8.43	8.57	8.28	8.64	8.78	8.97	9.08
A_3	9.43	8.85	9.08	8.65	8.26	8.31	8.77	9.15	8.23	8.16

DPS 解题过程如下。

（1）输入数据，选择数据，点击菜单"试验统计"→"方差齐性测验"（图 6-13）。

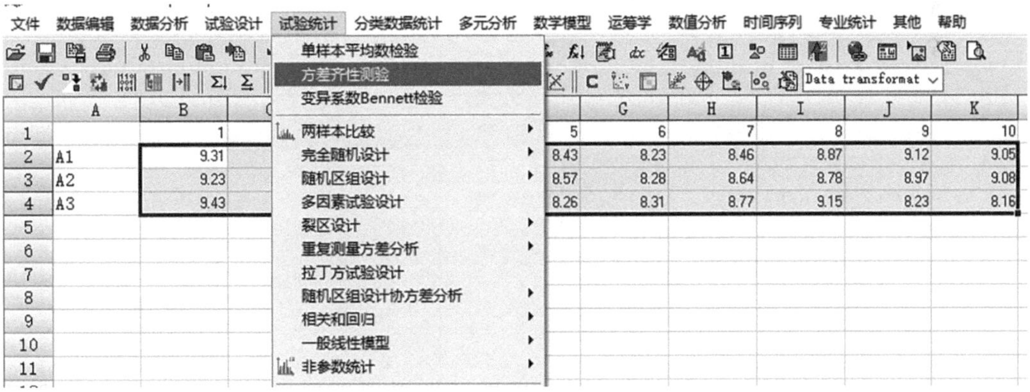

图 6-13 方差齐性检验

（2）结果如下（图 6-14）。

5 种方差齐性检验的结果中，所有的 P 值都大于 0.05，表明方差有齐性，数据无需处理就可进行方差分析。

（3）选择数据，点击菜单"试验统计"→"完全随机设计"→"单因素试验统计分析"（图 6-15）。

（4）弹出对话框，"数据转换方法"默认为"不转换"，不作修改；"多重比较方法"选择"LSD 法"（图 6-16）。

（5）点击"计算"，即可得到结果（图 6-17）。

Bartlett卡方检验		
卡方值Chi=0.99468	df=2	p=0.6081
Levene检验		
离差绝对值		
F=0.8726 df1=2	df2=27	P=0.4293
离差平方		
F=1.3018 df1=2	df2=27	P=0.2886
Brown & Forsythe法		
F=0.8623 df1=2	df2=27	P=0.4335
O' Brien法		
F=1.1531 df1=2	df2=27	P=0.3307

图 6-14 方差齐性检验结果

图 6-15　分析菜单的选择

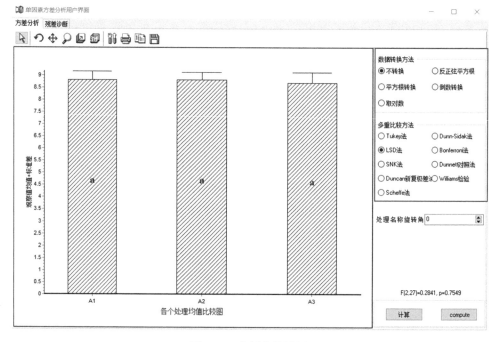

图 6-16　分析参数设置

处理	样本数	均值	标准差	标准误	95%置信区间	
A1	10	8.8000	0.3593	0.1136	8.5410	9.0550
A2	10	8.8000	0.3172	0.1003	8.5731	9.0269
A3	10	8.6900	0.4431	0.1401	8.3721	9.0059

方差分析表

变异来源	平方和	自由度	均方	F值	p值
处理间	0.0807	2	0.0403	0.2840	0.7500
处理内	3.8342	27	0.1420		
总变异	3.9149	29			

图 6-17　方差分析表

从方差分析表中可以看出，$P=0.7500>0.05$，表明三种处理的螯虾体重无显著差异，无需再进行多重比较。

6.5 二因素方差分析

二因素试验的方差分析中，我们需要对因素的主效应和因素间的互作效应进行分析。因素间的互作显著与否，关系到主效应的利用价值，有时候互作效应相当大，大到可以忽略主效应。二因素之间是否存在互作同样可以用软件进行分析。

6.5.1 无重复观测值的二因素方差分析

【例 6-3】 设置 A_1、A_2、A_3、A_4、A_5 五种饲料添加剂，并设置 B_1、B_2、B_3 三种添加浓度，鱼出苗 45 天后得到各处理的每一尾幼鱼的平均体重（g），结果见表 6-3。试作方差分析并进行多重比较。

本例研究饲料添加剂种类和浓度的效应，这两个因素为固定因素，因而适用于固定模型。本题用 DPS 与 SPSS 两种软件来解题。

1）DPS 解题

（1）输入数据，选择数据，点击菜单"试验统计"→"完全随机设计"→"二因素无重复试验统计分析"（图 6-18）。

表 6-3 添加剂种类及浓度对幼鱼体重的影响

（单位：g）

添加剂种类（A）	添加剂浓度（B）		
	B_1	B_2	B_3
A_1	13	14	14
A_2	12	12	13
A_3	3	3	3
A_4	10	9	10
A_5	2	5	4

图 6-18 分析菜单的选择

（2）弹出对话框，"数据转换方式"选择"不转换"，在"处理 1 个数"中填入"5"，"处理 2 个数"中填入"3"，"多重比较方法"选择"Duncan 新复极差法"（图 6-19）。

（3）点击"确认"，即可得到结果（图 6-20）。

处理	均值	标准差
A1	13.6667	0.5774
A2	12.3333	0.5774
A3	3	0
A4	9.6667	0.5774
A5	3.6667	1.5275
B1	8	5.1478
B2	8.6000	4.6152
B3	8.8000	5.0695

表　方差分析表

变异来源	平方和	自由度	均方	F值	p值
处理1间	289.0667	4	72.2667	117.1890	0
处理2间	1.7333	2	0.8667	1.4050	0.2999
误差	4.9333	8	0.6167		
总变异	295.7333	14			

图 6-19　参数设定　　　　　　　　　　　图 6-20　方差分析表

从结果中的方差分析表可以看出，因素 A 对幼鱼体重（g）具有极显著的影响（$P=0 < 0.01$），而因素 B（处理 2 间）对幼鱼体重（g）无显著影响（$P=0.2999 > 0.05$）。接下来是因素 A 之间的多重比较（图 6-21）。

处理1间的多重比较
Duncan多重比较(下三角为均值差及统计量，上三角为p值)

No.	均值	A1	A2	A4	A5	A3
A1	13.6667		0.0712	0.0003	0.0000	0.0000
A2	12.3333	1.333(2.94)		0.0032	0.0000	0.0000
A4	9.6667	4.000(8.82)	2.667(5.88)		0.0000	0.0000
A5	3.6667	10.000(22.06)	8.667(19.12)	6.000(13.23)		0.3289
A3	3	10.667(23.53)	9.333(20.59)	6.667(14.70)	0.667(1.47)	

字母标记表示结果

处理	均值	10%显著水平	5%显著水平	1%极显著水平
A1	13.6667	a	a	A
A2	12.3333	b	a	A
A4	9.6667	c	b	B
A5	3.6667	d	c	C
A3	3	d	c	C

处理2间的多重比较@7Duncan多重比较(下

No.	均值	B3	B2	B1
B3	8.8000		0.6977	0.1609
B2	8.6000	0.200(0.57)		0.2615
B1	8	0.800(2.28)	0.600(1.71)	

字母标记表示结果

处理	均值	10%显著水平	5%显著水平	1%极显著水平
B3	8.8000	a	a	A
B2	8.6000	a	a	A
B1	8	a	a	A

图 6-21　因素 A 多重比较结果

根据 Duncan 多重比较结果，A_1 与 A_2、A_5 与 A_3 无显著差异，其他种类添加剂处理的差异是极显著的，但 A_1、A_2 的处理效果最好。

2）DPS 另解题

（1）输入数据，选择数据，点击菜单"试验统计"→"一般线性模型"→"一般线性模型方差分析"（图 6-22）。

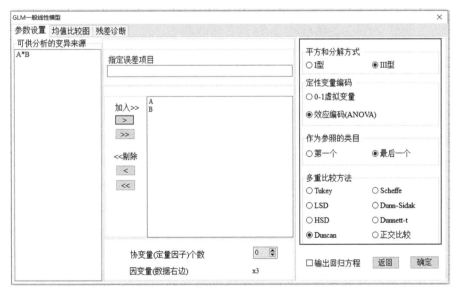

图 6-22　分析菜单的选择

（2）弹出菜单，将 A、B 作为变异来源选择到中间空白框内，"平方和分解方式"默认为"Ⅲ型"，不作修改；"定性变量编码"默认为"效应编码（ANOVA）"，不作修改；"多重比较方法"选择"Duncan"（图 6-23）。

图 6-23　参数设置

（3）点击"确定"，即可得到结果（图6-24）。

各个处理因子所含类目列表
| 因素A: | A1(3) | A2(3) | A3(3) | A4(3) | A5(3) |
| 因素B: | B1(5) | B2(5) | B3(5) | | |

括号内是该类目的样本数。

以各个处理因子的最后一个类目作为参照。
编码方式 效应编码（适合于方差分析）
相关系数R=0.99162 决定系数R^2=0.98332
调整相关系数Ra=0.98530 调整决定系数Ra^2=0.97081
统计检验F值 自由度DF(6,8) p值=0.0000

方差分析表（III型平方和分解）
变异来源	平方和	自由度	均方	F值	p值	备注
A	289.0667	4	72.2667	117.1892	0.0000	因素A
B	1.7333	2	0.8667	1.4054	0.2999	因素B
ERR	4.9333	8	0.6167			
总变异	295.7333	14				

图6-24　方差分析表

从结果中的方差分析表可以看出，因素 A 对于幼鱼体重（g）具有极显著的影响（$P=0 <0.01$），而因素 B（处理 2 间）对幼鱼体重（g）无显著影响（$P=0.2999>0.05$）。接下来是因素 A 之间的多重比较（图6-25）。

因素A因素均值:
类别	理论均值	样本均值	标准差	样本数
A1	13.6667	13.6667	0.5774	3
A2	12.3333	12.3333	0.5774	3
A3	3	3	0	3
A4	9.6667	9.6667	0.5774	3
A5	3.6667	3.6667	1.5275	3

因素A因素的多重比较
Duncan多重比较（下三角为均值差及统计量，上三角为p值）
No.	均值	A1	A2	A4	A5	A3
A1	13.6667		0.0712	0.0003	0.0000	0.0000
A2	12.3333	1.333(2.94)		0.0032	0.0000	0.0000
A4	9.6667	4.000(8.82)	2.667(5.88)		0.0000	0.0000
A5	3.6667	10.000(22.06)	8.667(19.12)	6.000(13.23)		0.3289
A3	3	10.667(23.53)	9.333(20.59)	6.667(14.70)	0.667(1.47)	

字母标记表示结果
处理	均值	10%显著水平	5%显著水平	1%极显著水平
A1	13.6667	a	a	A
A2	12.3333	b	a	A
A4	9.6667	c	b	B
A5	3.6667	d	c	C
A3	3	d	c	C

图6-25　因素 A 多重比较结果

根据 Duncan 多重比较结果，A_1 与 A_2、A_5 与 A_3 无显著差异，其他种类添加剂处理的差异是极显著的，但 A_1、A_2 的处理效果最好。

6.5.2　有重复观测值的二因素方差分析

6.5.2.1　固定模型

【例6-4】　研究不同温度与不同盐度对大珠母贝稚贝存活数量的影响，设置 3 个温度和 3 个盐度，每个处理组合放置 100 只大珠母贝稚贝，养殖一周后测得各组大珠母贝稚贝的存活数量，如表 6-4 所示。分析不同温度和盐度对稚贝的存活数量是否存在着显著性差异？

表 6-4 温度和盐度对大珠母贝稚贝存活数量的影响

温度（A，℃）	盐度（B，‰）	重复（个）			
		1	2	3	4
18	24	54	50	49	53
	28	74	82	78	80
	32	79	80	81	76
24	24	64	56	61	63
	28	87	86	83	88
	32	89	80	88	83
30	24	68	62	65	70
	28	86	85	86	88
	32	86	85	87	90

本例中，温度与盐度都是人为控制的，是固定因素，可用固定模型进行分析。

1）DPS 解题

（1）输入数据，选择数据，点击菜单"试验统计"→"方差齐性测验"（图 6-26）。

图 6-26 方差齐性检验

（2）弹出对话框，选择"0.不转换"，输入 0（图 6-27）。

（3）点击"OK"，即可得到结果（图 6-28）。

各种检验结果的 P 值都大于 0.05，表明方差有齐性。

（4）再返回数据页面，选择数据，点击菜单"试验统计"→"完全随机设计"→"二因素有重复试验统计分析"（图 6-29）。

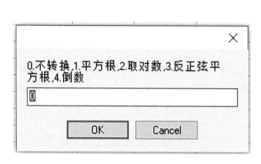

图 6-27　数据转换方式的选择

Bartlett卡方检验			
卡方值Chi=5.27322	df=8		p=0.7280
Levene检验			
离差绝对值			
F=1.3671	df1=8	df2=27	P=0.2550
离差平方			
F=1.4225	df1=8	df2=27	P=0.2323
Brown & Forsythe法			
F=1.2090	df1=8	df2=27	P=0.3309
O'Brien法			
F=0.9104	df1=8	df2=27	P=0.5226

图 6-28　方差齐性检验结果

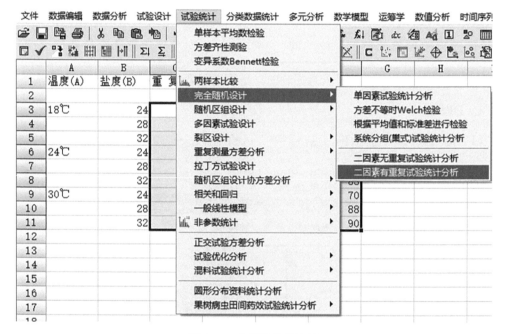

图 6-29　分析菜单的选择

（5）弹出对话框，输入各个处理的个数，分别在"处理 A 的水平个数"后面填入 3，"处理 B 的水平个数"后面填入 3；由于方差有齐性，因此"数据转换方法"选择"不转换"；"多重比较方法"选择"Tukey 法"（图 6-30）。

（6）点击"确认"，即可得到结果（图 6-31）。

从结果中看"方差分析表（固定模型）"，因素 A、因素 B 对应的 P 值都小于 0.01，表明因素 A（温度）、因素 B（盐度）对大珠母贝稚贝的存活数量有极显著的影响。A×B表示因素 A 与因素 B 的交互作用，对应的 $P=0.1228$，表明交互作用不显著。

接下来是因素 A、因素 B 的多重比较（图 6-32）。

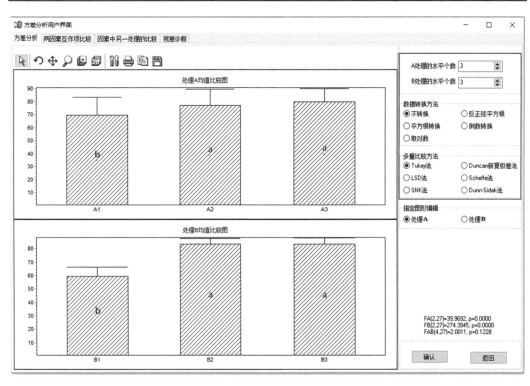

图 6-30　参数设定

数据不转换

处理	均值	标准差
A1	69.6667	13.6404
A2	77.3333	12.4633
A3	79.8333	10.2853
B1	59.5833	6.9995
B2	83.5833	4.3580
B3	83.6667	4.4789

各个处理组合均值

A1B1=	51.5000	A1B2=	78.5000	A1B3=	79
A2B1=	61	A2B2=	86	A2B3=	85
A3B1=	66.2500	A3B2=	86.2500	A3B3=	87

方差分析表（固定模型）

变异来源	平方和	自由度	均方	F值	p值
A因素间	673.5556	2	336.7778	39.9690	0.0000
B因素间	4624.0556	2	2312.0278	274.3950	0.0000
AxB	67.4444	4	16.8611	2.0010	0.1228
误差	227.5000	27	8.4259		
总变异	5592.5556	35			

方差分析表（随机模型）

变异来源	平方和	自由度	均方	F值	p值
A因素间	673.5556	2	336.7778	19.9740	0.0083
B因素间	4624.0556	2	2312.0278	137.1220	0.0002
AxB	67.4444	4	16.8611	2.0010	0.1228
误差	227.5000	27	8.4259		
总变异	5592.5556	35			

图 6-31　方差分析各种模型的显著性检验结果

Tukey法多重比较
（下三角为均值差及统计量，上三角为p值）
Tukey05=2.9382　Tukey01=3.7665

No.	均值	A3	A2	A1
A3	79.8333		0.1067	0.0001
A2	77.3333	2.500(2.98)		0.0001
A1	69.6667	10.167	7.667(9.15)	

字母标记表示结果

处理	均值	10%显著水平	5%显著水平	1%极显著水平
A3	79.8333	a	a	A
A2	77.3333	a	a	A
A1	69.6667	b	b	A

B因素间多重比较

Tukey法多重比较
（下三角为均值差及统计量，上三角为p值）
Tukey05=2.9382　Tukey01=3.7665

No.	均值	B3	B2	B1
B3	83.6667		0.9973	0.0001
B2	83.5833	0.083(0.10)		0.0001
B1	59.5833	24.083	24.00	

字母标记表示结果

处理	均值	10%显著水平	5%显著水平	1%极显著水平
B3	83.6667	a	a	A
B2	83.5833	a	a	A
B1	59.5833	b	b	B

图 6-32　各因素多重比较结果

因素 A_1 处理的存活数量最低，均值为 69.6667，极显著地低于 A_2 与 A_3 处理的存活数量。A_2 与 A_3 处理的存活数量无显著差异。

因素 B_1 处理的存活数量最低，均值为 59.5833，极显著低于 B_2 与 B_3 处理的存活数量。B_2 与 B_3 处理的存活数量无显著差异。

2）DPS 另解题

（1）输入数据并选择数据，点击菜单"试验统计"→"一般线性模型"→"一般线性模型方差分析"（图 6-33）。

图 6-33　分析菜单的选择

（2）弹出对话框，点击 　 ，将 A、B、A*B 一次性选择到右侧空白框中。其余不作修改（图 6-34）。

图 6-34　参数的设置

（3）点击"确定"，即可得到结果（图 6-35）。

```
各个处理因子所含类目列表
温度(A)：  18℃(12)    24℃(12)    30℃(12)
盐度(B)：  24(12)     28(12)     32(12)
括号内是该类目的样本数。

以各个处理因子的最后一个类目作为参照。
编码方式  效应编码(适合于方差分析)
相关系数R=0.97945     决定系数R^2=0.95932
调整相关系数Ra=0.97328  调整决定系数Ra^2=0.94727
统计检验F值=79.5915  自由度DF(8,27)      p值=0.0000
        方差分析表(III型平方和分解)
变异来源  平方和      自由度    均方      F值       p值        备注
A         673.5556         2   336.7778   39.9692   0.0000   温度(A)
B         4624.0556        2  2312.0278  274.3945   0.0000   盐度(B)
A*B       67.4444          4    16.8611    2.0011    0.1228   温度(A)×盐度(B)
ERR       227.5000        27     8.4259
总变异    5592.5556       35

温度(A)因素均值：
类别     理论均值    样本均值    标准差     样本数
18℃      69.6667     69.6667    13.6404       12
24℃      77.3333     77.3333    12.4633       12
30℃      79.8333     79.8333    10.2853       12
```

图 6-35　显著性检验结果

（4）从结果中看"方差分析表"，因素 A、因素 B 对应的 P 值都小于 0.01，表明因素 A（温度）、因素 B（盐度）对存活数量有极显著的影响。A*B 表示因素 A 与因素 B 的交互作用，对应的 $P=0.1228$，表明交互作用不显著。

接下来是因素 A 的均值与多重比较（图 6-36）。

```
温度(A)因素均值：
类别     理论均值    样本均值    标准差     样本数
18℃      69.6667     69.6667    13.6404        12
24℃      77.3333     77.3333    12.4633        12
30℃      79.8333     79.8333    10.2853        12

温度(A)因素的多重比较

Tukey法多重比较
(下三角为均值差及统计量,上三角为p值)
Tukey05=2.9382    Tukey01=3.7665
No.      均值      30℃            24℃           18℃
30℃      79.8333                  0.1067         0.0001
24℃      77.3333  2.500(2.98)                    0.0001
18℃      69.6667  10.167(12.13)   7.667(9.15)
字母标记表示结果
处理     均值      10%显著水平     5%显著水平     1%极显著水平
30℃      79.8333  a               a              A
24℃      77.3333  a               a              A
18℃      69.6667  b               b              B

盐度(B)因素均值：
类别     理论均值    样本均值    标准差     样本数
24       59.5833     59.5833    6.9995        12
28       83.5833     83.5833    4.3580        12
32       83.6667     83.6667    4.4789        12
```

图 6-36　因素 A 多重比较结果

因素 A_1 处理的存活数量最低，均值为 69.6667，极显著地低于 A_2 与 A_3 处理的存活数量。A_2 与 A_3 处理的存活数量无显著差异。

再接下来是因素 B 的多重比较（图 6-37）。

盐度(B)因素均值：

类别	理论均值	样本均值	标准差	样本数
24	59.5833	59.5833	6.9995	12
28	83.5833	83.5833	4.3580	12
32	83.6667	83.6667	4.4789	12

盐度(B)因素的多重比较

Tukey法多重比较
(下三角为均值差及统计量，上三角为p值)
Tukey05=2.9382　　Tukey01=3.7665

No.	均值	32	28	24
32	83.6667		0.9973	0.0001
28	83.5833	0.083(0.10)		0.0001
24	59.5833	24.083(28.74)	24.000(28.64)	

字母标记表示结果

处理	均值	10%显著水平	5%显著水平	1%极显著水平
32	83.6667	a	a	A
28	83.5833	a	a	A
24	59.5833	b	b	B

图 6-37　因素 B 多重比较结果

因素 B_1 处理的存活率最低，均值为 59.5833，极显著低于 B_2 与 B_3 处理的存活数量。B_2 与 B_3 处理的存活数量无显著差异。

6.5.2.2　混合模型

【例 6-5】　为研究光照强度（A，lx）和体重（B，g）对螯虾格斗时长（单位：s）的影响，选择 2 种光照强度、4 种重量的虾，每一处理重复 3 次，结果见表 6-5。试进行二因素方差分析。

表 6-5　不同光照强度及体重对螯虾格斗时长的影响　　　　（单位：s）

光照强度（A）	虾重（B）	重复		
		1	2	3
A_1	B_1	12.0	13.0	14.5
A_1	B_2	9.5	10.0	12.5
A_1	B_3	16.0	15.5	14.0
A_1	B_4	18.0	19.0	17.0
A_2	B_1	5.0	6.5	5.5
A_2	B_2	13.0	14.0	15.0
A_2	B_3	17.5	18.5	16.0
A_2	B_4	15.0	16.0	17.5

本例中，光照强度这一因素是固定因素，体重是不均匀的，又不易控制，是随机因素，其效应也是随机的。因此本题是一个混合模型的方差分析。

DPS 解题过程如下。

（1）在 DPS 中，混合模型必须用一般线性模型处理。输入数据，选择数据，点击菜单"试验统计"→"一般线性模型"→"一般线性模型方差分析"（图 6-38）。

图 6-38 分析菜单的选择

（2）弹出对话框，点击 »，将 A、B、A*B 从"可供分析的变异来源"全部选择到右侧方差分析模型中去（图 6-39）。

图 6-39 参数设置

（3）在 DPS 中，两个因素的方差分析默认当作固定模型；当出现随机因素时，要视具体情况指定误差项目，具体指定见表 6-6。

表6-6　DPS中二因素方差分析的几种类型及F统计量计算

因素	固定模型	随机模型	A固定B随机	A随机B固定
A	$F_A=MS_A/MS_e$	$F_A=MS_A/MS_{A\times B}$	$F_A=MS_A/MS_{A\times B}$	$F_A=MS_A/MS_e$
B	$F_B=MS_B/MS_e$	$F_B=MS_B/MS_{A\times B}$	$F_B=MS_B/MS_e$	$F_B=MS_B/MS_{A\times B}$
A×B	$F_{A\times B}=MS_{A\times B}/MS_e$	$F_{A\times B}=MS_{A\times B}/MS_e$	$F_{A\times B}=MS_{A\times B}/MS_e$	$F_{A\times B}=MS_{A\times B}/MS_e$

（4）由于该模型属于A固定B随机的混合模型，计算因素A的统计量F所用的误差均方不是默认的MS_e，而是$MS_{A\times B}$，因此需用户自行指定。误差均方的自定义方法如下。

在用户界面右边的窗口中，双击"A"，此时上部"指定误差项目"编辑窗口中显示"A/"（图6-40）。

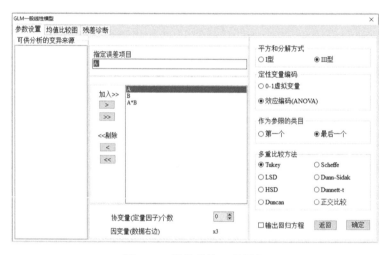

图6-40　误差项目A的导入

（5）再用鼠标选择并双击误差均方项"A*B"。这时，上方"指定误差项目"窗口中会显示当前的定义"A*B"（图6-41）。

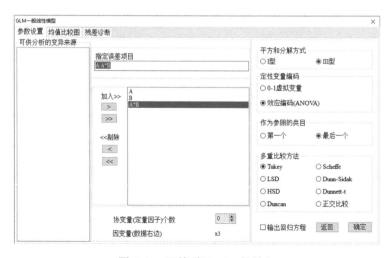

图6-41　误差项目A*B的导入

（6）此时将光标移到"指定误差项目"编辑框，按回车键，这时中间较大框第一行
已经显示为"A/A*B"（图 6-42）。

图 6-42 误差项目 A/A*B 的导入

（7）其他设置不作修改，点击"确定"，即可得到结果（图 6-43）。

各个处理因子所含类目列表			
光照强度	A1(12)	A2(12)	
虾重（B）	B1(6)	B2(6)	B3(6) B4(6)
括号内是该类目的样本数。			

以各个处理因子的最后一个类目作为参照。
编码方式 效应编码（适合于方差分析）
相关系数R=0.96931 决定系数R^2=0.93956
调整相关系数Ra=0.95557 调整决定系数Ra^2=0.91312
统计检验F值 自由度DF(7,16) p值=0.0000

方差分析表（III型平方和分解）

变异来源	平方和	自由度	均方	F值	p值	备注
A	5.5104	1	5.5104	0.1536	0.7213	光照强度（A）
A*B	107.6146	3	35.8715			光照强度（A）的误
B	228.8646	3	76.2882	55.4823	0.0000	虾重（B）
A*B	107.6146	3	35.8715	26.0884	0.0000	光照强度（A）×虾
ERR	22.0000	16	1.3750			
总变异	363.9896	23				

图 6-43 显著性检验结果

在方差分析表中，因素 A（光照强度）对应的 F 值为 0.1536，P=0.7213，表明两种
光照强度下螯虾的平均格斗时长无显著差异。因素 B（体重）对应的 F 值为 55.4823，
P=0.0000，表明不同体重对螯虾的平均格斗时长有极显著的差异。A*B 的交互作用对应
的 F 值为 26.0884，P=0.0000，表明光照强度与体重之间的互作对螯虾的平均格斗时长
有极显著的影响。

从不同水平组合平均数的多重比较看，$A_1 \times A_4$ 与 $A_2 \times B_3$ 组合下的平均格斗时长大
体上显著长于其他组合，而 $A_2 \times B_1$ 组合下的平均格斗时长显著短于其他组合（图 6-44）。

```
光照强度（A）×虾重（B）因素的多重比较

Tukey法多重比较
（下三角为均值差及统计量，上三角为p值）
Tukey05=3.3158        Tukey01=4.1158
No.      均值      A1×B4   A2×B3   A2×B4   A1×B3   A2×B2   A1×B1   A1×B2   A2×B1
A1×B4        18              0.9959  0.5606  0.1242  0.0127  0.0023  0.0001  0.0001
A2×B3   17.3333  0.667           0.9147  0.3682  0.0482  0.0090  0.0001  0.0001
A2×B4   16.1667  1.833   1.167           0.9597  0.3682  0.0914  0.0006  0.0001
A1×B3   15.1667  2.833   2.167   1.000           0.9147  0.4602  0.0046  0.0001
A2×B2        14  4.000   3.333   2.167   1.167           0.9849  0.0482  0.0001
A1×B1   13.1667  4.833   4.167   3.000   2.000   0.833           0.2211  0.0001
A1×B2   10.6667  7.333   6.667   5.500   4.500   3.333   2.500           0.0017
A2×B1    5.6667  12.333  11.667  10.500  9.500   8.333   7.500   5.000
字母标记表示结果
处理      均值      10%显著    5%显著水   1%极显著水平
A1×R4        18  a          a          A
A2×B3   17.3333  a          a          A
A2×B4   16.1667  ab         ab         AB
A1×B3   15.1667  abc        ab         AB
A2×B2        14  bc         b          ABC
A1×B1   13.1667  cd         bc         BC
A1×B2   10.6667  d          c          C
A2×B1    5.6667  e          d          D
```

图 6-44　二因素互作多重比较结果

6.6　重复测量资料的方差分析

在某些实验研究中，常常需要考虑时间因素对实验的影响，同一实验对象要在不同时间点重复进行多次测量，每个样本的测量数据之间存在相关性，因此如果对重复测量数据采取普通的方差分析，则不能满足普通的方差分析方法所要求的独立、正态、等方差的前提条件。若采用 t 检验或者随机区组方差分析，就有可能得出错误的结论！此时需要使用重复测量方差分析。

6.6.1　单因素

【例 6-6】　研究高温驯化对某贝类心率的影响，分别在驯化前、驯化 3 个月、驯化 6 个月对 10 只贝进行心率测定，分析驯化时间对心率的影响（表 6-7）。

表 6-7　不同驯化时间的心率　　　　　　（单位：次/min）

编号	驯化前	驯化 3 个月	驯化 6 个月	编号	驯化前	驯化 3 个月	驯化 6 个月
1	105	97	89	6	102	94	88
2	90	84	74	7	80	74	66
3	96	92	83	8	76	70	70
4	82	70	73	9	84	80	72
5	108	100	92	10	93	85	77

SPSS 解题过程如下。

（1）输入数据，点击菜单"分析"→"一般线性模型"→"重复测量"（图 6-45）。

图 6-45 分析菜单的选择

（2）弹出对话框，在"主体内因子名"下面填写"时间"，"级别数"填写 3，点击"添加"；"测量名称"下面填写"心率"，点击"添加"（图 6-46）。

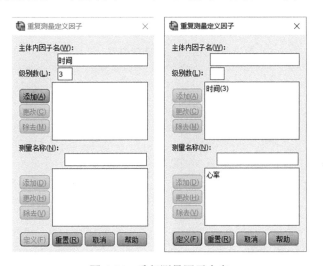

图 6-46 重复测量因子命名

（3）再点击"定义"，弹出对话框，将左侧"驯化前""驯化 3 个月""驯化 6 个月"分别拖到右侧（图 6-47）。

（4）点击"图"，弹出对话框，将"时间"选择到"水平轴"下面，点击"添加"，再点击"继续"（图 6-48）。

（5）返回前面对话框后，点击"EM 平均值"，弹出对话框，将"时间"选择到右侧，勾选"比较主效应"，再点击"继续"（图 6-49）。

（6）返回前面对话框后，再点击"选项"，

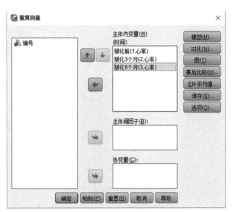

图 6-47 定义主体内变量

勾选"描述统计",再点击"继续"(图6-50)。

图 6-48 轮廓图设置

图 6-49 边际平均值的估算

图 6-50 选项设置

(7)返回前面对话框后,再点击"确定",得到结果(图6-51)。

多变量检验^a

效应		值	F	假设自由度	误差自由度	显著性
时间	比莱轨迹	.966	112.530^b	2.000	8.000	.000
	威尔克 Lambda	.034	112.530^b	2.000	8.000	.000
	霍特林轨迹	28.132	112.530^b	2.000	8.000	.000
	罗伊最大根	28.132	112.530^b	2.000	8.000	.000

a. 设计: 截距
  主体内设计: 时间

b. 精确统计

莫奇来球形度检验[a]

测量: 心率

主体内效应	莫奇来 W	近似卡方	自由度	显著性	Epsilon[b] 格林豪斯-盖斯勒	辛-费德特	下限
时间	.624	3.776	2	.151	.727	.830	.500

检验"正交化转换后因变量的误差协方差矩阵与恒等矩阵成比例"这一原假设。

a. 设计: 截距
   主体内设计: 时间

b. 可用于调整平均显著性检验的自由度。修正检验将显示在"主体内效应检验"表中。

主体内效应检验

测量: 心率

源		III 类平方和	自由度	均方	F	显著性
时间	假设球形度	872.267	2	436.133	74.718	.000
	格林豪斯-盖斯勒	872.267	1.453	600.238	74.718	.000
	辛-费德特	872.267	1.661	525.281	74.718	.000
	下限	872.267	1.000	872.267	74.718	.000
误差 (时间)	假设球形度	105.067	18	5.837		
	格林豪斯-盖斯勒	105.067	13.079	8.033		
	辛-费德特	105.067	14.945	7.030		
	下限	105.067	9.000	11.674		

图 6-51　重复测量检验结果

结果解读如下。

a. 先看中间的球形度检验结果（图 6-52），$P=0.151>0.05$，则看主体内效应检验的结果。如果球形度检验结果中的 $P<0.05$，就看多变量检验结果。

莫奇来球形度检验[a]

测量: 心率

主体内效应	莫奇来 W	近似卡方	自由度	显著性	Epsilon[b] 格林豪斯-盖斯勒	辛-费德特	下限
时间	.624	3.776	2	.151	.727	.830	.500

检验"正交化转换后因变量的误差协方差矩阵与恒等矩阵成比例"这一原假设。

a. 设计: 截距
   主体内设计: 时间

b. 可用于调整平均显著性检验的自由度。修正检验将显示在"主体内效应检验"表中。

图 6-52　球形度检验结果

b. 球形度检验结果中 $P=0.151>0.05$，则看主体内效应检验的结果，$P=0.000<0.01$（图 6-53），表明锻炼时间对心率的影响极显著。

主体内效应检验

测量: 心率

源		III 类平方和	自由度	均方	F	显著性
时间	假设球形度	872.267	2	436.133	74.718	.000
	格林豪斯-盖斯勒	872.267	1.453	600.238	74.718	.000
	辛-费德特	872.267	1.661	525.281	74.718	.000
	下限	872.267	1.000	872.267	74.718	.000
误差 (时间)	假设球形度	105.067	18	5.837		
	格林豪斯-盖斯勒	105.067	13.079	8.033		
	辛-费德特	105.067	14.945	7.030		
	下限	105.067	9.000	11.674		

图 6-53　主体内效应检验结果

c. 成对比较就是两两比较,显示三个时间点上任何两个时间点之间都有极显著差异($P<0.01$)(图 6-54)。

成对比较

测量: 心率

(I) 时间	(J) 时间	平均值差值(I-J)	标准误差	显著性[b]	差值的95% 置信区间[b] 下限	上限
1	2	7.000[*]	.745	.000	5.314	8.686
	3	13.200[*]	1.073	.000	10.773	15.627
2	1	-7.000[*]	.745	.000	-8.686	-5.314
	3	6.200[*]	1.340	.001	3.169	9.231
3	1	-13.200[*]	1.073	.000	-15.627	-10.773
	2	-6.200[*]	1.340	.001	-9.231	-3.169

基于估算边际平均值

*. 平均值差值的显著性水平为 .05。

b. 多重比较调节: 最低显著差异法(相当于不进行调整)。

图 6-54   成对比较结果

6.6.2   双因素

【例 6-7】   一项关于石斑鱼麻醉效果的研究中,将 12 尾鱼分为两组,每组 6 尾,分别使用新麻醉剂、旧麻醉剂进行处理。在处理后的 1h、4h 和 8h 分别记录 12 尾鱼的麻醉等级(表 6-8)。问题如下:

新旧麻醉剂的麻醉效果是否有显著差异?

时间是否会影响麻醉效果?

时间和麻醉剂类型两者是否存在交互作用?

表 6-8   用麻醉剂后 12 尾鱼的麻醉等级

编号	麻醉剂	1h	4h	8h
1	旧麻醉剂	6	6	7
2	旧麻醉剂	3	2	2
3	旧麻醉剂	4	5	5
4	旧麻醉剂	3	3	5
5	旧麻醉剂	4	4	4
6	旧麻醉剂	4	4	4
7	新麻醉剂	3	4	5
8	新麻醉剂	4	4	5
9	新麻醉剂	3	6	7
10	新麻醉剂	4	3	4
11	新麻醉剂	5	4	5
12	新麻醉剂	5	4	5

SPSS 解题过程如下。

(1)输入数据,点击菜单"分析"→"一般线性模型"→"重复测量"(图 6-55)。

图 6-55 分析菜单选择

（2）弹出对话框，在"主体内因子名"下面填写"时间"，"级别数"填写 3，点击"添加"；"测量名称"下面填写麻醉效果"，点击"添加"（图 6-56）。

图 6-56 重复测量因子命名

（3）再点击"定义"，弹出对话框，将左侧"1 小时""4 小时""8 小时"分别拖到右侧"主体内变量"中；将"麻醉剂"添加到"主体间因子"中（图 6-57）。

（4）点击"图"，弹出对话框，将"时间"选择到"水平轴"下面，"麻醉剂"选择到"单独的线条"下面，点击"添加"，再点击"继续"（图 6-58）。

（5）返回前面对话框后，再点击"事后比较"，弹出对话框，将"麻醉剂"选择到右侧，

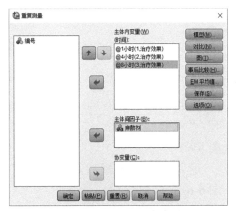

图 6-57 定义主体内变量

勾选"LSD",点击"继续"(图6-59)。

图 6-58 轮廓图设置

图 6-59 事后比较

返回前面对话框后,再点击"EM 平均值",弹出对话框,将"麻醉剂""时间""麻醉剂*时间"三者都选择到右侧,勾选"比较主效应",再点击"继续"(图6-60)。

返回前面对话框后,再点击"选项",勾选"描述统计",再点击"继续"(图6-61)。

图 6-60　边际平均值估算　　　　　图 6-61　选项设置

返回前面对话框后，再点击"确定"，得到结果（图 6-62）。

多变量检验[a]

效应		值	F	假设自由度	误差自由度	显著性
时间	比莱轨迹	.659	8.704[b]	2.000	9.000	.008
	威尔克 Lambda	.341	8.704[b]	2.000	9.000	.008
	霍特林轨迹	1.934	8.704[b]	2.000	9.000	.008
	罗伊最大根	1.934	8.704[b]	2.000	9.000	.008
时间 * 药物	比莱轨迹	.180	.990[b]	2.000	9.000	.409
	威尔克 Lambda	.820	.990[b]	2.000	9.000	.409
	霍特林轨迹	.220	.990[b]	2.000	9.000	.409
	罗伊最大根	.220	.990[b]	2.000	9.000	.409

a. 设计：截距 + 药物
　主体内设计：时间

b. 精确统计

莫奇来球形度检验[a]

测量：治疗效果

					Epsilon[b]		
主体内效应	莫奇来 W	近似卡方	自由度	显著性	格林豪斯-盖斯勒	辛-费德特	下限
时间	.463	6.923	2	.031	.651	.783	.500

检验"正交化转换后因变量的误差协方差矩阵与恒等矩阵成比例"这一原假设。

a. 设计：截距 + 药物
　主体内设计：时间

b. 可用于调整平均显著性检验的自由度。修正检验将显示在"主体内效应检验"表中。

主体内效应检验

测量：治疗效果

源		III 类平方和	自由度	均方	F	显著性
时间	假设球形度	5.056	2	2.528	4.136	.031
	格林豪斯-盖斯勒	5.056	1.302	3.884	4.136	.055
	辛-费德特	5.056	1.566	3.229	4.136	.044
	下限	5.056	1.000	5.056	4.136	.069
时间 * 药物	假设球形度	.722	2	.361	.591	.563
	格林豪斯-盖斯勒	.722	1.302	.555	.591	.499
	辛-费德特	.722	1.566	.461	.591	.526
	下限	.722	1.000	.722	.591	.460
误差 (时间)	假设球形度	12.222	20	.611		
	格林豪斯-盖斯勒	12.222	13.016	.939		
	辛-费德特	12.222	15.657	.781		
	下限	12.222	10.000	1.222		

图 6-62　重复测量检验结果

结果解读如下。

a. 先看中间的球形度检验结果，P=0.031＜0.05，则看多变量检验结果（图 6-63）。

莫奇来球形度检验[a]

测量：治疗效果

主体内效应	莫奇来 W	近似卡方	自由度	显著性	Epsilon[b]		
					格林豪斯-盖斯勒	辛-费德特	下限
时间	.463	6.923	2	.031	.651	.783	.500

检验"正交化转换后因变量的误差协方差矩阵与恒等矩阵成比例"这一原假设。

a. 设计：截距 + 药物
主体内设计：时间

b. 可用于调整平均显著性检验的自由度。修正检验将显示在"主体内效应检验"表中。

图 6-63　球形度检验结果

b. 再看多变量检验，时间的比莱轨迹对应的 P=0.008＜0.01，表明不同时间麻醉剂的麻醉效果存在极显著差异；时间*麻醉剂的比莱轨迹对应的 P=0.409＞0.05，表明时间*麻醉剂的交互作用不显著（图 6-64）。

多变量检验[a]

效应		值	F	假设自由度	误差自由度	显著性
时间	比莱轨迹	.659	8.704[b]	2.000	9.000	.008
	威尔克 Lambda	.341	8.704[b]	2.000	9.000	.008
	霍特林轨迹	1.934	8.704[b]	2.000	9.000	.008
	罗伊最大根	1.934	8.704[b]	2.000	9.000	.008
时间 * 药物	比莱轨迹	.180	.990[b]	2.000	9.000	.409
	威尔克 Lambda	.820	.990[b]	2.000	9.000	.409
	霍特林轨迹	.220	.990[b]	2.000	9.000	.409
	罗伊最大根	.220	.990[b]	2.000	9.000	.409

a. 设计：截距 + 药物
主体内设计：时间

b. 精确统计

图 6-64　多变量检验结果

c. 主体间效应检验中，麻醉剂对应的 P 值为 0.646＞0.05，说明两种麻醉剂的麻醉效果无显著差异（图 6-65）。

主体间效应检验

测量：治疗效果

转换后变量：平均

源	III 类平方和	自由度	均方	F	显著性
截距	667.361	1	667.361	215.664	.000
药物	.694	1	.694	.224	.646
误差	30.944	10	3.094		

图 6-65　主体间效应检验结果

d. 时间的成对比较中，时间 2 与时间 3 之间有极显著差异，P＜0.01，说明麻醉效果在 4h 和 8h 之间存在极显著差异（图 6-66）。

成对比较

测量: 治疗效果

(I) 时间	(J) 时间	平均值差值 (I-J)	标准误差	显著性[b]	差值的 95% 置信区间[b] 下限	上限
1	2	-.083	.352	.817	-.867	.700
	3	-.833	.391	.059	-1.704	.038
2	1	.083	.352	.817	-.700	.867
	3	-.750[*]	.171	.001	-1.131	-.369
3	1	.833	.391	.059	-.038	1.704
	2	.750[*]	.171	.001	.369	1.131

基于估算边际平均值

*. 平均值差值的显著性水平为 .05。

b. 多重比较调节: 最低显著差异法（相当于不进行调整）。

图 6-66　成对比较结果

e. 从轮廓图可以看出，新麻醉剂的麻醉效果要比旧麻醉剂好，尽管统计上无显著差异（图 6-67）。

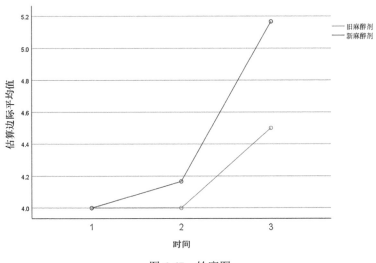

图 6-67　轮廓图

6.7　统分组（嵌套）资料的方差分析

嵌套试验设计的受试对象本身具有分组再分组的各种分组因素，处理（即最终的试验条件）是各因素各水平的全面组合，且因素之间在专业上有主次之分；或者受试对象本身并非具有分组再分组的各种分组因素，处理（即最终的试验条件）不是各因素各水平的全面组合，而是各因素按其隶属关系系统分组，且因素之间在专业上有主次之分。

【例 6-8】　比较 4 条公鱼的产鱼效应，每条公鱼与三条母鱼交配后，后代在两个池塘中养殖，长大后测定体重，比较 4 条公鱼内母鱼间的产量有无显著差异（表 6-9）？

表 6-9　公鱼内母鱼间的产鱼量　　　　　　　　　　　　　　　（单位：kg）

公鱼（A）	母鱼（B）	产鱼量	
		1号池	2号池
A₁	B₁	85	89
A₁	B₂	72	70
A₁	B₃	70	67
A₂	B₄	82	84
A₂	B₅	91	88
A₂	B₆	85	83
A₃	B₇	65	61
A₃	B₈	59	62
A₃	B₉	60	56
A₄	B₁₀	67	71
A₄	B₁₁	75	78
A₄	B₁₂	85	89

DPS 解题过程如下。

（1）在 DPS 中输入数据，选择数据，点击菜单"试验统计"→"完全随机设计"→"系统分组（巢式）试验统计分析"（图 6-68）。

图 6-68　分析菜单的选择

（2）弹出对话框，提示输入"处理组数，或各组的样本数"，这里有 4 条公鱼，输入 4（图 6-69）。

（3）点击"OK"，弹出多重比较方法选择的对话框，默认选择"Tukey 法"（图 6-70）。

（4）点击"确定"，即可得到结果（图 6-71）。

图 6-69　处理组数的输入

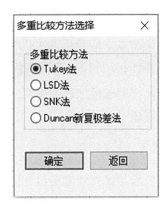

图 6-70　多重比较方法的选择

方差分析表				
变异来源	平方和	自由度	均方	F值	p值
处理（组）	.960.5000	3	653.5000	6.5025	0.0154
组内亚组	804	8	100.5000	18.8438	0.0000
处理内	64	12	5.3333		
总变异	2828.5000	23			
处理（组）间多重比较					

Tukey法多重比较
（下三角为均值差及统计量，上三角为p值）

Tukey05=18.5350	Tukey01=25.3907			
No.	均值	2	4	1	3
2	85.5000		0.5425	0.3707	0.0109
4	77.5000	8.000(1.95)		0.9848	0.0727
1	75.5000	10.000(2.44)	2.000(0.49)		0.1183
3	60.5000	25.000(6.11)	17.000(4.15)	15.000(3.67)	

字母标记表示结果

处理	均值	10%显著水平	5%显著水平	1%极显著水平
2	85.5000	a	a	A
4	77.5000	a	ab	A
1	75.5000	ab	ab	A
3	60.5000	b	b	A

图 6-71　显著性检验及多重比较结果

从方差分析表中看出，处理（组）内对应的 F 值为 6.5025，P 值为 0.0154<0.05，表明 4 条公鱼间的产量有显著差异；组内亚组间对应的 F 值为 18.8438，P 值为 0.000<0.01，表明公鱼内母鱼间的产量有极显著的差异。

多重比较结果显示，公鱼 2 的后代产量最高，但与公鱼 4、公鱼 1 之间无显著差异。公鱼 3 的后代产量最低，显著低于其他 3 尾公鱼。

6.8　方差分析的基本假定与数据转换

6.8.1　方差分析的基本假定

对试验数据进行方差分析是有条件的，即方差分析的有效性建立在一些基本假定的基础上，如果分析的数据不符合这些基本假定，得出的结论就会不正确。一般来说，在试验设计时，就要考虑方差分析的条件。

6.8.1.1 正态性

试验误差应当是服从正态分布 $N(0, \sigma^2)$ 的独立的随机变量。应用方差分析的资料应该服从正态分布，即每一个观测值 x_{ij} 应该围绕平均数呈正态分布。如果数据分布的正态性不能满足，则应根据误差服从的理论分布采取适当的数据转换后也能进行方差分析，具体方法将在本节后边介绍。

6.8.1.2 可加性

处理效应与误差效应是可加的，每一个观察值都包含了总体平均数、因素主效应、随机误差三部分，这些组成部分必须以叠加的方式综合起来，即每一个观察值都可视为这些组成部分的累加之和，即 $x_{ij} = \mu + \alpha_i + \varepsilon_{ij}$，这样才能将试验的总变异分解为各种原因引起的变异，确定各变异在总变异中所占的比例，对试验结果进行客观评价。在某些情况下，如数据服从对数正态分布（即数据取对数后才服从正态分布）时，各部分是以连乘的形式综合起来的，此时就需要先对原始数据进行对数转换，一方面保证误差服从正态分布，另一方面也可保证数据满足可加性的要求。

6.8.1.3 方差同质性

方差同质性也称方差齐性，即要求所有处理随机误差的方差都要相等，$\sigma_1^2 = \sigma_2^2 = \cdots = \sigma_n^2$，换句话说：不同处理不能影响随机误差的方差。如果方差齐性条件不能满足，只要是不属于研究对象本身的原因，在不影响分析正确性的条件下，可以将变异特别明显的异常值剔除。此外，也可采用数据转换的方法加以弥补。

6.8.2 方差分析的数据转换

方差分析应满足的三个条件：正态性、可加性、方差齐性。若在这三个条件不满足的情况下进行方差分析，很可能会导致错误的结论。可加性与方差齐性是互相关联的，因为有些非正态分布数据的方差与期望间常有一定的函数关系，如 Poisson 分布数据的期望与方差相等，指数分布数据的期望的平方等于方差。此时若均值不等，则方差显然也不会相等。在这种情况下，应在进行方差分析之前对数据进行转换，转换主要是针对方差齐性设计的，但对其他两个条件常常也可有所改善。

这里不介绍转换的数学原理，只介绍常用的转换方法及适用的条件。

6.8.2.1 平方根转换

平方根转换用于服从泊松（Poisson）分布的数据。

常见的例子包括血细胞计数、一定面积内的菌落数、一定体积溶液中的细胞数或细菌数、单位时间内的自发放射数、一定区域内的植物或动物数量，等等。其特点是每个个体出现在哪里完全是随机的，与其邻居无关。符合这一特点的现象通常服从泊松分布。

【例 6-9】 研究某抗生素的 5 种浓度对养殖水体中某弧菌的处理效果，表 6-10 中所列的是一定体积养殖水体中某弧菌的数量（单位：个）。

表 6-10 抗生素浓度对弧菌的处理效果 （单位：个）

处理	重复			
	1	2	3	4
A_1	9	8	7	8
A_2	13	14	14	12
A_3	17	18	17	18
A_4	25	28	28	26
A_5	35	36	38	41

DPS 解题过程如下。

（1）从直观上看，A_1、A_2、A_3、A_4 及 A_5 间的数据相差很大。用 DPS 进行方差齐性检验时，输入数据，选择数据，点击菜单"试验统计"→"方差齐性测验"（图 6-72）。

图 6-72 分析菜单的选择

（2）弹出对话框，选择"0.不转换"，输入"0"（图 6-73）。
（3）点击"OK"，即可得到结果（图 6-74）。

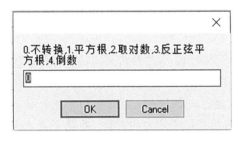

Bartlett卡方检验		
卡方值Chi=7.54868	df=4	p=0.1095
Levene检验		
离差绝对值		
F=3.4821 df1=4	df2=15	P=0.0335
离差平方		
F=2.8812 df1=4	df2=15	P=0.0592
Brown & Forsythe法		
F=2.8676 df1=4	df2=15	P=0.0600
O' Brien法		
F=1.8440 df1=4	df2=15	P=0.1730

图 6-73 数据转换方式的选择　　　　　图 6-74 方差齐性分析结果

从 Levene 检验结果看，$P=0.0335<0.05$，说明方差不齐。

（4）用 DPS 对数据进行平方根转换，选择数据，点击菜单"试验统计"→"方差齐性测验"，弹出对话框，选择"1.平方根"，输入"1"（图 6-75）。

（5）点击"OK"，即可得到结果（图 6-76）。

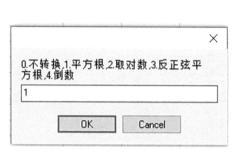

Bartlett卡方检验		
卡方值Chi=2.98068	df=4	p=0.5610
Levene检验		
离差绝对值		
F=1.1348 df1=4	df2=15	P=0.3776
离差平方		
F=1.4308 df1=4	df2=15	P=0.2720
Brown & Forsythe法		
F=0.9641 df1=4	df2=15	P=0.4555
O' Brien法		
F=0.9157 df1=4	df2=15	P=0.4802

图 6-75　平方根转换　　　　　　图 6-76　方差齐性分析结果

从 Levene 检验结果看，$P=0.3776>0.05$，说明方差有齐性。

6.8.2.2　对数转换

对数转换主要用于指数分布或对数正态分布数据，如药物代谢动力学数据。

对数转换对于削弱大变数的作用要比平方根转换强。

例如，按上面的例子，对数转换后进行齐性检验，比平方根转换后更具有齐性（图 6-77）。

Bartlett卡方检验				Bartlett卡方检验		
卡方值Chi=2.98068	df=4	p=0.5610		卡方值Chi=2.78713	df=4	p=0.5940
Levene检验				Levene检验		
离差绝对值				离差绝对值		
F=1.1348 df1=4	df2=15	P=0.3776		F=0.4633 df1=4	df2=15	P=0.7617
离差平方				离差平方		
F=1.4308 df1=4	df2=15	P=0.2720		F=1.0733 df1=4	df2=15	P=0.4041
Brown & Forsythe法				Brown & Forsythe法		
F=0.9641 df1=4	df2=15	P=0.4555		F=0.3764 df1=4	df2=15	P=0.8219
O' Brien法				O' Brien法		
F=0.9157 df1=4	df2=15	P=0.4802		F=0.6869 df1=4	df2=15	P=0.6121

图 6-77　对数转换与平方根转换结果比较

Levene 检验结果表明，平方根转换后，$P=0.3776$，而对数转换后，$P=0.7617$。

6.8.2.3　反正弦转换

当数据以比例或百分率表示，其分布趋于二项分布时，方差分析时应该进行反正弦转换。数据转换后，接近 0%或接近 100%的数值变异度增大，有利于满足方差同质性要求。

如果数据集中于 30%～70%，二项分布本就接近正态分布，此时也可不进行转换。

【例 6-10】　研究不同低温储藏时间对马氏珠母贝精子活力的影响，将精子置于冰箱中 2h、4h、6h 后，镜检可运动精子的百分数（运动率，%），每个处理检验 6 个视野，对照为新鲜精子，结果如表 6-11 所示，试分析不同处理时间对精子运动率影响的差异。

表 6-11　不同低温储藏时间对精子运动率的影响　　　　　　　（单位：%）

处理	重复					
	1	2	3	4	5	6
2h	85	80	91	82	90	78
4h	80	70	75	65	60	65
6h	55	65	49	52	60	50
对照	95	90	91	85	80	93

DPS 解题过程如下。

（1）在 DPS 中，输入数据，选择数据，点击菜单"试验统计"→"完全随机设计"→"单因素试验统计分析"（图 6-78）。

图 6-78　分析菜单的选择

（2）弹出对话框，"数据转换方法"选择"不转换"，"多重比较方法"选择"Tukey 法"（图 6-79）。

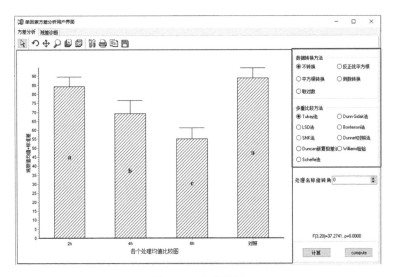

图 6-79　参数设置

（3）点击"计算"，即可得到结果（图 6-80，图 6-81）。

变异来源	方差分析表				
	平方和	自由度	均方	F值	p值
处理间	4254.8333	3	1418.2778	37.2740	0
处理内	761	20	38.0500		
总变异	5015.8333	23			

图 6-80　方差分析表

处理	均值	比对照增减	比对照(%)	10%显著水	5%显著水平	1%极显著水平
对照	89	0	0	a	a	A
2h	84.3333	-4.6667	-5.2434	a	a	A
4h	69.1667	-19.8333	-22.2846	b	b	B
6h	55.1667	-33.8333	-38.0150	c	c	C

图 6-81　方差分析结果

结果显示：对照与 2h 处理组无显著差异，其余各组间均有极显著的差异（图 6-81）。

（4）如果弹出对话框后，"数据转换方法"选择"反正弦平方根"转换，"多重比较方法"选择"Tukey 法"（图 6-82）。

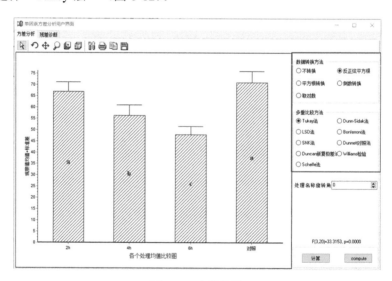

图 6-82　参数设置

（5）点击"计算"，即可得到结果（图 6-83，图 6-84）。

变异来源	方差分析表				
	平方和	自由度	均方	F值	p值
处理间	1960.4255	3	653.4752	33.3150	0
处理内	392.2969	20	19.6148		
总变异	2352.7224	23			

图 6-83　方差分析表

字母标记表示结果						
处理	均值	比对照增减	比对照(%)	10%显著水	5%显著水	1%极显著水平
对照	89.4887	0	0	a	a	A
2h	84.6658	-4.8229	-5.3894	a	a	A
4h	69.3892	-20.0995	-22.4604	b	b	B
6h	55.2091	-34.2796	-38.3061	c	c	B

图 6-84　方差分析结果

结果显示：对照与 2h 处理组无显著差异，对照和 2h 处理组的精子运动率极显著地高于 4h 和 6h 处理组（图 6-84）。结果与数据不转换的结果是存在一定差异的。不论对原始资料作何种转换，目的都只是为了使资料适合方差分析和多重比较，从而作出正确的结论。但在解释结果时，均值仍采用原来未转换的均值。

复习思考题

1. 什么是方差分析？方差分析的基本思路是什么？具体开展方差分析时主要步骤有哪些？

2. 进行方差分析的基本前提是什么？方差分析有哪些用途？

3. 什么是多重比较？常用的多重比较方法有哪些？

4. 设计 5 种不同剂型的饲料饲养鲫鱼，每种剂型饲料饲喂 6 网箱鲫鱼（每网箱鱼规格、数量相同），试验结束后，统计每网箱鲫鱼的增重（g）情况，数据见下表，试分析哪种剂型饲料的饲喂效果好？

剂型	网箱					
	1	2	3	4	5	6
I	23	17	20	20	21	21
II	18	16	19	18	14	21
III	24	25	26	25	28	22
IV	27	21	23	19	24	23
V	16	15	18	16	14	13

5. 消毒剂是水产养殖中的常用药物，但用药不当会造成鱼虾中毒死亡。为研究常用消毒剂对对虾幼苗的毒性大小，选择 5 种常见的消毒剂进行试验，在养殖缸中加入相同剂量的消毒剂，观察其死亡时的天数，数据见下表，试分析不同类型的消毒剂毒性大小是否相同？为什么？

消毒剂	重复									
	1	2	3	4	5	6	7	8	9	10
二氧化氯	1	2	3	2	3	4	2			
漂白粉	4	6	3	3	4	4	3	2	4	5
甲醛	3	4	3	7	5	3	4	5		
生石灰	5	7	3	4	6					
高锰酸钾	6	4	3	3	5	6				

6. 虾青素是一种非维生素 A 源的类胡萝卜素，在自然界中分布广泛，具有很强的抗氧化功能。现某科研单位做一研究，随机抽取一批健康鲤鱼，随机分为 5 组，前 4 组正常免疫后按不同质量浓度（Ⅰ：0mg/kg，Ⅱ：5mg/kg，Ⅲ：10mg/kg，Ⅳ：15mg/kg）将虾青素添加到饲料中投喂，最后一组 V 不免疫，5 周龄后测定其肝胰腺中超氧化物歧化酶酶活力（U/mg），数据见下表。试分析不同剂量虾青素的抗氧化活力是否存在显著差异？为什么？

剂量	重复						
	1	2	3	4	5	6	7
Ⅰ	0.43	0.48	0.46	0.50	0.47		
Ⅱ	062	0.63	0.58	0.69	0.62	0.60	
Ⅲ	0.97	0.88	0.89	0.87			
Ⅳ	1.28	1.46	1.58	1.38	1.44		
V	2.21	2.12	1.98	2.06	1.87	2.31	2.02

7. 不同剂量的营养物质会影响某些基因的表达，从而影响动物体的生长速度，现随机抽取一批正常的相同规格的罗非鱼，分为 4 组，将该营养物质按不同剂量饲喂罗非鱼。试验一个月后，测定每一尾试验鱼某一基因的相对表达量，数据见下表。试分析不同剂量营养物质是否影响了基因的表达？

营养物剂量	重复						
	1	2	3	4	5	6	7
A（0.1mL）	1.83	1.89	1.92	1.95	1.87		
B（0.5mL）	1.78	1.81	1.84	1.86	1.88	1.72	
C（1.0mL）	1.90	1.93	1.97	1.85			
D（0mL）	2.08	2.11	2.07	2.00	1.97	1.91	2.05

8. 光照周期会影响对虾的蜕壳生长，设置光：暗的值，第Ⅰ组为 0h：24h、第Ⅱ组为 6h：18h、第Ⅲ组为 12h：12h、第Ⅳ组为 18h：6h、第Ⅴ组为 24h：0h，每处理 6 个重复，每个重复 1 尾虾，从暂养第 2 天开始记录。记录 10 天内每个处理中对虾的平均蜕壳次数，见下表。试分析各种光照周期的蜕壳效果。

光：暗	重复					
	1	2	3	4	5	6
Ⅰ（0h：24h）	6	8	7	6	6	5
Ⅱ（6h：18h）	6	7	7	8	7	6
Ⅲ（12h：12h）	6	7	8	5	7	6
Ⅳ（18h：6h）	4	3	5	4	2	3
Ⅴ（24h：0h）	2	1	3	1	1	2

9. 以 A、B、C、D 四种药剂处理荷花种子，其中 A 为对照，每个处理各测得 4 个苗高观察值（cm），结果列于下表。试分析不同药剂处理荷花种子的差异是否显著？

药剂	重复			
	1	2	3	4
A	18	21	20	13
B	20	24	26	22
C	10	15	17	14
D	28	27	29	32

10. 采用 4 种饲料组合喂养鲫鱼幼苗，每缸 10 尾幼鱼，每组 3 个缸，试验共有 4 组 12 缸，养殖环境一致，养殖 30 天后，记录每组的体重增长量（g），结果见下表。试进行方差分析。

饲料处理	分组			
	I	II	III	IV
配合饲料	3.4	4.2	3.8	3.7
卤虫	4.4	4.8	4.7	4.6
蛋黄	4.8	4.5	4.4	4.9
卤虫+蛋黄	6.1	6.2	6.2	6.5

11. 在 A_1、A_2、A_3 三种光照强度下，对神仙鱼饲喂 B_1、B_2、B_3 三种饲料，每处理养殖 3 缸，养殖 50 天后，各组平均体重（g）结果见下表。试进行方差分析。

光照强度	缸	饲料种类（B）		
		B_1（卤虫）	B_2（卤虫+蛋黄）	B_3（蛋黄）
A_1	1	21.4	19.6	17.6
	2	21.2	18.8	16.6
	3	20.1	16.4	17.5
A_2	1	12.0	13.0	13.3
	2	14.2	13.7	14.0
	3	12.1	12.0	13.9
A_3	1	12.8	14.2	12.0
	2	13.8	13.6	14.6
	3	13.7	13.3	14.0

12. 不同给食率和不同饲料剂型都会对鱼的产量产生影响，用莫桑比克罗非鱼作网箱养殖试验，得如下数据（试验指标：净产，单位：kg/m^2），试进行方差分析。

饲料剂型	低给食率重复			中等给食率重复			高给食率重复		
	1	2	3	1	2	3	1	2	3
湿团状料	14.15	13.26	15.23	15.80	15.32	15.98	16.32	16.88	17.54
干料	15.63	15.54	16.01	17.20	17.65	18.32	19.56	19.24	18.78
颗粒料	15.24	15.89	14.58	16.74	18.45	18.01	20.88	21.56	21.42
膨化料	15.87	16.54	16.71	19.55	20.45	20.89	23.44	24.17	23.87

第7章 非参数检验

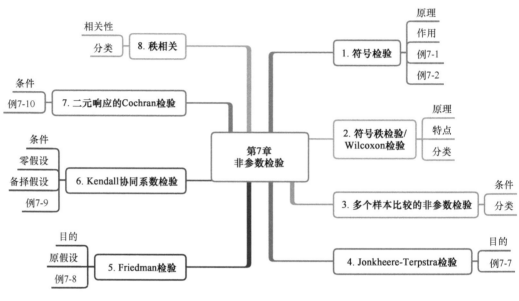

内 容 提 要

  参数统计方法往往假设统计总体的分布形态已知，然而在实际情况下，有时缺乏足够信息，无法合理地去假设一个总体具有某种分布形式，此时就不能继续采用参数估计方法了，而应放弃对总体分布参数的依赖，转而采用非参数检验方法。

  非参数检验在假设检验中不对参数作明确的推断，也不涉及样本取自何种分布的总体，方法简单，适用范围较广。常用的非参数检验方法有：符号检验、秩和检验、威尔科克森（Wilcoxon）检验、弗里德曼（Friedman）检验、柯奇拉（Cochran）检验、秩相关等，在不同情况下，需要选择不同的非参数检验方法。

  需要注意的是，当资料采用非参数检验方法时，常会导致部分信息损失，降低检验效能。

  前面所介绍的假设检验与方差分析，都是以总体分布已知或对分布作出某种假定为前提的，是限定分布的估计或检验，也称为参数估计。例如，对于平均数的假设检验，要求样本必须来自正态总体，或者样本足够大。但是，在实际应用中，我们往往不知道客观对象的总体分布或无法对总体分布作出某种假设，参数估计就受到限制，因此需要用非参数检验的方法来解决。

  非参数检验对总体分布的具体形式不作任何限制性的假定，不以总体参数具体数值估计或检验为目的。非参数检验最大的特点是对样本资料无特殊要求，不过其检验的效率要低于参数检验。如对非配对资料的秩和检验，其效率仅为 t 检验的 86.4%，也就是说，以相同概率判断出显著差异，t 检验所需样本含量要比秩和检验少 13.6%。

7.1　符　号　检　验

符号检验是指不需要知道数据的分布类型，而是根据统计资料的符号，可以简便地检验两组成对的数据是否属于同一总体。两个样本既可以是互相独立的，也可以是相关的，也就是说既可检验两样本是否存在显著差异，也可检验其是否来自同一总体。

7.1.1　实例 1

【例 7-1】　为研究某水库因采矿受到污染对渔业的影响，现随机抽取 8 个鱼肉样品，测定的鱼肉中有害物质砷的含量（mg/kg）为：1.032、1.045、1.056、1.028、0.985、0.996、1.058、1.063。问该水库的鱼肉含砷量是否超过食用标准 1mg/kg？

Minitab 解题过程如下。

（1）输入数据，点击菜单"统计"→"非参数"→"单样本符号"（图 7-1）。

图 7-1　分析菜单的选择

（2）弹出对话框，将"含砷量"选择到"变量"中，选择"检验中位数"，后面输入 1，"备择"选择"大于"（图 7-2）。

（3）点击"确定"，即可得到结果（图 7-3）。

结果中 $P=0.145>0.05$，表明水库中鱼肉的含砷量未超过食用标准 1mg/kg。

图 7-2　参数设置

图 7-3　分析结果

7.1.2　实例 2

【例 7-2】　某水产饲料企业选择 CCTV-7《农广天地》栏目作广告，计划投放 15s 广告，连续投放一个月的时间。在广告投放前和在《农广天地》栏目广告投放 15 天后各作一次调查，两次调查结果如表 7-1 所示。使用符号检验方法分析广告对饲料商品的促销效果。

表 7-1　广告投放前后饲料产品的销量情况

批次	投放前销量（万t）	投放后销量（万t）	差值（万t）	批次	投放前销量（万t）	投放后销量（万t）	差值（万t）
1	2	2	0	8	3	4	−1
2	2	3	−1	9	3	4	−1
3	2	3	−1	10	3	3	0
4	2	4	−2	11	2	4	−2
5	2	3	−1	12	2	3	−1
6	3	2	1	13	3	2	1
7	3	3	0	14	3	4	−1

Minitab 解题过程如下。

（1）输入数据，点击菜单"统计"→"非参数"→"单样本符号"（图 7-4）。

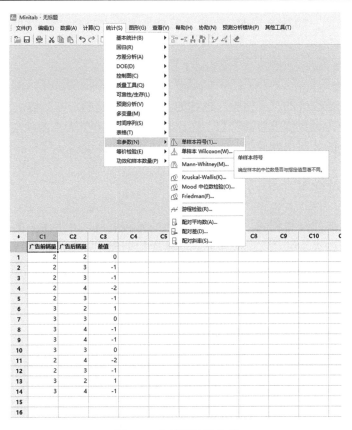

图 7-4　分析菜单的选择

（2）弹出对话框，将"差值"选择到"变量"中，选择"检验中位数"，后面输入 0.0，"备择"选择"小于"（图 7-5）。

（3）点击"确定"，即可得到结果（图 7-6）。

图 7-5　参数设置

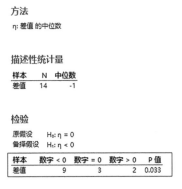

图 7-6　分析结果

结果中 $P=0.033<0.05$，说明广告投入后提高了该水产饲料企业饲料商品的销量。

7.2 符号秩检验

符号秩检验是改进的符号检验，也称为 Wilcoxon 检验，其效能远高于符号检验，因为它除了比较各对数值差值的符号，还比较各对数据差值大小的秩次高低。

符号秩检验的效率仍然低于 t 检验，大约是 t 检验的 96%。

7.2.1 配对样本

如果两个总体的分布相同，每个配对数值的差应服从以 0 为中心的对称分布，即将差值按照绝对值的大小编秩（排顺序）并给秩次加上原来差值的符号后，所形成的正秩（T_+）和与负秩（T_-）和在理论上是相等的（满足差值总体中位数为 0 的假设），如果二者相差太大，超出界值范围，则拒绝零假设。

当 $5 \leqslant n \leqslant 25$ 时，计算 T_+ 与 T_-。

当 $n>25$ 时，采用正态近似法，计算 Z 值。

当 $n<5$ 时不能得出有差别的结论。

【例 7-3】 为研究东星斑鲜红体色与虾青素的关系，收集东星斑投喂虾青素前后单位面积的红色素细胞的个数（表 7-2），试比较投喂前后红色素细胞有无显著差别。

表 7-2　东星斑投喂虾青素前后的红色素细胞数　　　　（单位：个）

编号	单位面积内红色素细胞数		编号	单位面积内红色素细胞数	
	投喂前（X_1）	投喂后（X_2）		投喂前（X_1）	投喂后（X_2）
1	30	46	7	26	56
2	38	50	8	58	54
3	48	52	9	46	54
4	48	52	10	48	58
5	60	58	11	44	36
6	46	64	12	46	54

DPS 解题过程如下。

（1）输入数据，选择数据，点击菜单"试验统计"→"非参数统计"→"两样本配对 Wilcoxon 符号秩检验"（图 7-7）。

（2）立即得到结果（图 7-8）。

结果显示 $P=0.0210<0.05$，表明投喂前后红色素细胞个数有显著差异，投喂虾青素有助于东星斑体色变红。

图 7-7　分析菜单的选择

| 配对差值 | -16 | -12 | -4 | -4 | 2 | -18 | -30 | 4 | -8 | -10 | 8 | -8 |
| 配对秩 | -10 | -9 | -3 | -3 | 1 | -11 | -12 | 3 | -6 | -8 | 6 | -6 |

-9.5000	-6.5000	-6.5000	-5.5000	-10.5000	-11	-6.5000	-8	-9	-2	-8	
-6	-6	-5	-10	-10.5000	-8	-7.5000	-8.5000	-1.5000	-7.5000		
-3	-2	-7	-7.5000	-3	-4.5000	-5.5000	1.5000	-4.5000			
-2	-7	-7.5000	-3	-4.5000	-5.5000	1.5000	-4.5000				
-6	-6.5000	-2	-3.5000	-4.5000	2.5000	-3.5000					
-11.5000	-7	-8.5000	-9.5000	-2.5000	-8.5000						
-7.5000	-7	-7	-9								
-4.5000	-5.5000	1.5000	-4.5000								
-7	-7										
-1	-7										
-4.5000		-6									

Wilcoxon配对检验
| S1 | N=12 | Median=46.0000 |
| S2 | N=12 | Median=54.0000 |
中位数差异点估计：Lambda=-6.0000
90.77% Laabda置信区间：(-7.50,-3.00)
秩和　R=-68.00 R+=10.00 R=10.00
| 符号秩检验确切概率 | 0.0210 |
大样本近似法
结校正系数=　0.3542 z=2.2774 p=0.0227

图 7-8　分析结果

7.2.2　非配对样本

非配对样本的符号秩检验是关于分别抽自两个总体的两个独立样本之间秩次的比较，它比配对样本的符号秩检验的应用更为普遍。

常用的有两样本的 Wilcoxon 检验，以及在此基础上发展的曼-惠特尼（Mann-Whitney）检验。

【例 7-4】　研究两种不同能量水平的饲料对为期 3 个月的养殖南美白对虾增重（g）的影响，资料如表 7-3 所示。问：两种不同能量水平的饲料对南美白对虾增重的影响有无差异？

表 7-3　两种不同能量水平饲料下的南美白对虾增重　　　　　　（单位：g）

饲料	重复								
	1	2	3	4	5	6	7	8	9
高能量	13	15	18	20	17	20			
低能量	9	7	12	7	12	5	11	11	7

1）Minitab 解题

（1）输入数据，点击菜单"统计"→"非参数"→"Mann-Whitney"（图 7-9）。

图 7-9　分析菜单的选择

（2）弹出对话框，将"高能量"选择到"第一样本"，将"低能量"选择到"第二样本"（图 7-10）。

（3）点击"确定"，即可得到结果（图 7-11）。

图 7-10　参数设置

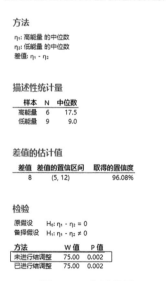

图 7-11　分析结果

结果显示 $P=0.002<0.05$，拒绝零假设，表明两种不同能量水平的饲料对南美白对虾的增重有显著的差异。

2）DPS 解题

（1）输入数据，选择数据，点击菜单"试验统计"→"非参数统计"→"两样本Wilcoxon 检验"（图 7-12）。

图 7-12　分析菜单的选择

（2）即可得到结果（图 7-13）。

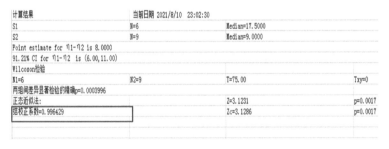

图 7-13　分析结果

结果显示 $P=0.000\ 399\ 6<0.05$，表明两种不同能量水平的饲料对南美白对虾的增重有显著的差异。

7.3　多个样本比较的非参数检验

在进行完全随机设计的多组均数比较时，试验观测结果有时会严重偏离正态分布，或组间方差不齐，或者观测结果是有序的，这时就要采用多个样本比较的非参数检验。

7.3.1　Kruskal-Wallis 检验

【例 7-5】　为了研究精氨酸对小鼠截肢后淋巴细胞转化功能的影响，将 21 只昆明种小鼠随机等分成 3 组：对照组 A、截肢组 B、截肢后用精氨酸治疗组 C。试验观测脾淋巴细胞对人血小板抗原（HPA）刺激的增值反应，测量指标是 ^{3}H 吸收量，数据如表 7-4 所示。

表 7-4　脾淋巴细胞对 HPA 刺激的增值反应　　（单位：cpm）

编号	A 组	B 组	C 组	编号	A 组	B 组	C 组
1	3 012	2 532	8 138	5	13 590	2 775	6 490
2	9 458	4 682	2 073	6	12 787	2 884	9 003
3	8 419	2 025	1 867	7	6 600	1 717	0
4	9 580	2 268	885				

DPS 解题过程如下。

（1）输入数据，选择数据，点击菜单"试验统计"→"非参数统计"→"Kruskal Wallis 检验"（图 7-14）。

图 7-14　分析菜单的选择

（2）立即得到结果（图 7-15）。

经过近似卡方分布的显著性检验，$P=0.007\ 271<0.01$，表明三组小鼠之间的 ^{3}H 吸收量有极显著的差异。

第 1 组（A 组）为对照组，多重比较结果显示，第 1 组与第 2 组差异显著（$P=0.0102<0.05$），第 1 组与第 3 组差异也显著（$P=0.0172<0.05$）。

7.3.2　中位数检验

当 2 个或 2 个以上的资料不服从正态分布时，我们可以使用这一方法进行检验。

当资料服从正态分布时，用中位数检验方法进行检验的效率总低于参数检验。

各个处理数据的秩

11	18	16	19	21	20	14
8	12	5	7	9	10	3
15	6	4	2	13	17	1

方差分析表

变异来源	平方和	自由度	均方	KW统计量
处理间	379.1429	2	189.5714	9.8479
处理内	390.8571	18	21.7143	
总变异	770	20	38.5000	

近似卡方分布的显著性测验，p=0.007271
Monte Carlo抽样概率

两两比较结果

比较组	组间差	z值	p值	Nemenyi	p值
1<->2	9.2857	2.7997	0.0153	7.8386	0.0199
1<->3	8.7143	2.6275	0.0258	6.9035	0.0317
2<->3	0.5714	0.1723	0.9999	0.0297	0.9853

和第一个处理比较(将第一个处理视为对照)

组别	组间差	z值	p值
1<->2	9.2857	2.7997	0.0102
1<->3	8.7143	2.6275	0.0172

图 7-15　分析结果

【例 7-6】　用两种不同的方式养殖中国对虾，检测从苗种阶段到出苗阶段对虾的数量，测得如下数据（表 7-5），试检验这两种饲养方式下对虾的数量是否会受到不同的影响？

表 7-5　两种饲养方式对虾的数量　　　　　　　　　　　（单位：千尾）

组别	重复						
	1	2	3	4	5	6	7
模拟桶（A）	8	7	5	6	10	9	3
高位池（B）	11	10	15	14	9	12	17

DPS 解题过程如下。

（1）输入数据，选择数据，点击菜单"试验统计"→"非参数统计"→"中位数检验"（图 7-16）。

图 7-16　分析菜单的选择

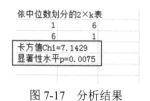

依中位数划分的2×k表

	1	6
	6	1

卡方值Chi=7.1429
显著性水平p=0.0075

图 7-17　分析结果

（2）立即得到结果（图 7-17）。

结果显示，卡方值为 7.1429，$P=0.0075<0.01$，表明两种饲养方式下对虾的数量有极显著差异。

7.4　Jonkheere-Terpstra 检验

Jonkheere-Terpstra检验方法可以检验多个独立样本的位置参数是否有显著的持续上升或持续下降的趋势。

【例 7-7】　小球藻油脂采用三种（A、B、C）提取方式，得到的提取率如表 7-6 所示。

表 7-6　三种提取方式的提取率　　　　　　（单位：%）

提取方式	重复							
	1	2	3	4	5	6	7	8
A	20	25	29	18	17	22	18	20
B	26	23	15	30	26	32	28	27
C	53	47	48	43	52	57	49	53

问：三种提取方式下的提取率是否有显著升高的趋势？

DPS 解题过程如下。

（1）输入数据，选择数据，点击菜单"试验统计"→"非参数统计"→"Jonkheere-Terpstra 检验"（图 7-18）。

图 7-18　分析菜单的选择

（2）即可得到结果（图 7-19）。

顺序效应Jonckheere-Terpstra统计检验结果		
观察值J-T统计量=	178	
模型J-T统计均值=	96	
J-T统计量标准差=	18.9033	
大样本近似z值=	4.3379 p值=0.000007	
大样本近似z值=	4.3114 p值=0.000008	(Ad.)
Monte Carlo抽样概率p=	0	

图 7-19　分析结果

结果显示，大样本近似 Z 值为 4.3379，$P=0.000\ 007<0.01$，Monte Carlo 抽样概率 $P=0<0.01$，都表明三种提取方式下的提取率有极显著的上升趋势。

7.5　Friedman 检验

弗里德曼（Friedman）检验是对多个总体分布是否存在显著差异的非参数检验方法，其零假设是：多个配对样本来自的多个总体分布无显著差异。

【例 7-8】　探究在南美白对虾养殖过程中，饲料中添加某益生菌对其脂肪酶活力的影响，设置 7 个试验组进行比较，试检验经添加某益生菌饲料投喂后不同周数的脂肪酶活力的差别有无统计学意义（表 7-7）。

表 7-7　添加某益生菌饲料投喂南美白对虾 7 个养殖试验组前后脂肪酶活力的变化（单位：U/mg prot）

组号	投喂前	投喂后		
		1 周	2 周	3 周
1	63	188	138	63
2	90	238	220	144
3	54	300	83	92
4	45	140	213	100
5	54	175	150	36
6	72	300	163	90
7	64	207	185	87

这里投喂时间为因素，组号为区组。

1）Minitab 解题

（1）输入数据，点击菜单"统计"→"非参数"→"Friedman"（图 7-20）。

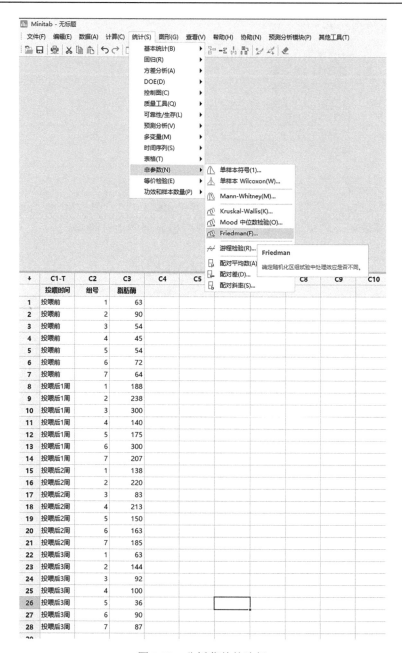

图 7-20　分析菜单的选择

（2）弹出对话框，将"脂肪酶"选入"响应"，将"投喂时间"选入"处理"，将"组号"选入"区组"（图 7-21）。

（3）点击"确定"，得到结果（图 7-22）。

结果显示：卡方值=17.35，P=0.001＜0.01，表明添加益生菌饲料投喂前后的脂肪酶活力有极显著的差异。

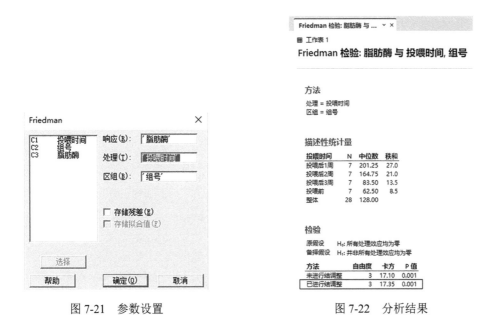

图 7-21　参数设置　　　　　　　　　图 7-22　分析结果

2）DPS 解题

（1）输入数据，选择数据，点击菜单"试验统计"→"非参数统计"→"Friedman 检验"（图 7-23）。

图 7-23　分析菜单的选择

（2）即可得到结果（图 7-24）。

各个处理数据的秩							
1.5000	1		1	1	2	1	1
4	4		4	3	4	4	4
3	3		2	4	3	3	3
1.5000	2		3	2	1	2	2

结校正系数=　　　　　　　　　　　　0.9857

Friedman检验统计量（卡方）=17.3478
近似卡方分布的显著性测验，p=0.000600

Monte Carlo抽样概率p=0.000013

统计量 F =28.5000　　p=0.000000

两两比较结果

比较组	组间差	Q统计量	p值
1<->2	2.6429	5.4162	0.0007
1<->3	1.7857	3.6596	0.0476
1<->4	0.7143	1.4639	0.7288
2<->3	0.8571	1.7566	0.6000
2<->4	1.9286	3.9524	0.0267
3<->4	1.0714	2.1958	0.4060

和第一个处理比较（将第一个处理视为对照）

组别	组间差	Q统计量	p值
1<->2	2.6429	3.8299	0.0004
1<->3	1.7857	2.5877	0.0264
1<->4	0.7143	1.0351	0.5996

图 7-24　分析结果

结果显示：Friedman 检验统计量（卡方）为 17.3478，$P=0.0006<0.01$，表明添加益生菌饲料投喂前后的脂肪酶活力有极显著的差异。与投喂前相比，投喂后 1 周的脂肪酶活力有极显著差异（$P<0.01$），2 周后有显著差异（$P<0.05$），3 周后无显著差异（$P>0.05$）。

7.6　Kendall 协同系数检验

肯德尔（Kendall）协同系数检验适用于几个分类变量均为有序分类的情况。

在实践中，常需要按照某些特别的性质多次对一些个体进行评估或排序。例如，几个（m 个）评估机构对一些（n 个）学校进行排序。人们想要知道，这些机构的结果是否一致，如果很不一致，则该评估多少有些随机，意义不大。这可以用 Kendall 协同系数检验。

【例 7-9】　4 个独立的环境研究单位对 15 个对虾养殖场的养殖环境进行排序（表 7-8），问 4 个单位对不同对虾养殖场的排序是否有一致性？

表 7-8　4 个单位对不同养殖场的排序

评估机构	养殖场														
	1	2	3	4	5	6	7	8	9	10	11	12	13	14	15
A	2	4	14	11	10	9	6	13	12	5	3	8	7	1	15
B	3	5	11	8	12	14	1	13	7	9	6	4	2	10	15
C	2	12	13	6	5	11	10	3	7	8	14	4	9	1	15
D	10	13	12	14	9	6	2	7	3	5	8	4	11	1	15

Kendall 协同系数检验的零假设是：对不同养殖场的排序是不相关的或者是随机的；

备择假设为：对不同养殖场的排序是正相关的或者是一致的。DPS 解题过程如下。

（1）输入数据，选择数据，点击菜单"试验统计"→"非参数统计"→"Kendall 协同系数检验"（图 7-25）。

图 7-25　分析菜单的选择

（2）立即得到结果（图 7-26）。

个体号	R1	R2	R3	R4	R.	平均值	标准差	去极值后均值
1	2	3	2	10	17	4.2500	3.8622	2.5000
2	4	5	12	13	34	8.5000	4.6547	8.5000
3	14	11	13	12	50	12.5000	1.2910	12.5000
4	11	8	6	14	39	9.7500	3.5000	9.5000
5	10	12	5	9	36	9	2.9439	9.5000
6	9	14	11	6	40	10	3.3665	10
7	6	1	10	2	19	4.7500	4.1130	4
8	13	13	3	7	36	9	4.8990	10
9	12	7	7	3	29	7.2500	3.6856	7
10	5	9	8	5	27	6.7500	2.0616	6.5000
11	3	6	14	8	31	7.7500	4.6458	7
12	8	4	4	4	20	5	2	4
13	7	2	9	11	29	7.2500	3.8622	8
14	1	10	1	1	13	3.2500	4.5000	1
15	15	15	15	15	60	15	0	15

协同系数W=	0.4911
近似卡方值=	27.5000
自由度=	14
p值=	0.0166

图 7-26　分析结果

结果显示：协同系数 $W=0.4911$，近似卡方值为 27.5000，$P=0.0166<0.05$，表明不同机构对养殖场的排序是显著一致的。

7.7 二元响应的 Cochran 检验

当观测值只取诸如 0 或 1 两个可能值时，由于有太多同样的数据（只有 0 和 1），排序的意义就很成问题了。这里要引进的是柯奇拉（Cochran）检验。

【例 7-10】 20 家石斑鱼养殖场对 4 种益生菌饲料添加剂进行了认可（记为 1）和不认可（记为 0）的表态（表 7-9）。问这 4 种益生菌饲料添加剂在顾客眼中是否有区别？

表 7-9　20 名顾客对 4 种益生菌饲料添加剂的认可度

益生菌	顾客编号																			
	1	2	3	4	5	6	7	8	9	10	11	12	13	14	15	16	17	18	19	20
A	0	1	0	0	0	1	1	1	1	1	0	1	1	1	1	0	1	1	1	0
B	1	1	0	1	1	0	1	1	1	1	1	0	1	0	1	1	1	1	1	1
C	1	1	1	0	0	1	1	1	1	0	1	0	1	1	1	0	1	1	0	1
D	0	0	0	0	0	0	0	1	0	1	0	0	0	0	0	1	1	0	1	0

这里的零假设是：这些益生菌饲料添加剂（处理）在顾客（区组）眼中没有区别。

本题可用 DPS 解题，具体方法如下。

（1）输入数据，选择数据，点击菜单“试验统计”→“非参数统计”→“Cochran 检验”（图 7-27）。

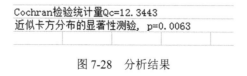

图 7-27　分析菜单的选择

（2）即可得到结果（图 7-28）。

Cochran检验统计量Qc=12.3443
近似卡方分布的显著性测验, p=0.0063

图 7-28　分析结果

结果显示：Qc=12.3443，*P*=0.0063＜0.01，表明 4 种益生菌饲料添加剂在养殖场的使用选择中有极显著的差别。

7.8 秩 相 关

两个连续型随机变量间呈线性相关时，使用 Pearson 相关系数；不满足线性相关分析的适用条件时，可以使用非参数秩相关系数来描述。

常用的秩相关有斯皮尔曼（Spearman）相关与 Kendall 等级相关。①Spearman 相关是利用两个变量的秩次大小作线性相关分析，对原始变量的分布不作要求。对于服从 Pearson 相关的数据亦可计算 Spearman 相关系数，但统计效能要低一些。②Kendall 等级相关适用于两个分类变量均为有序分类的情况。

7.8.1 Spearman 秩相关

【例 7-11】 调查某地区 10 个乡镇的钉螺密度与血吸虫感染率，数据如表 7-10 所示。试分析该地区钉螺密度与血吸虫感染率之间有无相关关系？

表 7-10 钉螺密度与血吸虫感染率

钉螺密度（个/m²）	感染率（%）	钉螺密度（个/m²）	感染率（%）
33	17	49	23
52	24	31	18
22	13	39	18
42	27	45	24
35	19	43	20

DPS 解题过程如下。

（1）输入数据，选择数据，点击菜单"多元分析"→"相关分析"→"两变量相关分析"（图 7-29）。

图 7-29 分析菜单的选择

（2）弹出对话框，选择"Spearman 秩相关"（图 7-30）。

（3）点击"确定"，得到结果（图 7-31）。

图 7-30 参数设置

观察值、秩序及其秩的差值					
CASE	x	Ranks	y	Ranks	秩差
1	33	3	17	2	1
2	52	10	24	8.5000	1.5000
3	22	1	13	1	0
4	42	6	27	10	−4
5	35	4	19	5	−1
6	49	9	23	7	2
7	31	2	18	3.5000	−1.5000
8	39	5	18	3.5000	1.5000
9	45	8	24	8.5000	−0.5000
10	43	7	20	6	1
Spearman秩相关=0.817088			P=0.0082		

图 7-31 分析结果

结果显示：Spearman 秩相关系数=0.817 088，P=0.0082＜0.01，钉螺密度与血吸虫感染率之间是极显著相关的。

7.8.2 等级相关

【例 7-12】 某实验室抽取 10 个相同养殖条件下的马氏珠母贝精子，对其在运动率、曲线运动速率、直线运动速率三方面的效果进行测试（表 7-11），试分析马氏珠母贝三方面之间有无一致性。

表 7-11 10 个马氏珠母贝精子的运动率、曲线运动速率、直线运动速率三方面的测试结果

编号	运动率	曲线运动速率	直线运动速率	编号	运动率	曲线运动速率	直线运动速率
S1	5	7	6	S6	3	4	3
S2	2	1	5	S7	7	6	4
S3	8	9	2	S8	4	3	1
S4	6	5	10	S9	9	8	7
S5	1	2	8	S10	10	10	9

注：表中按 10 个马氏珠母贝精子的运动学各方面效果分成 1～10 级进行等级顺序排列

DPS 解题过程如下。

（1）在 DPS 中输入数据，选择数据，点击菜单"多元分析"→"相关分析"→"两变量相关分析"（图 7-32）。

（2）弹出对话框，选择"Kendal1 秩相关"（图 7-33）。

（3）点击"确定"，得到结果（图 7-34）。

结果表明：x_1（运动率）与 x_2（曲线运动速率）之间相关性极显著（P=0.0005＜0.01），相关系数 τ=0.8667；x_1（运动率）与 x_3（直线运动速率）之间相关性不显著（P=0.5312＞0.05），相关系数 τ=1556；x_2（曲线运动速率）与 x_3（直线运动速率）之间相关性不显著（P=0.4208＞0.05），相关系数 τ=0.2000。

图 7-32　分析菜单的选择

图 7-33　参数设置

各个样本的秩次			
样本	X1	X2	X3
S1	1	1	1
S2	2	2	2
S3	4	3	7
S4	9	10	4
S5	7	7	0
S6	3	4	9
S7	5	6	5
S8	8	8	6
S9	6	5	3
S10	10	9	8

变量 x1 和 x2 间的Kendall Tau系数
Kendall　τ=0.8667
概率 p(τ)：　双侧 p=0.0000,　　单侧 p=0.0000
z = 3.4883,　双侧 p=0.0005,　　单侧 p=0.0002

变量 x1 和 x3 间的Kendall Tau系数
Kendall　τ=0.1556
概率 p(τ)：　双侧 p=0.4843,　　单侧 p=0.2422
z = 0.6261,　双侧 p=0.5312,　　单侧 p=0.2656

变量 x2 和 x3 间的Kendall Tau系数
Kendall　τ=0.2000
概率 p(τ)：　双侧 p=0.3807,　　单侧 p=0.1904
z = 0.8050,　双侧 p=0.4208,　　单侧 p=0.2104
X1和X2的偏 τ=　0.8633
注：z的概率是对大样本N(>10)而言。

图 7-34　分析结果

复习思考题

1. 什么叫非参数检验？非参数检验与参数检验有何区别？各有什么特点？

2. 在缺氧条件下，观察 4 只猫与 12 只兔的生存时间（min），结果见下表。试判断猫、兔在缺氧条件下生存时间的差异是否具有统计学意义？

动物	生存时间（min）													
	1	2	3	4	5	6	7	8	9	10	11	12	13	14
猫	25	34	44	46	46									
兔	15	15	16	17	19	21	21	23	25	27	28	28	30	35

3. 12 份血清采用两种方法测血清谷丙转氨酶的含量（U/L），结果见下表，试分析两种方法间是否存在显著性差异？

编号	原法	新法	编号	原法	新法
1	60	80	7	190	205
2	142	152	8	25	38
3	195	243	9	212	243
4	80	82	10	38	44
5	242	240	11	236	200
6	220	220	12	95	100

4. 14 名新生儿出生体重（kg）按其母亲的吸烟习惯分为 4 组（A 组：每日吸烟多于 20 支；B 组：每日吸烟少于 20 支；C 组：过去吸烟而现已戒烟；D 组：从不吸烟），具体结果如下。试问 4 个吸烟组新生儿的出生体重分布是否相同？

组别	体重（kg）			
	新生儿 1	新生儿 2	新生儿 3	新生儿 4
A	2.7	2.4	2.2	3.4
B	2.9	3.2	3.2	
C	3.3	3.6	3.4	3.4
D	3.5	3.6	3.7	

5. 分别在甲、乙、丙、丁 4 种条件下测量三批甘蓝叶样本的核黄素浓度（μg/g），试验结果见下表。问 4 种条件下的测量结果的差异是否具有统计学意义？

批次	测量条件			
	甲	乙	丙	丁
1	27.2	24.6	39.5	38.6
2	23.2	24.2	43.1	39.5
3	24.8	22.2	45.2	33.0

6. 对穿 4 种不同防护服时的脉搏次数（次/min）进行测定，结果见下表，试分析这 4 种防护服对脉搏是否差异显著？

编号	脉搏（次/min）			
	防护服 A	防护服 B	防护服 C	防护服 D
1	144.4	143.0	133.4	142.8
2	116.2	119.2	118.0	110.8
3	105.8	114.8	113.2	115.8
4	98.0	120.0	104.0	132.8
5	103.8	110.6	109.8	100.6

第8章　一元回归与相关分析

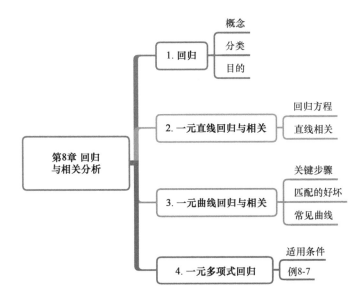

内 容 提 要

回归与相关主要用于研究两个或两个以上变量间的关系。

一元回归与相关包括一元直线回归与相关和非直线回归与相关。其中，一元直线回归方程常采用最小二乘法建立，变量 y 的平方和由回归平方和（U）与离回归平方和（Q）构成，因此可通过 F 或 t 检验确定回归关系是否显著；相关系数的显著性检验同样可采用 t 检验法，它反映了两个变量间的相关程度和性质。直线相关与回归间存在一定的联系，一般先进行相关分析，如果相关性显著，则进一步开展回归分析，建立回归方程，为生产实践的预测和控制提供科学依据。

常见的一元非线性回归与相关曲线类型有：倒数函数、指数函数、对数函数、幂函数、生长曲线等。对于这类问题，大多可以通过数学转换、引入新的变量将其转换为一元直线回归与相关问题进行处理。

在生命科学领域，生长曲线应用非常广泛，常见的类型有：逻辑斯谛（Logistic）生长曲线、冈珀茨（Gompertz）生长曲线、Von Bertalanffy 生长曲线、Mitscherlich 生长曲线、Richards 生长曲线等，每种生长曲线有其各自的特点，具体问题需要具体分析。

当两个变量间的规律不清楚、无现成回归方程可以描述时，需要采用一元多项式回归进行拟合分析。

前几章研究的问题都只涉及一个变量 x，例如不同品种的产量比较试验中，每个品种的平均数反映了产量的集中点，而标准差反映了产量的离散程度，方差分析及多重比较可以检验不同品种产量平均数间的差异是否显著。在实际应用中，产量 x 不仅与品种有关，还与肥料多少、播种密度、灌水量等因素有关，具体工作中往往要研究两个或两个以上变量的相互关系。

变量间的相互关系有两类：①变量间存在确定的函数关系，如圆面积 S 与半径 r 之间存在 $S=\pi r^2$，知道了一个变量，就可以精确计算另一个变量；②变量间的相关关系，如人的身高与体重的关系，我们知道身高越高，体重越重，但相同身高对应的体重却不一定会一样，存在不确定性。在统计上，我们可以用回归与相关的分析方法来探讨它们之间的变化规律。

8.1 回归的概念

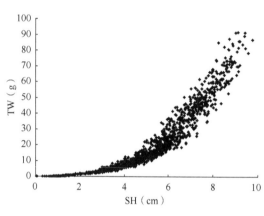

图 8-1 壳高与总重的散点图

对于两个相关变量，如马氏珠母贝的壳高（SH）为 x，总重（TW）为 y，每个壳高 x 都有一个总重 y 对应，将所有壳高与总重在 Excel 中作散点图，结果如下（图 8-1）。

从散点图中可以看出：随着 x 增加，y 也增加，x 与 y 之间的关系为曲线关系。

对于这种相关关系，我们可以用回归分析来研究。这里把 x 作为自变量（independent variable），y 称为因变量或依变量（dependent variable）。对于自变量 x 的每一个取值 x_i，都有 y 的一个分布与之对应，我们就称 y 对 x 存在回归关系。

研究一个自变量与一个因变量之间的回归分析称为一元回归分析；研究多个自变量与一个因变量之间的回归分析称为多元回归分析。

回归分析的目的是建立回归方程，利用回归方程由自变量来预测和控制因变量。

8.2 一元直线回归与相关

8.2.1 一元直线回归方程的建立

研究回归关系时，对于每一个自变量 x 的取值 x_i，都有 y 的一个分布与之对应，而不是确定的一个 y_i 与之对应。当 $x=x_i$ 时，对应的 y 值有平均数 μ_y，我们可以用直线回归方程来描述 x 与 y 之间的关系。

$$\hat{y} = a + bx \tag{8.1}$$

该方程就是 y 关于 x 的直线回归方程，其中 x 是自变量，$\hat{y}$ 是与 x 值对应的 y 值的平均数 μ_y 的点估计值；a 是 $x=0$ 时的 $\hat{y}$ 值，即直线在 y 轴上的回归截距（intercept）；b 是斜率（slope），也称为回归系数（regression coefficient），其含义是自变量 x 改变一个单位，因变量 y 平均增加或减少的单位数。

8.2.2　一元直线相关

如果变量 x 与 y 呈线性关系，但不需要由 x 来估计 y，只需要了解 x 与 y 的相关程度及相关性质，可以通过计算相关系数来研究。

两个变量之间的关系可以通过散点图看出。在图 8-2a 中，随着 x 变化，y 无变化规律，称为不相关；b 中，随着 x 增加，y 也增加，称为正相关；c 中，随着 x 增加，y 减小，称为负相关。

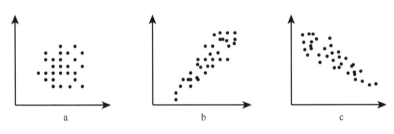

图 8-2　x 与 y 的散点图

我们可以从一组样本数据 $(x，y)$ 中计算得到样本的相关系数，一般用 r 表示（$-1 \leqslant r \leqslant 1$）。$x$ 与 y 相关越紧密，$|r|$ 越大；如果 x 与 y 不相关，则 $r = 0$；如果 x 与 y 呈函数关系，则 $r=1$，称为完全相关或绝对相关。

在统计中，还有一个表示相关程度的统计数叫决定系数，它定义为相关系数 r 的平方，即 r^2（$0 \leqslant r^2 \leqslant 1$），它只能表示相关程度，而不能表示相关性质。

【例 8-1】　有人研究长吻鮠孵化平均温度（x，℃）与孵化时数（y，h）之间的关系，试验资料见表 8-1。试建立直线方程，并估计孵化平均温度为 24℃时相应的平均孵化时数 μ_y 及孵化时数 y 的 95% 置信区间。

表 8-1　长吻鮠孵化平均温度与孵化时数资料

x（℃）	19.5	20.0	20.7	21.7	22.5	22.7	22.8	23.0
y（h）	80.0	77.0	74.0	70.0	66.0	60.0	58.0	56.0

1）DPS 解题

（1）输入数据，选择数据，点击菜单"多元分析"→"回归分析"→"线性回归"（图 8-3）。

（2）弹出对话框，在预测前面"变量 x_1"后面的"取值"中输入 24，点击"预测"（图 8-4）。

（3）点击"残差拟合图"，出现以下对话框，把"纵坐标"选择"观察值 Y"，"横坐标"选择"X_1"，点击 🖫 可以保存图片（图 8-5）。

（4）关闭"线性回归分析"对话框，即可得到结果（图 8-6、图 8-7）。

图 8-3　分析菜单的选择

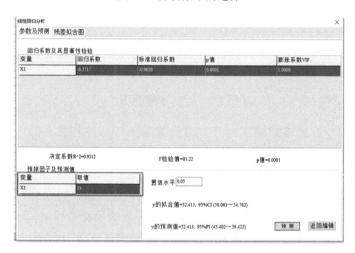

图 8-4　参数设置

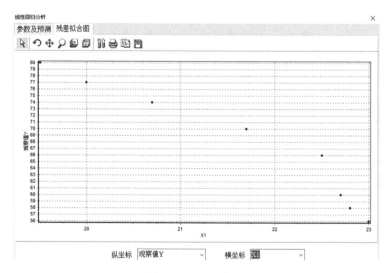

图 8-5　回归分析图

相关系数		
	x1	y
x1	1	-0.9650
y	-0.9650	1

显著水平		
	x1	y
y	0.0001	

方差分析表				
方差来源	平方和	自由度	均方	F值	p值
回归	536.2602	1	536.2602	81.2211	0.0001
剩余	39.6148	6	6.6025		
总的	575.8750	7	82.2679		

相关系数R=0.964992 决定系数r^2=0.931209   调整相关R=0.959033

变量	回归系数	标准回归	标准误	t值	p值
b0	205.3339		15.3071	13.4143	0.0000
b1	-6.3717	-0.9650	0.7070	9.0123	0.0001

回归方程
y=205.33387-6.3717x1

预测	
预报因子 x1=24	
置信水平: α=0.05	
y的拟合值=52.413,	95%CI（50.063～54.762)
y的预测值=52.413,	95%PI（45.402～59.423)

图 8-6 分析结果 　　　　　　　　　　图 8-7 y 的预测值

x 与 y 的相关系数 $r = -0.964\,992$，$P=0.0001$，相关极显著。

对 x 与 y 之间的回归关系进行 F 检验，得到方差分析表，结果表明，$F=81.2211$，$P=0.0001$，表明长吻鮠孵化平均温度 x 与孵化时数 y 之间的直线回归是极显著的。

决定系数 $r^2=0.931\,209$。

用 t 检验的方法检验回归关系的显著性，系数标准误为 0.7070，$t=9.0123$，$P=0.0001$ <0.01，表明长吻鮠孵化平均温度 x 与孵化时数 y 之间的直线回归是极显著的，也表明长吻鮠孵化平均温度 x 与孵化时数 y 之间的相关关系是极显著的。

长吻鮠孵化时数（y，h）关于孵化平均温度（x，℃）的直线回归方程为

$$\hat{y} = 205.3339 - 6.3717x \tag{8.2}$$

当平均温度为 24℃时，$\hat{y}$ 的拟合值为 52.413，对应的孵化时数平均值 μ_y 的 95%置信区间为(50.063, 54.762)，孵化时数 y 的 95%置信区间为(45.402, 59.423)。

2）SPSS 解题

（1）定义数据，输入数据，点击菜单"分析"→"回归"→"线性"，并在温度所在列最后一行输入 24，以便估计平均温度为 24℃时相应的平均孵化时数 μ_y 及孵化时数 y 的 95%置信区间（图 8-8）。

图 8-8 分析菜单的选择

（2）弹出对话框，将"孵化时数"选择到"因变量"中，将"温度"选择到"自变量"中（图8-9）。

（3）点击"统计"，在"回归系数"下面勾选"估算值""置信区间"，右侧勾选"模型拟合""描述"（图8-10）。

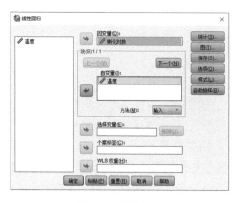

图 8-9　参数设置　　　　　　　　图 8-10　统计量设定

（4）点击"继续"返回上级对话框，点击"保存"，弹出对话框，在"预测区间"下面勾选"平均值"与"单值"（图8-11）。

（5）点击"继续"返回上级对话框，点击"确定"，得到结果（图8-12）。

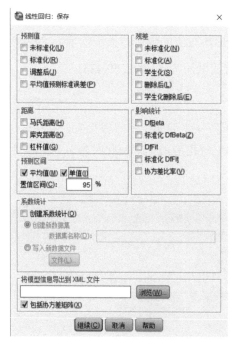

图 8-11　保存选项设置

回归

描述统计

	平均值	标准偏差	个案数
孵化时数	67.6250	9.07016	8
温度	21.6125	1.37367	8

相关性

		孵化时数	温度
皮尔逊相关性	孵化时数	1.000	-.965
	温度	-.965	1.000
显著性（单尾）	孵化时数	.	.000
	温度	.000	.
个案数	孵化时数	8	8
	温度	8	8

图 8-12　描述统计及相关性分析结果

（6）在相关性表格中，温度 x 与孵化时数 y 的相关系数 $r = -0.965$，$P=0.000$，相关性极显著（图8-12）。

在"模型摘要"中，R 方即决定系数，等于 0.931（图 8-13）。

模型摘要^b

模型	R	R 方	调整后 R 方	标准估算的错误
1	.965^a	.931	.920	2.56953

a. 预测变量: (常量), 温度

b. 因变量: 孵化时数

ANOVA^a

模型		平方和	自由度	均方	F	显著性
1	回归	536.260	1	536.260	81.221	.000^b
	残差	39.615	6	6.602		
	总计	575.875	7			

a. 因变量: 孵化时数

b. 预测变量: (常量), 温度

系数^a

模型		未标准化系数		标准化系数	t	显著性	B 的 95.0% 置信区间	
		B	标准错误	Beta			下限	上限
1	(常量)	205.334	15.307		13.414	.000	167.879	242.789
	温度	-6.372	.707	-.965	-9.012	.000	-8.102	-4.642

a. 因变量: 孵化时数

图 8-13　模型及参数分析结果

方差分析（ANOVA）表中，F=81.221，P=0.000，表明长吻鮠孵化平均温度 x 与孵化时数 y 之间的直线回归是极显著的。

"系数"表格中，常量（截距）值为 205.334，标准错误（误差）为 15.307，t 检验结果中 P=0.000，常数值的 95% 置信区间为(167.879, 242.789)。温度前的回归系数（斜率）为 -6.372，标准误差为 0.707，t 检验结果中 P=0.000，表明回归是极显著的，回归系数的 95% 置信区间为(-8.102, -4.642)。

在工作表中，当 x=24 时，对应的 μ_y 及 y 的 95% 置信区间已经计算出来（图 8-14）。

| 24.00 | 47.71999 | 58.34341 | 44.14859 | 61.91481 |

图 8-14　μ_y 与 y 的 95% 置信区间的估计

当平均温度为 24℃时，对应的孵化时数平均值 μ_y 的 95% 置信区间为(47.721 99, 57.103 03)，孵化时数 y 的 95% 置信区间为(44.568 24, 60.256 78)。

8.3　一元曲线回归与相关

直线关系是两个变量之间最简单的关系，但实际工作中，经常会遇到曲线关系，如生物的体重 y 与身高 x、细菌的繁殖速度 y 与温度 x、作物产量 y 与施肥量 x 等。

曲线回归分为已知曲线类型与未知曲线类型两种情况。在很多情况下，我们对研究的对象有一定了解，需要研究的两个变量之间已有现成的曲线回归方程可以描述，如生物学研究中，单细胞生物生长初期常常是按指数函数增长，但后期生长受到抑制，就会转变成"S"型曲线；酶促反应动力学中的米氏方程是一种双曲线。曲线类型是已知的，回归效果会有保证。有时候，两个变量之间的规律尚不清楚，无现成的回归方程可以描述，这时候就可以利用多项式回归，通过逐渐增加多项式的高次项来拟合。

确定两个变量间的曲线类型，需要研究者有足够的专业知识与实践经验，并借助散点图和直线化的数据转换，选出符合条件的曲线。因此确定曲线类型是曲线回归分析的关键。

曲线与实测点之间匹配的好坏，可由曲线决定系数 R^2 来衡量，R^2 越接近 1，匹配越好。

对于同一组实测数据，根据散点图形状，可以用若干相似的曲线进行拟合，建立若干曲线回归方程，根据 R^2 大小和专业知识，选择既符合事物本身规律、又拟合度较高的曲线回归方程来描述两个变量之间的关系。

8.3.1 倒数函数曲线

倒数函数常见的表达式有以下几种。

$$\hat{y} = \frac{a + bx}{x} \tag{8.3}$$

$$y = \frac{1}{a + bx} \tag{8.4}$$

$$\hat{y} = \frac{x}{a + bx} \tag{8.5}$$

$\hat{y} = \dfrac{a + bx}{x}$ 的图形如下（图 8-15）。

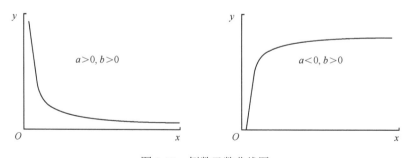

图 8-15　倒数函数曲线图

【例 8-2】　测定某种镜鲤在网箱养殖中的体长（x，cm）和体重（y，g）的关系，结果如表 8-2 所示，试进行回归分析。

表 8-2　某种镜鲤体长（x）与体重（y）的关系

x（cm）	y（g）	x（cm）	y（g）
12	15	18	135
13	35	20	150
15	80	25	200
16	100		

1）DPS 解题

（1）输入数据，选择数据，点击菜单"数学模型"→"一元非线性回归模型"（图 8-16）。

图 8-16　分析菜单的选择

（2）弹出对话框，在"回归方程"处输入：x2=(c1+c2*x1)/x1，然后点击右下方的"参数估计"，即可得到如下结果（图 8-17）。

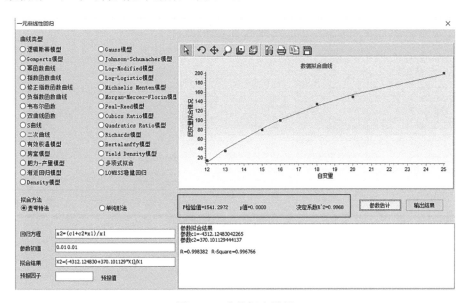

图 8-17　曲线拟合结果

此时决定系数 R^2=0.9968，P=0.0000。

（3）如果在"回归方程"后面输入：x2=1/(c1+c2*x1)，然后点击右下方的"参数估计"，即可得到如下结果（图 8-18）。

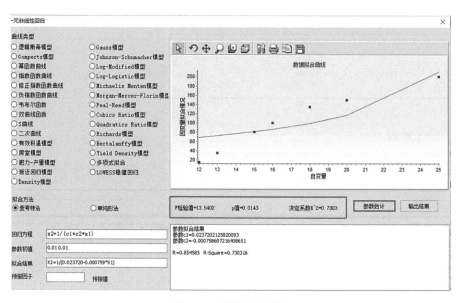

图 8-18   曲线拟合结果

此时决定系数 R^2=0.7303，P=0.0143。

（4）如果在"回归方程"后面输入：x2=x1/(c1+c2*x1)，然后点击右下方的"参数估计"，即可得到如下结果（图 8-19）。

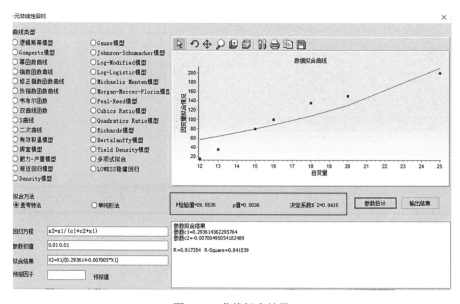

图 8-19   曲线拟合结果

此时决定系数 R^2=0.8415，P=0.0036。

用 $\hat{y} = \dfrac{a+bx}{x}$、$\hat{y} = \dfrac{1}{a+bx}$、$\hat{y} = \dfrac{x}{a+bx}$ 三种倒数函数拟合，综合 R^2 值及 P 值，

$\widehat{y} = \dfrac{a+bx}{x}$ 的匹配性最好。

（5）点击输出结果（图 8-20～图 8-22）。

方差分析表(线性回归模型适用)					
方差来源	平方和	自由度	均方	F值	p值
回归	5460.2635	1	5460.2635	1541.2972	0.0000
剩余	82.5936	5	16.5187		
总的	5542.8571	6	4257.1429		
相关R=	0.9984		RR=	0.9968	

图 8-20　方差分析结果

	方程系数	标准误Se	t α Se	t值	p值	95%置信区间	
c1	-4312.1248	109.8373	282.3458	39.2592	0.0000	1594.4706	1029.7791
c2	370.1011	6.9960	17.9838	52.9018	0.0000	352.1173	388.0849

图 8-21　参数分析结果

方差分析结果表明,用函数 $\widehat{y} = \dfrac{a+bx}{x}$
拟合,经过 F 检验,P=0.000,回归可达极
显著水平。

回归方程	
X2=(-4312.124830+370.101129*X1)/X1	

图 8-22　回归方程

决定系数 R^2=0.9968,表明曲线与实测点之间的匹配非常好。

结果中给出了参数的拟合值与标准误,并进行了 t 检验,给出了参数 95%置信区间。

最后给出了回归方程:

$$\widehat{y} = \frac{-4\,312.124\,830 + 370.101\,129x}{x} \tag{8.6}$$

2）SPSS 解题

（1）定义变量,输入数据,点击菜单"分析"→"回归"→"曲线估算"（图 8-23）。

图 8-23　分析菜单的选择

（2）弹出对话框,将"y"选择到"因变量"中,将"x"选择到"独立"下的"变

图 8-24　参数设置

量"中。在"模型"下面勾选除"Logistic"外的所有模型,勾选"显示ANOVA表"(图8-24)。

（3）点击"确定",即可得到结果（图 8-25、表 8-3）。

对于每个模型,SPSS 结果中依次给出了模型摘要、ANOVA、系数三个表格,如第一个线性模型,模型摘要中给出了决定系数 R^2=0.954,ANOVA 分析表中给出了 F 检验后 P=0.000,系数给出了参数 b_0 与 b_1 的估计值及标准误、t 检验结果。

线性

模型摘要

R	R 方	调整后 R 方	标准 估算的错误
.977	.954	.945	15.332

自变量为x。

ANOVA

	平方和	自由度	均方	F	显著性
回归	24367.500	1	24367.500	103.660	.000
残差	1175.357	5	235.071		
总计	25542.857	6			

自变量为x。

系数

	未标准化系数		标准化系数		
	B	标准 错误	Beta	t	显著性
x	14.250	1.400	.977	10.181	.000
(常量)	-140.107	24.489		-5.721	.002

图 8-25　分析结果

表 8-3　10 种模型拟合结果

序号	模型名称	方程形式	R^2	ANOVA 检验 P 值
1	Linear，线性函数	$y = b_0 + b_1 x$	0.954	0.000
2	Logarithmic，对数函数	$y = b_0 + b_1 \ln x$	0.986	0.000
3	Inverse，倒数函数	$y = b_0 + (b_1 / x)$	0.997	0.000
4	Quadratic，二次多项式	$y = b_0 + b_1 x + b_2 x^2$	0.995	0.001
5	Cubic，三次多项式	$y = b_0 + b_1 x + b_2 x^2 + b_3 x^3$	0.995	0.001
6	Compound，复合模型	$y = b_0 b_1^{x}$	0.743	0.013
7	Power，幂函数	$y = b_0 (x^{b_1})$	0.832	0.004
8	S，S 曲线	$y = e^{(b_0 + b_1 / x)}$	0.904	0.001
9	Growth，生长曲线	$y = e^{(b_0 + b_1 x)}$	0.743	0.013
10	Exponential，指数函数	$y = b_0 e^{b_1 x}$	0.743	0.013

根据 R^2 最大与 P 最小原则进行筛选，以倒数函数最合适。

下面是倒数函数拟合的结果（图 8-26）。

模型摘要

R	R 方	调整后 R 方	标准 估算的错误
.998	.997	.996	4.064

自变量为 x。

ANOVA

	平方和	自由度	均方	F	显著性
回归	25460.264	1	25460.264	1541.299	.000
残差	82.594	5	16.519		
总计	25542.857	6			

自变量为 x。

系数

	未标准化系数		标准化系数		
	B	标准 错误	Beta	t	显著性
1 / x	-4312.142	109.837	-.998	-39.259	.000
(常量)	370.099	6.996		52.901	.000

图 8-26　倒数函数分析结果

将参数拟合值代入，即可得到回归方程：$y=370.099-4312.142/x$。

8.3.2　指数函数曲线

指数函数曲线常见的有两种形式，x 都是以指数形式出现。

（1）第一种是 $\hat{y}=ae^{bx}$，系数 b 是描述增长或衰减的速度。当 $b>0$，表示增长曲线；当 $b<0$，表示衰减曲线。其图形如下（图 8-27）。

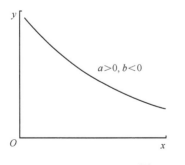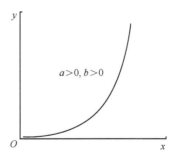

图 8-27　指数函数曲线

（2）第二种是 $\hat{y}=ab^x$，当系数 $b>1$，表示凹增长曲线；当 $0<b<1$，表示凸增长曲线；当 $b<0$，表示衰减曲线。

【**例 8-3**】 某种胎生鱼类的鱼卵孵化率（%）与温度（℃）有关，如表 8-4 所示，试建立该种鱼类鱼卵孵化率与温度的回归方程。

表 8-4 胎生鱼类鱼卵孵化与温度的关系

x（℃）	21	23	25	27	29	32	35
y（%）	2.4	3.4	6.4	7.2	9.0	34.9	98.5

1）DPS 解题

（1）输入数据，选择数据，点击菜单"数学模型"→"一元非线性回归模型"（图8-28）。

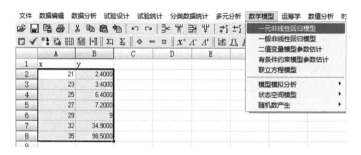

图 8-28 分析菜单的选择

（2）弹出对话框，在"曲线类型"下选择"指数函数曲线"，然后点击右下方的"参数估计"，即可得到如下结果（图 8-29）。

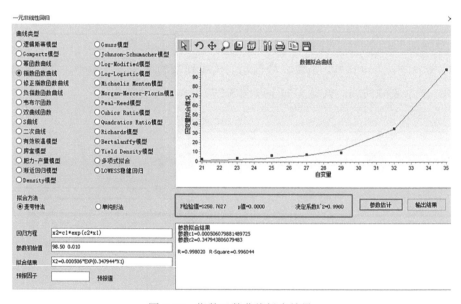

图 8-29 指数函数曲线拟合结果

（3）再在曲线类型选择"修正指数函数曲线"，然后点击右下方的"参数估计"，即可得到如下结果（图 8-30）。

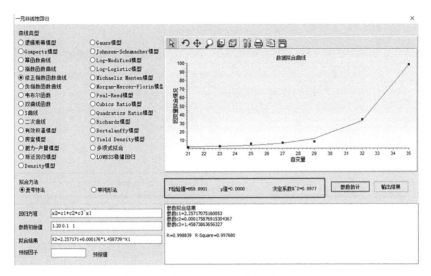

图 8-30 修正指数函数曲线拟合结果

（4）从两次拟合结果可以看出，用指数函数拟合，$R^2=0.9960$，$P=0.000$；用修正指数函数拟合，$R^2=0.9977$，$P=0.000$。修正指数函数拟合结果略好于指数函数。点击"输出结果"即可得到分析结果（图 8-31、图 8-32）。

方差分析表(线性回归模型适用)				
方差来源	平方和	自由度	均方	F值	p值
回归	7354.3832	2	3677.1916	859.8901	0.0000
剩余	17.1054	4	4.2764		
总的	7371.4886	6	1228.5814		
相关R=	0.9988		RR=	0.9977	

图 8-31 模型方程分析表

	方程系数	标准误Se	tαSe	t值	p值	95%置信区间	
c1	2.2572	1.3146	3.6499	1.7170	0.1611	-1.3927	5.9071
c2	0.0002	0.0002	0.0004	1.1114	0.3287	-0.0003	0.0006
c3	1.4587	0.0373	0.1036	39.0796	0.0000	1.3551	1.5624
观察值	拟合值	残差	标准残差	cook距离	杠杆率H		
2.4000	2.7455	-0.3455	-0.1671	0	0		
3.4000	3.2964	0.1036	0.0501	0	0		
6.4000	4.4685	1.9315	0.9340	0	0		
7.2000	6.9626	0.2374	0.0002	0.0000	8130.3359		
9	12.2700	-3.2700	-0.0042	0.0000	3081.8086		
34.9000	33.3377	1.5623	0.0018	0.0000	3814.9669		
98.5000	98.7335	-0.2335	0.0000	0.0000	8365.0334		

回归方程
X2=2.257171+0.000176*1.458739^X1

图 8-32 修正指数函数曲线拟合结果

方差分析结果表明，用函数 $\hat{y}=a+bc^x$ 拟合，经 F 检验，$P=0.000$，回归达极显著水平。

决定系数 $R^2=0.9977$，表明曲线与实测点之间匹配非常好。

结果中给出了参数的拟合值与标准误，并进行了 t 检验，给出了参数 95%的置信区间。

最后给出了回归方程：$\hat{y}=2.257171+0.000176\times1.458739^x$

2）SPSS 解题

（1）定义变量，输入数据，点击菜单"分析"→"回归"→"曲线估算"（图 8-33）。

图 8-33　分析菜单的选择

图 8-34　参数设置

（2）弹出对话框，将"y"选择到"因变量"中，将"x"选择到"独立"下的"变量"中。在"模型"下面勾选"复合"和"指数"，勾选"显示 ANOVA 表"（图 8-34）。

（3）点击"确定"，即可得到结果（图 8-35、图 8-36）。

复合

模型摘要

R	R 方	调整后 R 方	标准 估算的错误
.975	.950	.940	.320

自变量为 x。

ANOVA

	平方和	自由度	均方	F	显著性
回归	9.798	1	9.798	95.727	.000
残差	.512	5	.102		
总计	10.310	6			

自变量为 x。

系数

	未标准化系数		标准化系数		
	B	标准 错误	Beta	t	显著性
x	1.294	.034	2.651	37.988	.000
(常量)	.009	.006		1.366	.230

因变量为 ln(y)。

图 8-35　复合模型分析结果

指数

模型摘要

R	R 方	调整后 R 方	标准 估算的错误
.975	.950	.940	.320

自变量为 x。

ANOVA

	平方和	自由度	均方	F	显著性
回归	9.798	1	9.798	95.727	.000
残差	.512	5	.102		
总计	10.310	6			

自变量为 x。

系数

	未标准化系数		标准化系数		
	B	标准 错误	Beta	t	显著性
x	.258	.026	.975	9.784	.000
(常量)	.009	.006		1.366	.230

因变量为 ln(y)。

图 8-36　指数函数分析结果

根据 R^2 最大与 P 最小原则进行筛选，两种函数均合适。

两种函数拟合得到的回归方程分别如下：$y = 0.009 \times 1.294^x$，$y = 0.009 e^{0.258x}$。

8.3.3 对数函数曲线

常见的形式如下。

$$\hat{y} = a + b\lg x \tag{8.7}$$

【例 8-4】 某螃蟹室内养殖中，室内空气最高温（y，℃）与室外空气最高温（x，℃）资料如表 8-5 所示。试根据表 8-5 数据建立两个温度之间的回归方程。

表 8-5 螃蟹养殖室内空气最高温与室外空气最高温资料 （单位：℃）

序号	x	y	序号	x	y
1	7.2	13.8	11	22.9	44.6
2	7.9	21.4	12	23.1	36.6
3	11.8	24.9	13	23.3	35.1
4	12.0	32.3	14	23.6	44.4
5	16.9	33.6	15	23.8	44.1
6	18.7	39.5	16	27.0	43.9
7	18.9	40.1	17	27.6	48.3
8	20.2	36.9	18	28.6	48.5
9	21.8	40.2	19	30.7	46.3
10	22.7	42.6	20	31.4	50.4

1）DPS 解题

（1）输入数据，选择数据，点击菜单"数学模型"→"一元非线性回归模型"（图 8-37）。

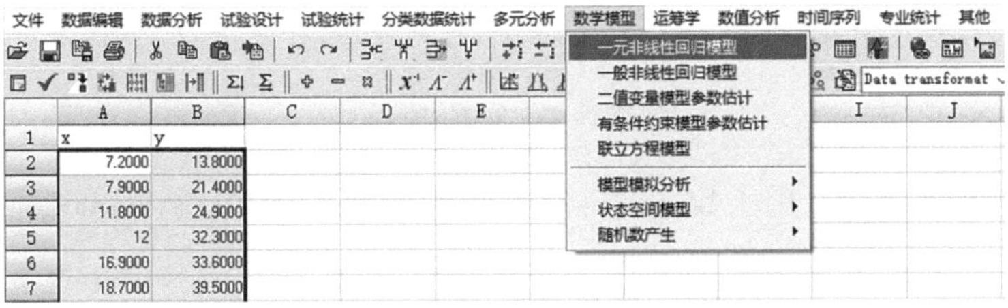

图 8-37 分析菜单的选择

（2）弹出对话框，在"回归方程"处输入：x2=c1+c2*lg（x1），在"参数初值"后面输入"1 1"，注意中间空一格，然后点击右下方的"参数估计"，即可得到如下结果（图 8-38）。

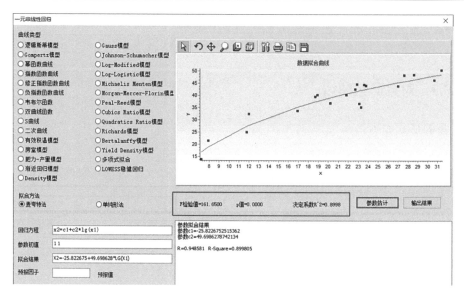

图 8-38　参数设置

（3）从拟合结果可以看出，R^2=0.8998，P=0.000。点击"输出结果"即可得到分析结果（图 8-39～图 8-41）。

方差来源	平方和	自由度	均方	F值	p值
回归	1549.1204	1	1549.1204	161.6500	0.0000
剩余	172.4971	18	9.5832		
总的	1721.6175	19	90.6114		
相关R=	0.9486		RR=	0.8998	

图 8-39　方差分析表

	方程系数	标准误Se	tαSe	t值	p值	95%置信区间	
c1	-25.8227	5.0965	10.7074	5.0667	0.0001	-36.5301	-15.1153
c2	49.6986	3.9089	8.2122	12.7143	0.0000	41.4864	57.9109

图 8-40　系数分析结果

回归方程				
X2=-25.822675+49.698628*LG(X1)				

图 8-41　回归方程

方差分析结果表明，用函数 $\hat{y}=a+b\lg x$ 拟合，经 F 检验，P=0.000，回归达极显著水平。

决定系数 R^2=0.8998，表明曲线与实测点之间匹配较好。

结果中给出了参数的拟合值与标准误，并进行了 t 检验，给出了参数 95% 的置信区间。

最后给出了回归方程：$\hat{y}=-25.822\,675+49.698\,628\lg x$

2）SPSS 解题

（1）定义变量，输入数据，点击菜单"分析"→"回归"→"曲线估算"（图 8-42）。

	x	y	变量
4	12.00	32.30	
5	16.90	33.60	
6	18.70	39.50	
7	18.90	40.10	
8	20.20	36.90	
9	21.80	40.20	
10	22.70	42.60	
11	22.90	44.60	
12	23.10	36.60	
13	23.30	35.10	
14	23.60	44.40	
15	23.80	44.10	
16	27.00	43.90	

图 8-42　分析菜单的选择

（2）弹出对话框，将"y"选择到"因变量"中，将"x"选择到"独立"下的"变量"中。在"模型"下面勾选"对数（T）"，勾选"显示 ANOVA 表"（图 8-43）。

（3）点击"确定"，即可得到结果（图 8-44）。

结果表明：$R^2=0.900$，调整后的 $R^2=0.894$，$P=0.000$，回归分析极显著。

得到回归方程如下：$y=-25.823+21.584\times \ln(x)$。

图 8-43　参数设置

对数

模型摘要

R	R 方	调整后 R 方	标准 估算的错误
.949	.900	.894	3.096

自变量为 x。

ANOVA

	平方和	自由度	均方	F	显著性
回归	1549.120	1	1549.120	161.650	.000
残差	172.497	18	9.583		
总计	1721.618	19			

自变量为 x。

系数

	未标准化系数 B	标准 错误	标准化系数 Beta	t	显著性
ln(x)	21.584	1.698	.949	12.714	.000
(常量)	-25.823	5.097		-5.067	.000

图 8-44　对数函数曲线拟合结果

8.3.4 幂函数曲线

幂函数曲线的方程为 $y = ax^b$，其图形如下（图 8-45）。

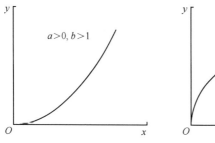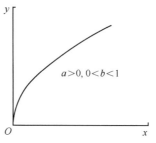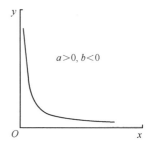

图 8-45 幂函数曲线图

【例 8-5】 研究马氏珠母贝壳高（cm）与总重（g）的关系，测量结果见表 8-6。试对壳高（cm）与总重（g）进行回归分析。

表 8-6 壳高（x）与总重（y）关系

生长时间（天）	壳高（cm）	总重（g）	生长时间（天）	壳高（cm）	总重（g）
45	0.55	0.02	408	5.49	17.92
77	1.04	0.20	443	5.74	22.44
105	1.08	0.36	468	6.09	28.04
146	2.29	2.10	501	6.17	31.96
169	2.76	3.38	528	6.46	36.30
197	3.25	6.39	569	6.70	38.60
227	3.58	5.37	591	6.90	43.14
258	3.92	8.11	631	6.94	46.66
309	4.46	10.95	665	7.14	47.95
319	4.68	12.75	693	7.08	48.33
351	5.08	14.74	722	7.25	49.14
375	5.16	16.63			

1）DPS 解题

（1）输入数据，选择数据，点击菜单"数学模型"→"一元非线性回归模型"（图 8-46）。

图 8-46 分析菜单的选择

（2）弹出对话框，在"曲线类型"中选择"幂函数曲线"，然后点击右下方的"参数估计"（图 8-47）。

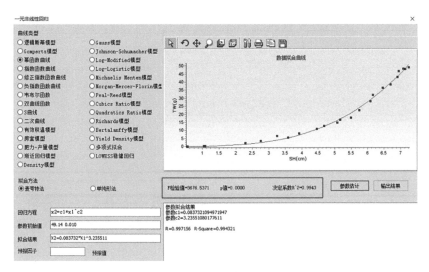

图 8-47　参数设置

（3）从拟合结果可以看出，R^2=0.9943，P=0.000，回归极显著。点击"输出结果"即可得到分析结果（图 8-48～图 8-50）。

方差分析表(线性回归模型适用)

方差来源	平方和	自由度	均方	F值	p值
回归	6913.9163	1	6913.9163	3676.5371	0.0000
剩余	39.4916	21	1.8806		
总的	6953.4079	22	316.0640		
相关R=	0.9972		RR=		0.9943

图 8-48　方程分析表

	方程系数	标准误Se	tαSe	t值	p值	95%置信区间	
c1	0.0837	0.0155	0.0323	5.3905	0.0000	0.0514	0.1160
c2	3.2355	0.0976	0.2030	33.1471	0.0000	3.0325	3.4385

图 8-49　系数分析结果

回归方程			
X2=0.083732*X1^3.235511			

图 8-50　回归方程

方差分析结果表明，用函数拟合，经 F 检验，P=0.000，回归达极显著的水平。

决定系数 R^2=0.9943，表明曲线与实测点之间匹配较好。

结果中给出了参数的拟合值与标准误，并进行了 t 检验，给出了参数 95% 的置信区间。

最后给出了回归方程：$\hat{y} = 0.083\,732x^{3.235\,511}$。

2）SPSS 解题

（1）定义变量，输入数据，点击菜单"分析"→"回归"→"曲线估算"（图 8-51）。

图 8-51　分析菜单的选择

图 8-52　参数设置

（2）弹出对话框，将"y"选择到"因变量"中，将"x"选择到"独立"下的"变量"中。在"模型"下面勾选"幂"，勾选"显示 ANOVA 表"（图 8-52）。

（3）点击"确定"，即可得到结果（图 8-53）。

结果显示：$R^2=0.992$，$P=0.000$，回归分析极显著。

最后得到回归方程如下：$y = 0.172x^{2.844}$。

幂

模型摘要

R	R 方	调整后 R 方	标准 估算的错误
.996	.992	.991	.187

自变量为 x。

ANOVA

	平方和	自由度	均方	F	显著性
回归	87.628	1	87.628	2497.226	.000
残差	.737	21	.035		
总计	88.365	22			

自变量为 x。

系数

	未标准化系数		标准化系数		
	B	标准 错误	Beta	t	显著性
ln(x)	2.844	.057	.996	49.972	.000
（常量）	.172	.015		11.297	.000

因变量为 ln(y)。

图 8-53　幂函数曲线分析结果

8.3.5　生长曲线

8.3.5.1　Logistic 生长曲线

Logistic 生长曲线广泛应用于动植物的饲养、栽培、资源、生态、环保等方面的模型研究，其特点是开始增长缓慢，后来在某一范围内迅速增长，达到某限度后，增长缓慢下来，曲线略呈拉长的"S"，因此也叫 S 曲线，其方程为

$$\hat{y} = \frac{A}{1 + ae^{-kx}} \tag{8.8}$$

其曲线图形如下（图 8-54）。

Logistic 生长曲线的基本特征如下。

（1）当 $x=0$ 时，$\hat{y} = A/(1+a)$；当 $x \to \infty$，$\hat{y} = A$。因此在起始时间 0 时，生长的起始量为 $A/(1+a)$；生长时间无限大时，极限生长量为 A。

（2）y 随着 x 增加而增加，当 $x = \dfrac{-\ln\left(\dfrac{1}{a}\right)}{k}$ 时，曲线有一个拐点，这时生长量 $\hat{y} = A/2$，恰好为极限生长量的一半。在拐点之前，曲线下凹，在拐点之后，曲线上凸。

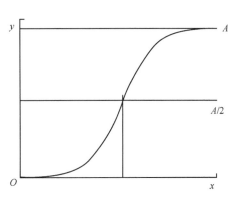

图 8-54　Logistic 生长曲线

8.3.5.2　Gompertz 生长曲线

生长方程为 $y = Ae^{-ae^{-kx}}$，式中，y 为生长量，x 为生长时间，A 为极限生长量，k 为接近极限生长量时的生长速率，a 为参数，可间接反映早期生长速度。当 $x=(\ln a)/k$ 时有生长拐点 A/e。

8.3.5.3　Von Bertalanffy 生长曲线

生长方程为 $y=A(1-ae^{-kx})^3$，式中，y 为生长量，x 为生长时间，A 为极限生长量，k 为生长速率。当 $x=(\ln 3a)/k$ 时有生长拐点 $8A/27$。

8.3.5.4　Mitscherlich 生长曲线

生长方程为 $y=A(1-ae^{-kx})$，式中，y 为生长量，x 为生长时间，A 为极限生长量，k 为生长速率，$k>0$。生长曲线无拐点。

8.3.5.5　Richards 生长曲线

生长方程为 $y = A(1-ae^{-kt})^{\frac{1}{1-m}}$。

式中，A 为极限生长量；a 是生长初始参数，决定着生长初始值的大小；k 是生长速

率；m 是异速生长参数，决定着曲线的形状。当 m 增大时，拐点位置向右上方偏移，S 曲线的下半臂拉长，上半臂缩短，因此 m 较小时适合描述快速的生长过程，m 大时则适合描述缓慢的生长过程。

当 $m=2$ 时，Richards 方程称为 Logistic 方程 $y = A / (1 + ae^{-kx})$。

当 $m \to 1$ 时，Richards 方程称为 Gompertz 方程 $y = Ae^{-ae^{-kx}}$。

当 $m=2/3$ 时，Richards 方程称为 Von Bertalanffy 方程 $y = A(1 - ae^{-kx})^3$。

当 $m=0$ 时，Richards 方程称为 Mitscherlich 方程 $y = A(1 - ae^{-kx})$。

Richards 生长曲线拐点存在的必要条件为：$a/(1-m) > 0$。拐点的 y 坐标为 $Am^{\frac{1}{1-m}}$。

Richards 生长曲线中 4 个参数对于建立生长模型非常重要。A 是在一个时间序列内的生物学上限，是总生长量的饱和值，建立模型时所取样点的时间序列必须足够长，若是后期取样点不足，则容易导致 A 过大而无法作出合理的生物学解释；m 是生物的内在生长率，$m \geq 0$，取样时间隔不宜过大，间隔过大会难以控制曲线形状，导致模型失真。

【例 8-6】 研究马氏珠母贝壳高（cm）与总重（g）的关系，定期测量结果列于表 8-7。试对生长时间（天）与壳高（cm）、生长时间（天）与总重（g）进行回归分析。

表 8-7 壳高 (x) 与总重 (y) 关系

生长时间（天）	壳高（cm）	总重（g）	生长时间（天）	壳高（cm）	总重（g）
45	0.55	0.02	408	5.49	17.92
77	1.04	0.20	443	5.74	22.44
105	1.08	0.36	468	6.09	28.04
146	2.29	2.10	501	6.17	31.96
169	2.76	3.38	528	6.46	36.30
197	3.25	6.39	569	6.70	38.60
227	3.58	5.37	591	6.90	43.14
258	3.92	8.11	631	6.94	46.66
309	4.46	10.95	665	7.14	47.95
319	4.68	12.75	693	7.08	48.33
351	5.08	14.74	722	7.25	49.14
375	5.16	16.63			

DPS 解题过程如下。

先对生长时间（天）与壳高（cm）进行拟合。

(1)输入数据，选择数据，点击菜单"数学模型"→"一元非线性回归模型"（图 8-55）。

图 8-55 分析菜单的选择

（2）弹出对话框，在"回归方程"后面输入 x2=c1/(1+c2*exp(−c3x1))，然后点击右下方的"参数估计"（图 8-56）。

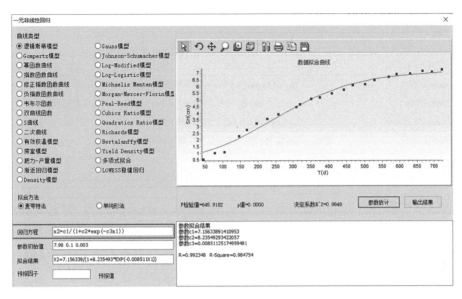

图 8-56 参数设置

（3）从拟合结果可以看出，R^2=0.9848，P=0.000，回归极显著。点击"输出结果"即可得到分析结果（图 8-57～图 8-59）。

方差分析表(线性回归模型适用)					
方差来源	平方和	自由度	均方	F 值	p 值
回归	96.9203	2	48.4601	645.9182	0.0000
剩余	1.5005	20	0.0750		
总的	98.4208	22	4.4737		
相关R=	0.9923		RR=	0.9848	

图 8-57 方程分析表

	方程系数	标准误Se	t α Se	t值	p值	95%置信区间	
c1	7.1563	0.1547	0.3226	46.2666	0.0000	6.8337	7.4790
c2	8.2355	1.0769	2.2464	7.6473	0.0000	5.9891	10.4819
c3	0.0085	0.0006	0.0013	14.0561	0.0000	0.0072	0.0098

图 8-58 系数分析结果

回归方程	
X2=7.156339/(1+8.235493*EXP(−0.008511X1))	

图 8-59 回归方程

方差分析结果表明，用 Logistic 方程拟合，经 F 检验，P=0.000，回归达极显著的水平。

决定系数 R^2=0.9848，表明曲线与实测点之间匹配较好。

结果中给出了参数的拟合值与标准误，并进行了 t 检验，给出了参数 95%的置信区间。

最后给出了回归方程：$\hat{y} = 7.156\,3/(1 + 8.235\,5e^{-0.008\,511x})$。

采用同样方法，再对观测值用 Gompertz 方程、Von Bertalanffy 方程、Mitscherlich 方程、Richards 方程拟合，结果如下（表 8-8）。

表 8-8 各方程分析结果

名称	方程	R^2	P
Logistic 方程	$\hat{y} = 7.156\,3/(1 + 8.235\,5e^{-0.008\,511x})$	0.984 8	0.000
Gompertz 方程	$\hat{y} = 7.477\,2e^{-2.902\,1e^{-0.005\,722x}}$	0.992 9	0.000
Von Bertalanffy 方程	$\hat{y} = 7.689\,3(1 - 0.693\,218e^{-0.004\,759x})^3$	0.995 0	0.000
Mitscherlich 方程	$\hat{y} = 8.724\,5(1 - 1.085\,3e^{-0.002\,654x})$	0.995 9	0.000
Richards 方程	$\hat{y} = 8.205\,5(1 - 1.045e^{-0.003\,407t})^{\frac{1}{10.774\,146}}$	0.996 4	0.000

从表 8-8 可以看出，Logistic 方程、Gompertz 方程、Von Bertalanffy 方程、Mitscherlich 方程、Richards 方程对观测值的拟合都非常好。$y = 91.460\,0(1 - 1.103\,0e^{-0.002\,586x})^3$。

采用同样方法，再对生长时间（天）与总重（g）进行拟合，结果 Gompertz 方程与 Mitscherlich 方程无法拟合，其他方程的拟合结果如表 8-9 所示。

表 8-9 其他方程拟合结果

名称	方程	R^2	P
Logistic 方程	$\hat{y} = 55.085\,7/(1 + 73.799\,5e^{-0.009\,221x})$	0.995 3	0.000
Von Bertalanffy 方程	$\hat{y} = 91.460\,1(1 - 1.103\,2e^{-0.002\,586x})^3$	0.990 5	0.000
Richards 方程	$\hat{y} = 52.288\,3(1 + 505.684\,4e^{-0.012\,092x})^{\frac{1}{-1.584\,2}}$	0.995 5	0.000

从拟合结果看，Logistic 方程与 Richards 方程拟合较好。

$$\hat{y} = 52.288\,3(1 + 505.684\,4e^{-0.012\,092x})^{\frac{1}{-1.584\,2}}$$

8.4 一元多项式回归

当两个变量之间的规律尚不清楚，无现成的回归方程可以描述时，可以利用一元多项式回归，通过逐渐增加多项式的高次项来拟合。

【例 8-7】 为研究温度对某鲤科鱼类生长的影响，在 7 种温度条件下进行 80 天的饲喂，其平均体长情况列于表 8-10，试建立该鲤科鱼类体长（y，cm）与温度（x，℃）之间的多项式回归方程。

表 8-10 某鲤科鱼类体长与温度的关系

温度（℃）	16	19	22	25	28	30	31
体长（cm）	9.54	14.81	17.45	19.99	20.47	20.04	19.88

DPS 解题过程如下。

（1）输入数据，选择数据，点击菜单"数学模型"→"一元非线性回归模型"（图 8-60）。

图 8-60　分析菜单的选择

（2）弹出对话框，在"曲线类型"中选择"多项式拟合，阶次"，默认阶次为 3，"拟合方法"为"麦夸特法"（图 8-61）。

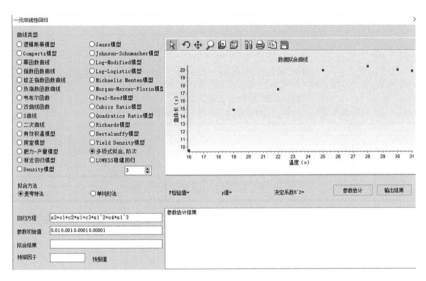

图 8-61　选项设置

（3）点击"参数估计"，即可得到拟合曲线、回归方程、决定系数、F 检验值及 P 值（图 8-62）。

当阶次为 3 时，决定系数 R^2 为 0.9967，P 值为 0.0003。

当阶次为 4 时，决定系数 R^2 为 0.9971，P 值为 0.0057。

可见，当阶次为 3 时，决定系数 R^2 最大，P 值最小，点击"输出结果"。结果具体分析如下。

a. 方差分析表与决定系数如下（图 8-63）。

方差分析结果表明，用一元三次多项式拟合，经 F 检验，$P=0.0003$，回归达极显著的水平。

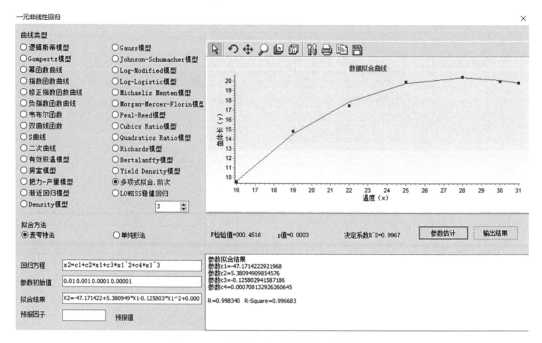

图 8-62　多项式回归曲线拟合分析结果

方差来源	方差分析表(线性回归模型适用)				
	平方和	自由度	均方	F值	p值
回归	97.3984	3	32.4661	300.4516	0.0003
剩余	0.3242	3	0.1081		
总的	97.7226	6	16.2871		
相关R=	0.9983		RR=	0.9967	

图 8-63　方差分析表与决定系数

决定系数 R^2=0.9967，表明该鲤科鱼类生长总变异的 99.67%可由温度的三次多项式说明，曲线与实测点之间匹配非常好。

b. 参数的拟合值与检验如下（图 8-64）。

结果中给出了参数的拟合值与标准误，并进行了 t 检验，给出了参数 95%的置信区间。

	方程系数	标准误Se	$t_α$Se	t值	p值	95%置信区间	
c1	-47.1714	18.1949	57.9044	2.5926	0.0809	-105.0758	10.7330
c2	5.3809	2.4411	7.7688	2.2043	0.1147	-2.3878	13.1497
c3	-0.1258	0.1064	0.3385	1.1828	0.3221	-0.4643	0.2127
c4	0.0007	0.0015	0.0048	0.4696	0.6707	-0.0041	0.0055

图 8-64　参数的拟合与检验

c. 回归方程与拟合曲线如下（图 8-65）。

回归方程为：$y=-47.171\,422+5.380\,949x-0.125\,803x^2+0.000\,708x^3$。

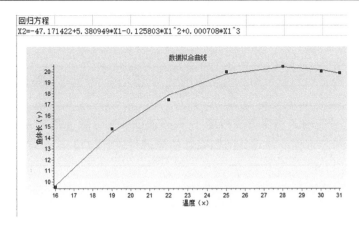

图 8-65　回归方程与拟合曲线

复习思考题

1. 什么叫回归分析？什么叫相关分析？相关分析与回归分析有何区别和联系？相关系数与决定系数各有什么意义？

2. 一些夏季害虫盛发期的早迟和春季温度高低有关。江苏某地连续 9 年测定 3 月下旬至 4 月中旬的旬平均温度累积值（x，旬度）和水稻一代三化螟盛发期（y，以 5 月 10 日为 0）的关系，结果见下表，试计算其直线回归方程。

编号	1	2	3	4	5	6	7	8	9
积温	35.5	34.1	31.7	40.3	36.8	40.2	31.7	39.2	44.2
盛发期	12	16	9	2	7	3	13	9	−1

3. 某医生为了研究缺碘地区母婴促甲状腺激素（TSH）水平的关系，应用免疫放射分析孕妇 15～17 孕周及分娩时脐带血 TSH 水平（mU/L），现随机抽取 10 对，试分析脐带血 TSH 水平（y）对母血 TSH 水平（x）的直线回归方程。

编号	1	2	3	4	5	6	7	8	9	10
母血 TSH 水平（mU/L）	1.21	1.3	1.39	1.42	1.47	1.56	1.68	1.72	1.98	2.1
脐带血 TSH 水平（mU/L）	3.9	4.5	4.2	4.83	4.16	4.93	4.32	4.99	4.7	5.2

4. 某地方病研究所调查了 8 名正常儿童的尿肌酐含量（mmol/24h），见下表。

儿童编号	1	2	3	4	5	6	7	8
年龄（x，岁）	13	11	9	6	8	10	12	7
尿肌酐含量（y，mmol/24h）	3.54	3.01	3.09	2.48	2.56	3.36	3.18	2.65

（1）试用回归方程描述尿肌酐含量与年龄之间的关系。

（2）对尿肌酐含量与年龄之间的回归方程进行显著性检验。

（3）试估计当年龄为 8 岁时，尿肌酐含量平均增加多少，并计算其 95% 的置信区间。

（4）当年龄为 8 岁时，单个 y 的 95% 的预测区间。

5. 测定某消毒药物的使用量（x，g/100m^2）和消毒效果（y，以所饲养的实验鸡的健康率表示），两者数据见下表，试分析这两个变量的相关关系。

消毒药物的使用量（g/100m^2）	30	35	40	45	50	55	60
消毒效果（%）	73	78	87	88	93	94	96

6. 食品感官评定时，测得食品甜度（y）与蔗糖质量分数（x）的数据见下表，试建立 y 与 x 的直线回归方程，并对其回归系数的显著性进行检验。

蔗糖质量分数（%）	1.0	3.0	4.0	5.5	7.0	8.0	9.5
甜度	15	18	19	21	22.6	23.8	26

7. 10 个同类企业的生产性固定资产年平均价值和工业总产值资料如下表所示。

企业编号	1	2	3	4	5	6	7	8	9	10	合计
固定资产年平均价值（万元）	318	910	200	409	415	502	314	1210	1022	1225	6525
工业总产值（万元）	524	1019	638	815	913	928	605	1516	1219	1624	9801

（1）说明两变量之间的相关关系。

（2）建立直线回归方程。

（3）估计生产性固定资产年平均价值（自变量）为 1100 万元时工业总产值（因变量）的可能值。

8. 检查 5 位同学统计学的学习时数与成绩分数，如下表所示。

同学编号	1	2	3	4	5
每周学习时数（h）	4	6	7	10	13
学习成绩分数	40	60	50	70	90

（1）计算学习时数与学习成绩分数之间的相关系数。

（2）建立直线回归方程。

第9章 多元统计分析

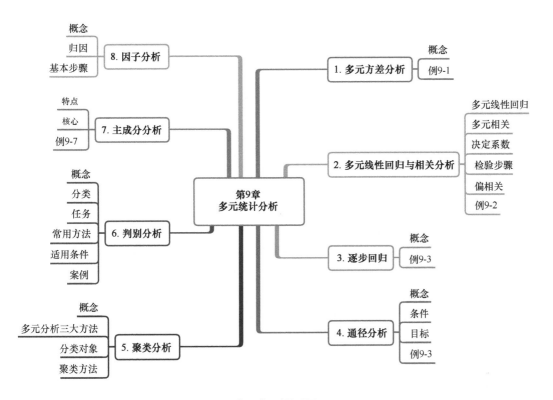

内 容 提 要

在生命科学研究领域面临的许多实际问题中，因变量往往受多个自变量的影响，因此，应当研究一个因变量和多个自变量的关系，即多元回归与相关分析，其中最简单的就是多元线性回归与相关分析。多元线性回归是分析一个因变量与多个自变量之间的回归，而多元线性相关则是指一个因变量与多个自变量间的密切程度。其基本分析思路与一元线性回归与相关类似：利用 F 检验对多元线性回归或相关系数进行显著性检验；不同之处在于多元线性回归分析中还需采用 F 检验或 t 检验对偏回归系数进行显著性检验，对偏相关系数的显著性检验则可采用 t 检验。当自变量数目较多且自变量间相互关系比较复杂时，可采用通径分析方法，该方法已经在实际工作中得到了广泛应用。

前面介绍的一元回归与相关，无论是直线还是曲线，都只涉及一个自变量（x）与一个因变量（y），但在许多实际问题中，影响因变量（y）的因素不止一个（x），而是有两个或两个以上。例如，影响昆虫种群大小（y）的生态因素（x）可能有温度、湿度、降雨量等；绵羊的产毛量（y）这一变量同时受到绵羊体重、胸围、体长等多个变量（x）的影响；血压值（y）与年龄、性别、劳动强度、饮食习惯、吸烟状况、家族史等因素

（x）有关；人均国民生产总值（y）的影响因素（x）有人口变动因素、固定资产数、货币供给量、物价指数、国内国际市场供求关系；影响酶活力（y）的因素（x）除温度、pH 外，还与 Ca^{2+}、Mg^{2+} 等因素有关。因此，需要进行一个因变量与多个自变量间的回归分析，即多元回归分析（multiple regression analysis），其中最为简单、常用且具有基础性质的是多元线性回归分析（multiple linear regression analysis）。

多元回归分析的目的就是建立多个自变量与因变量之间的回归方程，揭示因变量与自变量之间的具体关系，通过已知的多个自变量来解释或预测因变量。多元线性回归分析可以借助计算机应用软件进行分析。

9.1 多元方差分析

在实际应用中，常常遇到两个以上的因变量共同反映自变量的影响程度，如研究某些因素对儿童生长的影响程度，可以测量身高（y_1）、体重（y_2），此时就有两个因变量。多元方差分析可以用 DPS 的一般线性模型来解决。

【例 9-1】 为分析蛋白质、脂肪和维生素三种饲料成分对小黄鱼生长的影响，研究的指标有 3 个：y_1 为小黄鱼当年体长，y_2 为小黄鱼次年体长，y_3 为两年体长。蛋白质量分成少、中、多 3 个等级，脂肪与维生素量分为多、少两个等级，可以用 DPS 来分析（表 9-1）。

表 9-1 蛋白质、脂肪和维生素三种饲料成分对小黄鱼生长的影响 （单位：cm）

蛋白质量	脂肪量	维生素量	当年体长（y_1）	次年体长（y_2）	两年体长（y_3）
少	少	少	16.000	17.100	32.000
少	少	多	22.000	18.000	39.000
少	多	少	21.100	17.400	41.000
中	少	少	21.500	23.000	51.000
中	少	多	22.600	21.200	47.000
中	少	少	20.800	22.000	48.000
中	多	多	20.600	22.400	45.000
中	多	少	21.200	20.300	43.000
多	少	多	22.000	24.600	48.000
多	少	少	20.300	22.200	43.000
多	多	多	21.200	21.900	47.000
多	多	少	23.500	23.700	51.000

（1）输入数据，选择数据（不选表头），点击菜单"多元分析"→"一般线性模型（多元方差分析）"（图 9-1）。

（2）弹出对话框，"协变量（定量因子）个数"取"0"，"因变量"取"3"，然后在"可供分析的变异来源"下面，选择 A、B、C 加入到中间较大框中，"多重比较方法"选择"LSD"法，其余设置为默认（图 9-2）。

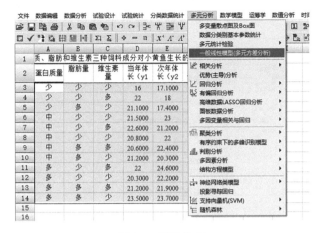

图 9-1　菜单选择

图 9-2　参数设置

（3）点击"确定"，即可得到结果。

a. 蛋白质量的多元方差分析见图 9-3。

首先是 Wilk's Λ 统计量与 F 统计量及其显著水平检验，P 值为 0.0336，小于 0.05，表明蛋白质量对三个因变量有显著影响。

Roy's T-Square 的结果为处理间两两差异检验，显著性看 P 值。蛋白质量 1 与蛋白质量 2 之间 P 值为 0.0319，小于 0.05，表明蛋白质量 1 与蛋白质量 2 导致的生长差异是显

项目（蛋白质）的多元方差分析				
多元统计检验				
Wilk's Λ	F值	df1	df2	p值
0.0966	3.6946	6	10	0.0336

Roy's T-Square，下三角为统计量，上三角为p值			
F(3,5)	蛋白质量1	蛋白质量2	蛋白质量3
蛋白质量1		0.0319	0.0120
蛋白质量2	6.8578		0.3260
蛋白质量3	11.0672	1.4830	

图 9-3　蛋白质量的多元方差分析结果

著的；蛋白质量 1 与蛋白质量 3 导致的生长差异也是显著的（$P=0.0120<0.05$）；蛋白质量 2 与蛋白质量 3 导致的生长差异不显著（$P=0.3260>0.05$）。

接下来分析对各个因变量的影响。

A）蛋白质量对当年体长 y_1 的影响见图 9-4。

从单变量方差分析及多重比较结果看，蛋白质量对当年体长 y_1 的影响不显著（$P=0.4719>0.05$）。

23	单变量分					
24	变量	平方和	自由度	均方	F值	p值	备注
25	当年体长	6.1136	2	3.0568	0.8376	0.4719	蛋白质量
26							
27	LSD法多重比较						
28	（下三角为均值差及统计量,上三角为p值）						
29	LSD05=3.0303		LSD01=4.4847				
30	No.	均值		3	2	1	
31	3	21.7500			0.8480	0.2592	
32	2	21.4951	0.255			0.3072	
33	1	19.9585	1.791	1.537			
34	字母标记表示结果						
35	处理	均值	10%显著	5%显著水	1%极显著水平		
36	3	21.7500	a	a	A		
37	2	21.4951	a	a	A		
38	1	19.9585	a	a	A		

图 9-4 蛋白质量对当年体长 y_1 的影响

B）蛋白质量对次年体长 y_2 的影响见图 9-5。

从单变量方差分析及多重比较结果看，蛋白质量对次年体长 y_2 的影响是极显著（$P=0.0009<0.01$），蛋白质量 3、蛋白质量 2 的效果极显著高于蛋白质量 1，蛋白质量 3 与蛋白质量 2 无显著差异。

39		次年体长	56.3233		2	28.1616	22.7289	0.0009	蛋白质量
40									
41	LSD法多重比较								
42	（下三角为均值差及统计量,上三角为p值）								
43	LSD05=1.9222			LSD01=2.8447					
44	No.		均值		3	2	1		
45	3		23.1000			0.1416	0.0003		
46	2		21.7537	1.346			0.0007		
47	1		17.4561	5.644	4.298				
48	字母标记表示结果								
49	处理		均值	10%显著	5%显著水	1%极显著水平			
50	3		23.1000	a	a	A			
51	2		21.7537	a	a	A			
52	1		17.4561	b	b	A			
53		两年体长	202.4688		2	101.2344	6.2591	0.0276	蛋白质量

图 9-5 蛋白质量对次年体长 y_2 的影响

C）蛋白质量对两年体长 y_3 的影响见图 9-6。

从单变量方差分析及多重比较结果看，蛋白质量对两年体长 y_3 的影响是显著的（$P=0.0276<0.05$），蛋白质量 3、蛋白质量 2 的效果显著高于蛋白质量 1，蛋白质量 3 与蛋白质量 2 无显著差异。

55	LSD法多重比较					
56	（下三角为均值差及统计量,上三角为p值）					
57	LSD05=6.3793		LSD01=9.4410			
58	No.	均值		3	2	1
59	3	47.2500			0.8942	0.0154
60	2	46.8780	0.372			0.0150
61	1	37.4634	9.787	9.415		
62	字母标记表示结果					
63	处理	均值	10%显著	5%显著水	1%极显著水平	
64	3	47.2500	a	a	A	
65	2	46.8780	a	a	A	
66	1	37.4634	b	b	A	

图 9-6 蛋白质量对两年体长 y_3 的影响

b. 脂肪量对三个因变量的影响见图 9-7。

根据 Wilk's Λ 显著水平检验，$P=0.7549 > 0.05$，表明脂肪量对三个因变量无显著影响。对三个因变量分布作单变量方差分析，P 值都大于 0.05，同样表明脂肪量对 y_1、y_2、y_3 无显著影响。

项目（脂肪量）的多元统计检验				
Wilk's	F值	df1	df2	p值
0.8036	0.4072	3	5	0.7549

单变量分变量	平方和	自由度	均方	F值	p值	备注
当年体长	1.1800	1	1.1800	0.3233	0.5874	脂肪量
次年体长	0.8087	1	0.8087	0.6527	0.4457	脂肪量
两年体长	0.8872	1	0.8872	0.0549	0.8215	脂肪量

图 9-7　脂肪量对三个因变量的影响

c. 维生素量对三个因变量的影响见图 9-8。

根据 Wilk's Λ 显著水平检验，$P=0.6694 > 0.05$，表明维生素量对三个因变量无显著影响。对三个因变量分布作单变量方差分析，P 值都大于 0.05，同样表明维生素量对 y_1、y_2、y_3 无显著影响。

项目（维生素量）多元统计检验				
Wilk's	F值	df1	df2	p值
0.7516	0.5507	3	5	0.6694

单变量分变量	平方和	自由度	均方	F值	p值	备注
当年体长	2.3633	1	2.3633	0.6475	0.4475	维生素量
次年体长	0.2059	1	0.2059	0.1662	0.6957	维生素量
两年体长	0.1430	1	0.1430	0.0088	0.9277	维生素量

图 9-8　维生素量对三个因变量的影响

9.2　多元线性回归与相关分析

多元线性回归是指具有一个因变量与多个自变量的一次回归。假设自变量为 x_1、x_2、……、x_m，与因变量 y 都是线性关系，共有 n 组数据，具体观测数据模式见表 9-2。

表 9-2　n 组观测数据模式

	x_1	x_2	…	x_m	y
1	x_{11}	x_{21}	…	x_{m1}	y_1
2	x_{12}	x_{22}	…	x_{m2}	y_2
⋮	⋮	⋮	…	⋮	⋮
n	x_{1n}	x_{2n}	…	x_{mn}	y_n

如果因变量 y 同时受到 $m(x_1, x_2, \cdots, x_m)$ 个自变量的影响，而且 m 个自变量与 y 都是线性关系，那么就可以建立一个 m 元线性回归。

$$\hat{y} = b_0 + b_1 x_1 + b_2 x_2 + \cdots + b_m x_m$$

式中，b_0 是回归常数项，当 $x(x_1, x_2, \cdots, x_m)$ 都为 0 时，b_0 是 y 的初始值。b_1、b_2、……、b_m 称为 y 对 x_1、x_2、……、x_m 的偏回归系数。

多元相关也称复相关（multiple correlation），表示 m 个自变量与因变量的总相关。多元相关系数也就称复相关系数，表示 m 个自变量与因变量总的密切程度，用 R 表示，取值范围为[0, 1]，R 值越接近 1，总相关越密切；R 值越接近 0，总相关越不密切。R 的假设检验一般用 F 检验。多元相关系数的平方 R^2 称为决定系数，表示多元回归平方和占 y 的总变异平方和的比率。

9.2.1 多元回归统计检验步骤

9.2.1.1 检验步骤

1）回归方程显著性检验

回归方程显著性检验实际上是将所有自变量 x_i（i=1, 2, $\cdots$, n）作为一个整体，检验其与因变量 y 的线性关系是否显著。当显著水平 $P > 0.05$，那么认为自变量 x_i 与因变量 y 之间的线性关系不显著；当显著水平 $P \leqslant 0.05$，那么认为自变量 x_i 与因变量 y 之间的线性关系显著，需要进一步对回归系数进行 t 检验，剔除不重要的自变量。

2）相关系数、复相关系数和调整的复相关系数

相关系数反映了各个变量（所有自变量 x_i 和因变量 y）之间相互联系的程度，自变量 x_i 之间的相关系数也是诊断自变量之间共线性的指标之一。多元相关称为复相关（multiple correlation），表示 m 个自变量与因变量的总相关。多元相关系数也称复相关系数，表示 m 个自变量与因变量总的密切程度，用 R 表示，取值范围为[0, 1]，R 值越接近 1，总相关越密切；越接近 0，总相关越不密切。R 的假设检验一般用 F 检验，是对整个回归方程的分析。多元相关系数的平方 R^2 称为决定系数，表示多元回归平方和占 y 的总变异平方和的比率。

调整后的复相关系数用 R_a 表示，与样本容量 N、回归方程变量个数有关，小于复相关系数 R，一般以最大 R_a 为标准，来确定引入回归方程的变量个数。

3）方差膨胀系数 VIF

方差膨胀系数是诊断每个自变量受到多重共线性影响的重要指标，当一个变量的 VIF 很大时，表示自变量间存在着多重共线性效应。

4）残差分析

通过残差散点图分析，可以提供以下信息。

（1）如果各个点都在−2～+2 之内，且无任何趋势，就说明建立的回归方程较好。如果有异常点落在−2～+2 之外，或者残差散点图分布有某种趋势，就说明建立的回归

方程不是很好，需要进行适当的修正。

（2）如果残差散点图分布有某种趋势，说明线性回归模型未必合适，可以考虑建立其他回归方程。

（3）当残差散点图中出现离群值（异常点），应酌情处理（删除、压缩等）。

另外一个残差诊断的重要指标是 DW（Durbin-Waston）统计量，DW 统计量应该满足 0<DW<4，如果 DW 接近 0，表示残差存在正相关；如果 DW 接近 4，表明残差存在负相关；如果 DW 接近 2，表示残差相互独立。

9.2.1.2　实例

【例 9-2】　表 9-3 是某地区 1956～1963 年某种鱼的养殖密度（x_1，尾/亩[①]）、3～4 月日平均降水量（x_2，mm）和降水天数（x_3，天）与幼鱼密度（尾/亩），试建立多元回归方程。

表 9-3　养殖鱼密度、3～4 月日平均降水量、降水天数与幼鱼密度

年份	养殖鱼		3～4 月日平均降水量（x_2, mm）	3～4 月降水天数（x_3，天）	幼鱼	
	密度（尾/亩）	密度对数值（x_1）			密度（尾/亩）	密度对数值（y）
1956	637	2.80	1.9	32	366	2.56
1957	1063	3.03	4.6	38	213	2.33
1958	1492	3.17	1.6	18	256	3.35
1959	854	2.93	7.8	38	36	1.56
1960	263	2.42	2.2	27	178	2.25
1961	43	1.63	5.2	33	10	1.00
1962	786	2.90	2.0	29	1262	3.10
1963	525	2.72	1.4	25	299	2.48

1）DPS 解题

（1）输入数据并选择数据（图 9-9）。

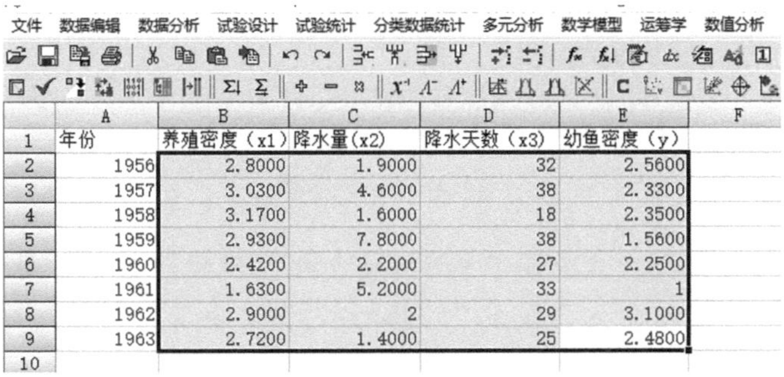

	A	B	C	D	E	F
1	年份	养殖密度（x1）	降水量(x2)	降水天数（x3）	幼鱼密度（y）	
2	1956	2.8000	1.9000	32	2.5600	
3	1957	3.0300	4.6000	38	2.3300	
4	1958	3.1700	1.6000	18	2.3500	
5	1959	2.9300	7.8000	38	1.5600	
6	1960	2.4200	2.2000	27	2.2500	
7	1961	1.6300	5.2000	33	1	
8	1962	2.9000	2	29	3.1000	
9	1963	2.7200	1.4000	25	2.4800	
10						

图 9-9　数据输入与选择

（2）选择菜单：“多元分析”→“回归分析”→“线性回归”，弹出以下对话框

① 1 亩=666.67m^2

（图 9-10）。

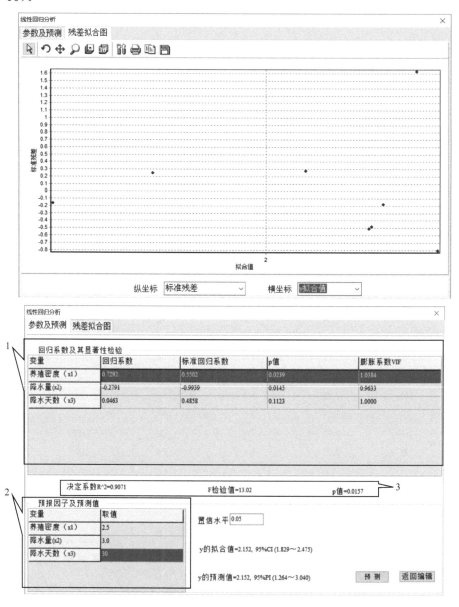

图 9-10　参数设置

区域 1 显示了偏回归系数及其对应的假设检验（t 检验）。区域 2 是多元线性回归的区间估计，本例中，输入 x_1 为 2.5，x_2 为 3.0，x_3 为 30，点击"预测"，即可得到 y 的拟合值与预测值。区域 3 是对多元线性回归方程的假设检验。

（3）点击右下角"返回编辑"，即可得到详细的结果（图 9-11～图 9-14）。

相关系数和显著性水平结果显示，y 与 x_2 显著相关（$P < 0.05$），与 x_1、x_3 不显著相关。

相关系数				
	x1	x2	x3	y
x1	1	-0.1916	-0.1577	0.6641
x2	-0.1916	1	0.7712	-0.7246
x3	-0.1577	0.7712	1	-0.3674
y	0.6641	-0.7246	-0.3674	1

显著水平				
	x1	x2	x3	y
x2	0.6494			
x3	0.7092	0.0250		
y	0.0725	0.0420	0.3706	

变量	平均值	标准差	膨胀系数
x1	2.7000	0.4864	1.0384
x2	3.3375	2.2959	0.9633
x3	30	6.7612	1.0000
y	2.2038	0.6447	

图 9-11　变量分析结果　　　　　图 9-12　相关系数与显著性水平结果

方差分析表				
方差来源	平方和	自由度	均方	F值	p值
回归	2.6392	3	0.8797	13.0217	0.0157
剩余	0.2702	4	0.0676		
总的	2.9094	7	0.4156		

相关系数R=0.952427　决定系数R^2=0.907118　　　　调整相关=0.915126

变量	回归系数	标准回归	标准误	t值	p值
b0	-0.2235		0.8005	0.2792	0.7939
b1	0.7292	0.5502	0.2058	3.5435	0.0239
b2	-0.2791	-0.9939	0.0676	4.1263	0.0145
b3	0.0463	0.4858	0.0228	2.0294	0.1123

图 9-13　方差分析与系数分析结果

　　方差分析表显示，y 与 x_1、x_2、x_3 之间建立的三元线性回归方程达到显著的水平（$P=0.0157<0.01$）（图 9-13）。此时 y 与 x_1、x_2、x_3 之间存在多元相关系数 R 值为 0.952 427。决定系数 R^2 值为 0.907 118，表示资料中的幼鱼密度有 90.7118% 的变异可以由 x_1、x_2、x_3 决定（解释）。

　　偏回归系数的假设检验采用 t 检验，零假设为不存在偏回归关系。结果显示，检验 b_1 的 P 值小于 0.05，检验 b_2 的 P 值小于 0.05，而检验 b_3 的 P 值大于 0.05，可以推断 x_1、x_2 对 y 的偏回归系数达显著水平，而 x_3 与 y 无偏回归关系。

　　分析得到的 y 与 x_1、x_2、x_3 之间的多元线性回归方程如下（图 9-14）。

$$\hat{y} = 0.22351 + 0.729x_1 - 0.2791x_2 - 0.04633x_3$$

　　注：上述分析过程中发现 y 与 x_3 的相关性不显著，x_3 与 y 无偏回归关系，应该剔除 x_3 后重新分析并建立回归方程。

　　2）SPSS 解题

　　（1）定义变量并输入数据，把需要预测的 x_1、x_2、x_3 也输入（图 9-15）。

　　（2）点击菜单"分析"→"回归"→"线性"（图 9-16）。

　　（3）弹出对话框，将"幼鱼密度"选择到"因变量"中，将其他三个变量选择到"自变量"中（图 9-17）。

回归方程
y=-0.22351+0.7292x1-0.2791x2+0.04633x3

press=	1.0731
剩余标准差SSE=	0.2599
预测误差标准差MSPE=	0.5179
Durbin-Watson d=	1.8279

图 9-14　回归方程

图 9-15　数据输入

图 9-16　分析菜单的选择

图 9-17　参数设置

（4）点击"统计"按钮，勾选"估算值""模型拟合""R 方变化量"（图 9-18）。

（5）再点击"继续"，返回对话框，点击"保存"按钮，在"预测区间"部分勾选"平均值""单值"（图 9-19）。

图 9-18　统计量设定

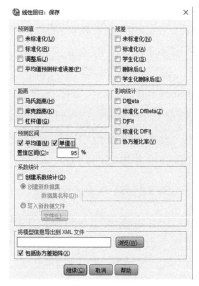

图 9-19　保存选项的设定

（6）再点击"继续"，返回对话框，点击"确定"按钮，得到结果（图 9-20）。

模型摘要[b]

模型	R	R 方	调整后 R 方	标准估算的错误	更改统计				
					R 方变化量	F 变化量	自由度 1	自由度 2	显著性 F 变化量
1	.973[a]	.946	.906	.23409	.946	23.467	3	4	.005

a. 预测变量: (常量), 降水天数, 养殖鱼密度, 降水量

b. 因变量: 幼鱼密度

图 9-20　模型汇总

模型摘要结果显示，y 与 x_1、x_2、x_3 之间的复相关系数 R 值为 0.973，决定系数 R^2 为 0.946，表示资料中的幼鱼密度有 94.6% 的变异可以由 x_1、x_2、x_3 决定。

ANOVA 是对多元线性回归方程的 F 检验，P 值 $0.005 < 0.01$，同样说明 y 与 x_1、x_2、x_3 之间建立的三元线性回归方程达到极显著的水平（图 9-21）。

ANOVA[a]

模型		平方和	自由度	均方	F	显著性
1	回归	3.858	3	1.286	23.467	.005[b]
	残差	.219	4	.055		
	总计	4.077	7			

a. 因变量: 幼鱼密度

b. 预测变量: (常量), 降水天数, 养殖鱼密度, 降水量

图 9-21　方差分析结果

系数结果显示了回归截距及三个偏回归系数的估计值与假设检验（图 9-22）。检验结果显示，b_1 的 P 值小于 0.01，检验 b_2 的 P 值小于 0.05，而检验 b_3 的 P 值大于 0.05，可以推断 x_1 对 y 的偏回归系数达极显著水平，x_2 对 y 的偏回归系数达显著水平，而 x_3 与 y 无偏回归关系（应剔除 x_3 后重新分析）。根据回归截距及三个偏回归系数的估计值，可以得到回归方程为

$$\hat{y} = 0.757 + 0.971x_1 - 0.176x_2 - 0.015x_3$$

系数[a]

模型		未标准化系数		标准化系数	t	显著性
		B	标准错误	Beta		
1	(常量)	.757	.721		1.050	.353
	养殖鱼密度	.971	.185	.619	5.238	.006
	降水量	-.176	.061	-.530	-2.894	.044
	降水天数	-.015	.021	-.136	-.747	.497

a. 因变量: 幼鱼密度

图 9-22　系数分析结果

返回数据窗口，可以看到不同 x_1、x_2、x_3 值时，对应的 y 的均值与单值的 95% 置信区间（图 9-23）。

养殖鱼密度	降水量	降水天数	幼鱼密度	LMCI_1	UMCI_1	LICI_1	UICI_1
2.80	1.90	32.00	2.56	2.23936	3.05770	1.88052	3.41654
3.03	4.60	38.00	2.33	1.85964	2.74778	1.51656	3.09086
3.17	1.60	18.00	3.35	2.69422	3.85691	2.40357	4.14755
2.93	7.80	38.00	1.56	1.05979	2.22525	.76960	2.51543
2.42	2.20	27.00	2.25	1.99291	2.61413	1.58318	3.02386
1.63	5.20	33.00	1.00	.31528	1.51598	.03085	1.80041
2.90	2.00	29.00	3.10	2.46957	3.07852	2.05633	3.49176
2.72	1.40	25.00	2.48	2.45361	3.07937	2.04517	3.48781
2.50	3.00	30.00		1.93340	2.45478	1.49383	2.89436

图 9-23　数据分析结果

图 9-23 最后一行显示，当 x_1=2.5、x_2=3.0、x_3=30 时，y 均值的 95%置信区间为[1.933 40, 2.454 78]，y 单值的 95%置信区间为[1.493 83, 2.894 36]。

9.2.2　偏相关

任何两个变量间的相关经常受到其他变量的影响，因而变量之间的两两相关（直线相关）系数往往不能反映两个变量间的真正关系，只有在其他变量保持不变的情况下，计算两个变量的相关关系才有意义。这种保持其他变量不变时计算得到的两个变量之间的相关系数称为偏相关系数（partial correlation coefficient）。

偏相关系数用 r 加下标表示。如有三个变量 x_1、x_2、x_3，r_{12} 表示 x_3 保持不变时，x_1 与 x_2 的偏相关系数；r_{23} 表示 x_1 保持不变时 x_2 与 x_3 的偏相关系数。偏相关系数的取值范围是[−1, 1]。

试以本章例 9-2 的数据作偏回归分析。

1）DPS 解题

（1）输入数据并选择数据（图 9-24）。

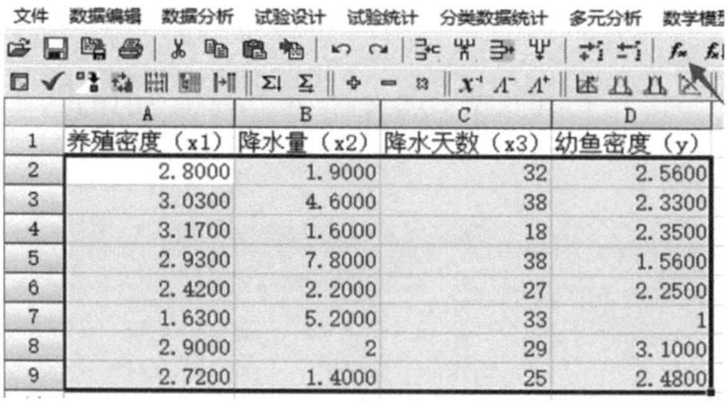

	A	B	C	D
1	养殖密度（x1）	降水量（x2）	降水天数（x3）	幼鱼密度（y）
2	2.8000	1.9000	32	2.5600
3	3.0300	4.6000	38	2.3300
4	3.1700	1.6000	18	2.3500
5	2.9300	7.8000	38	1.5600
6	2.4200	2.2000	27	2.2500
7	1.6300	5.2000	33	1
8	2.9000	2	29	3.1000
9	2.7200	1.4000	25	2.4800

图 9-24　数据输入与选择

（2）点击上方工具栏中的　"相关系数"（图 9-25）。

（3）立即得到结果，简单相关分析结果如下（图 9-26）。

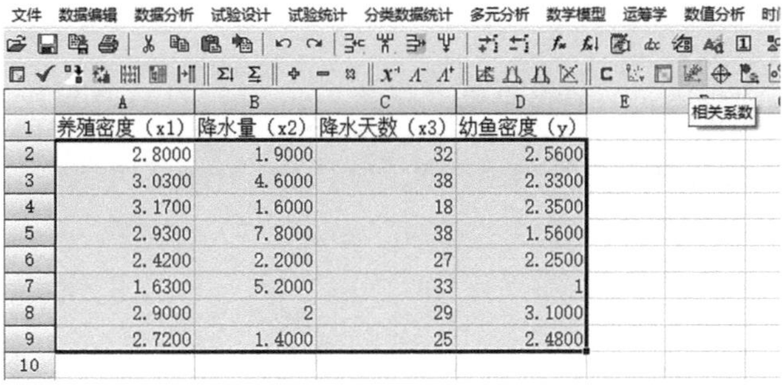

图 9-25 菜单运行

2	基本参数			相关			
3	变量	平均值	标准差	养殖密度	降水量	降水天数	幼鱼密度
4	养殖密度	2.7000	0.4864	1	-0.1916	-0.1577	0.6641
5	降水量	3.3375	2.2959	-0.1916	1	0.7712	-0.7246
6	降水天数	30	6.7612	-0.1577	0.7712	1	-0.3674
7	幼鱼密度	2.2038	0.6447	0.6641	-0.7246	-0.3674	1
8	相关系数临界值, a=0.05时, r=0.7067			a=0.01时, r=0.8343			

图 9-26 简单相关分析结果

结果显示，两个相关系数临界值为：$r_{0.05}=0.7067$，$r_{0.01}=0.8343$。幼鱼密度（y）与养殖鱼密度正相关，$r=0.6641$，$|r|<r_{0.05}$，相关性不显著。同样可以判断 y 与降水量（x_2）是显著的负相关（$r=-0.7246$，$r_{0.05}<|r|<r_{0.01}$），与降水天数相关不显著（$r=-0.3674$，$|r|<r_{0.05}$）。

（4）偏相关分析结果如下（图 9-27）。

结果中，左下角是偏相关系数 r，右上角是 P 值。幼鱼密度（y）与养殖鱼密度正相关，$r=0.8709$，$P=0.0239<0.05$，是

15	偏相关	养殖密度	降水量	降水天数	幼鱼密度
16	养殖密度		0.0796	0.1839	0.0239
17	降水量	0.7598		0.0225	0.0145
18	降水天数	-0.6257	0.8750		0.1123
19	幼鱼密度	0.8709	-0.8999	0.7123	
20	左下角是相关系数r，右上角是p值				
21	偏相关, a=0.05, a=0.01时,r=0.9172				

图 9-27 偏相关分析结果

显著的正相关。同样可以判断 y 与降水量（x_2）是显著的负相关（$r=-0.8999$，$P=0.0145<0.05$），与降水天数相关不显著（$r=0.7123$，$P=0.1123>0.05$）。

（5）我们将简单相关与偏相关的结果进行比较（图 9-28）。

2	基本参数			相关			
3	变量	平均值	标准差	养殖密度	降水量	降水天数	幼鱼密度
4	养殖密度	2.7000	0.4864	1	-0.1916	-0.1577	0.6641
5	降水量	3.3375	2.2959	-0.1916	1	0.7712	-0.7246
6	降水天数	30	6.7612	-0.1577	0.7712	1	-0.3674
7	幼鱼密度	2.2038	0.6447	0.6641	-0.7246	-0.3674	1
8	相关系数临界值, a=0.05时, r=0.7067			a=0.01时, r=0.8343			

图 9-28 简单相关与偏相关的比较分析

从中可以看出，两者数据不一样，而且相关符号也会不同，如养殖鱼密度与降水量之间的简单相关为负相关，而偏相关则为正相关。这是因为简单相关没有排除其他变量的影响，混有其他变量的效应；而偏相关排除了其他变量的影响，能够真实地反映相关的密切程度，因此对于多变量资料，需要采用多元相关分析。

2）SPSS 解题

（1）采用上节例题数据，点击菜单"分析"→"相关"→"偏相关"（图9-29）。

图 9-29 分析菜单的选择

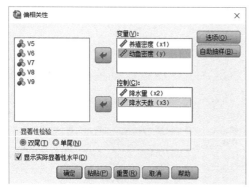

图 9-30 参数设置

（2）弹出对话框，将需要计算偏相关系数的变量选择到"变量"下方，将其余变量选择到"控制"下方（图9-30）。下面是图示计算养殖鱼密度（x_1）与幼鱼密度（y）的偏相关系数，保持降水量（x_2）与降水天数（x_3）不变。

（3）点击"确定"按钮，即可得到结果（图9-31）。

结果显示，养殖鱼密度（x_1）与幼鱼密度（y）的偏相关系数为 0.871，$P=0.024<0.05$，是显著的正相关。

偏相关

[数据集2]

相关性

控制变量			养殖密度（x1）	幼鱼密度（y）
降水量（x2）& 降水天数（x3）	养殖密度（x1）	相关性	1.000	.871
		显著性（双尾）	.	.024
		自由度	0	4
	幼鱼密度（y）	相关性	.871	1.000
		显著性（双尾）	.024	.
		自由度	4	0

图 9-31 分析结果

9.3 逐 步 回 归

在多元线性回归分析和偏相关分析中，往往发现有些自变量与因变量 y 的偏回归系数是不显著的，这说明这些自变量对 y 的影响不显著，在回归方程中也是不重要的，这时可以从回归方程中将与 y 偏回归不显著的自变量剔除，重新建立一个各个偏回归系数都显著的最优回归方程。

【例 9-3】 测定 15 株丰产 3 号小麦的单株穗数 x_1（穗）、每穗结实小穗数 x_2（穗）、百粒重 x_3（g）、株高 x_4（cm）和单株籽粒产量 y（g），结果见表 9-4，建立 y 与 x 的最优回归方程。

表 9-4 单株性状调查结果

株号	单株穗数 x_1（穗）	每穗结实小穗数 x_2（穗）	百粒重 x_3（g）	株高 x_4（cm）	单株籽粒产量 y（g）
1	10	23	3.6	113	15.7
2	9	20	3.6	106	14.5
3	10	22	3.7	111	17.5
4	13	21	3.7	109	22.5
5	10	22	3.6	110	15.5
6	10	23	3.5	110	16.9
7	8	23	3.3	103	8.6
8	10	24	3.4	100	17.0
9	10	20	3.4	114	13.7
10	10	21	3.4	104	13.4
11	10	23	3.9	110	20.3
12	8	21	3.5	104	10.2
13	6	23	3.2	114	7.4
14	8	21	3.7	113	11.6
15	9	22	3.6	105	12.3

DPS 解题过程如下。

（1）输入数据与选择数据（图 9-32）。

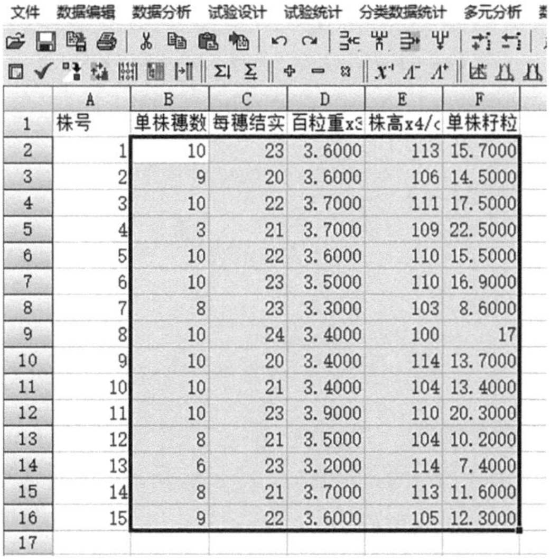

	A	B	C	D	E	F
1	株号	单株穗数	每穗结实	百粒重x3	株高x4/c	单株籽粒
2	1	10	23	3.6000	113	15.7000
3	2	9	20	3.6000	106	14.5000
4	3	10	22	3.7000	111	17.5000
5	4	3	21	3.7000	109	22.5000
6	5	10	22	3.6000	110	15.5000
7	6	10	23	3.5000	110	16.9000
8	7	8	23	3.3000	103	8.6000
9	8	10	24	3.4000	100	17
10	9	10	20	3.4000	114	13.7000
11	10	10	21	3.4000	104	13.4000
12	11	10	23	3.9000	110	20.3000
13	12	8	21	3.5000	104	10.2000
14	13	6	23	3.2000	114	7.4000
15	14	8	21	3.7000	113	11.6000
16	15	9	22	3.6000	105	12.3000
17						

图 9-32 数据输入与选择

（2）点击菜单"多元分析"→"回归分析"→"逐步回归"，弹出对话框（图 9-33）。

（3）结果显示，x_3 对 y 的影响显著，对应的偏回归系数检验 P 值小于 0.05，被引入方程；此时复相关系数 R 为 0.688 98，调整后的 R 为 0.659 00；此时对回归方程的 F 检验结果表明，P=0.0045，y 与 x_3 建立的一元线性回归方程达到极显著的水平；而 x_1 对应的偏回归系数检验 P 值为 0.8252，大于 0.05，对 y 的影响不显著，未被引入方程；x_2 对应的偏回归系数检验 P 值为 0.4764，大于 0.05，对 y 的影响不显著，未被引入方程；x_4 对应的偏回归系数检验 P 值为 0.7096，大于 0.05，对 y 的影响不显著，未被引入方程。

此时如果点击"Yes"按钮，则将 x_1、x_2、x_4 引入方程，结果如下（图 9-34）。

图 9-33　将 x_2 引入方程　　　图 9-34　引入 x_4 后的结果

（4）回归方程引入 x_1、x_2、x_4 后，调整的 R 值为 0.712 46，大于不引入 x_1、x_2、x_4 的调整 R 值 0.557 36；而方程引入 x_1、x_2、x_4 后的 F 检验的 P 值为 0.1024，大于不引入 x_1、x_2、x_4 时的 P 值。因此不引入 x_1、x_2、x_4 建立的方程更好。此时可以按"No"按钮，剔除 x_1、x_2、x_4，对话框恢复到未引入 x_4 的状态，点击"OK"按钮，即可得到结果，从结果中我们可以得到以下重要信息。

a）最优回归方程

结果显示引入自变量 x_1、x_2、x_3 所建立的三元线性回归方程如下（图 9-35）。

$$y=-41.467\ 982\ 5+15.802\ 631\ 579\times x_3$$

方程经方差分析，F 值为 11.7474，P 为 0.0045，达到极显著的水平。

21	单株籽粒产量y/g=-41.4679825+15.802631579*百粒重x3/g				
22		方差分析表			
23	变异来源	平方和	自由度	均方	F值	p值
24	回归	113.8738	1	113.8738	11.7474	0.0045
25	残差	126.0156	13	9.6935		
26	总变异	239.8893	14			

图 9-35　方差分析表

b）偏回归系数及其假设检验

结果显示，x_3 的回归系数 b_3 为 15.8026，经 t 检验，P 值小于 0.01，可以推断 x_3 对 y 的偏回归系数达显著水平（图 9-36）。

28		回归系数	标准回归	偏相关	t值		p值
29	百粒重	15.8026	0.6890	0.6890		3.4275	0.0045

图 9-36 偏回归系数及其检验

c) 复相关系数

x_3 与 y 之间的决定系数 R^2 为 0.474 693，R_a 为 0.659 003，调整后的决定系数 R_a^2 为 0.434 285（图 9-37）。

复相关系数		决定系数R^2=0.474693	
剩余标准差			
调整相关系数Ra=0.659003		调整决定系数Ra^2=0.434285	

图 9-37 复相关系数

9.4 通 径 分 析

通径分析（path analysis）也称路径分析，是通径系数分析的简称，通径系数是变量标准化后的偏回归系数，是用来表示相关变量因果关系的统计量。通径分析是数量遗传学家赖特（S. Wright）于 1921 年提出来的一种多元统计技术，用于分析多个自变量与因变量之间的线性关系，是回归分析的拓展，可以处理较为复杂的变量关系。例如，当自变量数目比较多，且自变量间相互关系比较复杂（如有些自变量间的关系是相关关系，有些自变量间则可能是因果关系）或者某些自变量是通过其他的自变量间接地对因变量产生影响，这时可以采用通径分析。

将通径分析相关系数分解为直接作用系数与间接系数，解释各个因素对因变量的相对重要性，比相关分析和回归分析更加精确，使多变量资料的分析更加合理。

以例 9-3 的数据为例，对 15 株丰产 3 号小麦的单株穗数 x_1（穗）、每穗结实小穗数 x_2（穗）、百粒重 x_3（g）、株高 x_4（cm）和单株籽粒产量 y（g）进行通径分析。我们可以用 DPS、SPSS 来进行通径分析。

DPS 解题过程如下。

在进行逐步回归分析时，结果中最后一部分会给出通径分析结果，得到直接系数与间接系数，将直接系数与间接系数相加，就可得到总系数（图 9-38）。

通径分析					
变量	直接系数	通过x1	通过x2	通过x3	总系数
x1	0.7534		-0.0271	0.1709	0.8973
x2	0.1993	-0.1023		-0.0508	0.0462
x3	0.3414	0.3773	-0.0297		0.6890
决定系数R^2=0.92047					
剩余通径系数=0.28201					

图 9-38 通径分析结果

由直接系数可以看出自变量 x_1、x_2、x_3 对 y 的直接作用分别是：P_{1y}=0.7534、

P_{2y}=0.1993、P_{3y}=0.3414。3 个自变量对单株产量 y 的直接影响中，单株穗数 x_1 的直接作用最大，百粒重 x_3 次之，每穗结实小穗数 x_2 的直接作用最小。

通过分析各个间接通径系数发现，单株穗数 x_1 通过百粒重 x_3 对产量 y 的间接作用较大，其间接通径系数为 0.1709。虽然单株穗数 x_1 通过每穗结实小穗数 x_2 对产量 y 产生一定负的间接作用（–0.0271），但从总系数看，x_1 为 0.8973，最大，表明单株穗数 x_1 对 y 的影响较大。

百粒重 x_3 对 y 的直接系数为 0.3414；通过单株穗数 x_1 对产量 y 的间接作用较大，达到 0.3773，超过 x_3 对 y 的直接系数；x_3 通过每穗结实小穗数 x_2 对产量 y 产生一定负的间接作用（–0.0297）；总系数为 0.6890，使得百粒重 x_3 对产量 y 的影响也较大。

每穗结实小穗数 x_2 的直接通径系数和间接通径系数均较小，对单株产量 y 的影响不大，可不必过多考虑。

因此，单株穗数 x_1 和百粒重 x_3 对单株籽粒产量的增加具有重要作用。

9.5　聚　类　分　析

聚类分析（cluster analysis）是一种分类技术，与回归分析、判别分析一起被称为多元分析的三大方法。聚类分析是一种数值分类方法，当面对一群总体分类未知的事物，依照"物以类聚"的思想，把性质相近的事物归入同一类，而把性质相差较大的事物归入不同类。

聚类分析根据分类对象分两种情况，一种是对样品的分类，如有几十种不知名的啤酒，我们可以根据啤酒中含有的酒精成分、钠成分、所含的热量（卡路里）数值对几十种啤酒进行分类，这种聚类常称为 Q 型聚类；另一种是对变量的分类，如在儿童生长发育研究中，有很多测量指标，通过聚类可以把以形态学为主的指标归于一类，以机能为主的指标归于另一类，这种聚类常称为 R 型聚类。

聚类的方法很多，常见的有两种方法，一种是根据样本或变量之间的亲疏程度来聚类，先把亲近的聚成小类，再根据小类之间的亲疏程度形成更大的类，最后全部样品都聚成一类，这种方法称为系统聚类；另一种是将 n 个样品初步分类，然后根据分类函数尽可能小的原则，对已分类进行调整，直到分类合理为止，动态聚类就是这种方法。

9.5.1　系统聚类

系统聚类（hierarchical clustering）在聚类分析中应用最广泛，凡是具有数值特征的变量和样品都可以通过选择不同的距离与系统聚类方法来聚类。系统聚类法就是把个体逐渐合并成一些子集，子集再合并，直到全部个体都在一个集合里面为止。系统聚类的一般步骤如下。

9.5.1.1　数据转换

原始数据常常有不同的量纲和数量级单位，如害虫的发生期、发生量、危害率、损失率及危害程度等量纲是不同的,发生量的数值可以大到几千几万,而危害率总是在 0～1,发生程度一般为 1～5 级。这些量纲不同的数据要放在一起比较,必须进行数据转换处理。常用的转换方法有以下几种。

1）总和转换

每个观测值除以该列数据的总和,这样转化后的变量和为 1。

2）中心化

先求出每个变量的平均值,每个观测值减去平均值。转换后的结果使每列数据之和均为 0。

3）Z 分数

先求出每个变量的平均值,每个观测值减去平均值,再除以标准差,这样转换后的变量平均值为 0,标准差为 1。DPS 中称其为标准化转换。

4）–1～1

观测值中有负数,每个观测值除以极差,这样把数据都转换到–1～1 的范围内。

5）0～1

每个观测值减去该列最小值再除以极差,这样把数据都转换到 0～1 的范围内。DPS 中称其为规格化转换。

6）均值为 1

每个观测值除以平均值,这样转换后的变量均值为 1。

7）标准差为 1

由每个观测值除以标准差,这样转换后的变量标准差为 1。

8）对数转换

如果观测值大于 0,每个观测值取对数,具有指数特征的数据结构就可转换为线性数据结构。

9.5.1.2　计算相似系数或距离

研究变量或样本之间的亲疏程度的指标有两种,一种叫相似系数,性质越近的相似系数越接近 1 或–1,彼此无关的样品相似系数接近于 0,聚类时根据相似系数来归类;另一种是距离,比如有 n 个样品,每个样品测定 p 个指标（变量）,这样把每个样品看成 p 维空间中的一个点,计算点与点之间的距离,根据点之间的距离远近来聚类。

对于连续型随机变量,计算距离的方法有以下几类。

1）欧氏距离（Euclidean distance）、平方欧氏距离（squared Euclidean distance）、切比雪夫距离（Chebyshev distance）、明氏距离（Minkowski distance）

欧氏距离与切比雪夫距离是明氏距离的特化。当变量观测值相差悬殊时，明氏距离并不合理，需要对观测值标准化。明氏距离与变量的量纲有关，且没有考虑变量之间的相关性。

2）马氏距离（Mahalanobis distance）

马氏距离是由印度统计学家马哈拉诺比斯于 1936 年引入的，故称为马氏距离。马氏距离既排除了各指标之间相关性的干扰，而且还不受各指标量纲的影响。

3）兰氏距离（Lanberra distance）

它是由兰斯（Lance）和威廉姆斯（Williams）最早提出的，故称兰氏距离。此距离仅适用于观测值都大于 0 的情况，这个距离有助于克服各指标之间量纲的影响，但没有考虑指标之间的相关性。

4）相似系数

相似系数包括 cos 相似度与 pearson 相关。

5）χ^2（Chi-square）测度与 Φ^2（Phi-square）测度

这两种测度主要应用于计数变量。徐振邦等（1986）认为，卡方距离比欧氏距离等常用的距离系数具有更强的分辨能力。

9.5.1.3　选择聚类方法（小类间的距离计算）

根据类间距离的不同定义，形成了不同的系统聚类分析方法。常见的方法如下。
（A）组间连接法
按各对距离分类，在 SPSS 中作为默认方法，合并两类结果使所有的两两相对之间的平均距离最小效果较好，比较常用。
（B）组内连接法
按各对距离平方分类。
（C）最短距离法
该方法有连接聚合的趋势，容易使大部分样品被聚在一类中，形成一个大类，低估了类间距离，实际中不常用。
（D）最长距离法
该方法受奇异值的影响大，最长距离夸大了类间距离。
（E）重心法
该方法以两类样品重心（均值）之间的距离作为两类间的距离。每合并一次类，都要重新计算新类的重心。该方法不具单调性、图形逆转，限制了其应用，可能引起局部最优，但在处理异常值方面较稳健。

（F）中间距离法

该法介于最短距离法与最长距离法之间（取三角形的中线）。

（G）类平均法

重心法虽有很好的代表性，但并未充分利用各样品的信息，因此给出类平均法，它定义两类之间的距离平方为这两类元素两两之间距离平方的平均。

（H）可变类平均法

由于类平均法公式中没有反映两小类之间距离的影响，因此给出可变类平均法进行改进。

（I）Ward 离差平方和法

Ward 离差平方和法的基本思想来自方差分析，如果分类正确，同类样品的离差平方和应当较小，类与类的离差平方和应当较大。先将 n 个样品各自为一类，然后每次缩小一类，每缩小一类离差平方和就要增加，选择使离差平方和增加最小的两类合并，直至所有的样品归为一类为止。该法倾向于把样品少的类聚到一起，可以发现规模和形状大致相同的类。该法分类效果好，应用广泛。

一般情况下，用不同的方法聚类的结果是不完全一致的。在实际应用中，要根据分类问题本身的专业知识结合实际需要来选择分类方法，并确定分类个数。也可以多用几种分类方法去聚类，把结果中的共性取出来，如果用几种方法得出的某些结果都一样，则说明这样的聚类确实反映了事物的本质，而将有争议的样品暂放一边或用其他办法如判别分析去归类。

【例 9-4】　为研究某地 1962～1988 年草鱼种群消长演替规律，根据历年积累的资料进行系统聚类分析（表 9-5）。草鱼种群消长特征指标有第 2 代和第 3 代幼鱼发生量、第 2 代和第 3 代卵孵化高峰期（也称发生期，分别以 5 月 31 日和 7 月 20 日为 0）、2 代至 3 代（$F_2 \rightarrow F_3$）与 3 代至 4 代（$F_3 \rightarrow F_4$）的增殖系数。

表 9-5　某地 1962～1988 年草鱼种群历年积累的资料

序号	年份	幼鱼发生量（尾）		发生期（天）		增殖系数	
		第 2 代	第 3 代	第 2 代	第 3 代	$F_2 \rightarrow F_3$	$F_3 \rightarrow F_4$
1	1962	344	3333	29	9	9.69	1.91
2	1963	121	1497	27	19	12.37	1.34
3	1964	187	1813	32	18	9.70	1.06
4	1965	500	4000	34	14	8	1.82
5	1966	441	3750	36	14	8.50	1.87
6	1967	404	4600	33	16	11.39	1.52
7	1968	328	986	35	18	3.01	1.26
8	1969	806	1790	32	15	2.22	2.14
9	1970	730	1970	36	20	2.70	2.64
10	1971	263	333	29	15	1.27	1.07
11	1972	486	600	32	19	1.23	1.47
12	1973	248	585	33	20	2.36	1.08
13	1974	2100	2700	22	14	1.28	1.33

序号	年份	幼鱼发生量（尾）		发生期（天）		增殖系数	
		第 2 代	第 3 代	第 2 代	第 3 代	$F_2 \to F_3$	$F_3 \to F_4$
14	1975	333	287	38	19	0.86	0.70
15	1976	90	77	40	24	0.86	1.87
16	1977	19	25	40	27	1.32	2.88
17	1978	230	2525	39	20	10.96	0.55
18	1979	1392	1041	33	18	0.75	4.17
19	1980	308	41	31	28	0.13	3.34
20	1981	415	916	36	18	2.21	1.09
21	1982	34	401	38	29	11.79	0.99
22	1983	267	803	37	26	3.01	0.09
23	1984	1043	3500	39	26	3.36	0.07
24	1985	2243	7452	31	20	3.32	0.12
25	1986	236	599	35	26	2.54	0
26	1987	558	1061	33	24	1.90	0
27	1988	162	2817	34	21	2.64	0

1）DPS 解题

（1）本题为数量指标聚类分析，用 DPS 解题时，首先进行原始数据编辑整理及其数据块的定义，Q 型聚类分析在 DPS 中的数据编辑格式为一行一个样本，一列一个变量，第一列可以是样本的名称。选定数据后，点击菜单"多元分析"→"聚类分析"→"系统聚类"（图 9-39）。

图 9-39　菜单选择

（2）弹出对话框，在"系统聚类参数设置"中进行参数设置，由于数据量纲不同，"数据转换方式"选择"标准化转换"；"聚类距离"选择"欧氏距离"；"聚类方法"选择"离差平方和法"（图 9-40）。

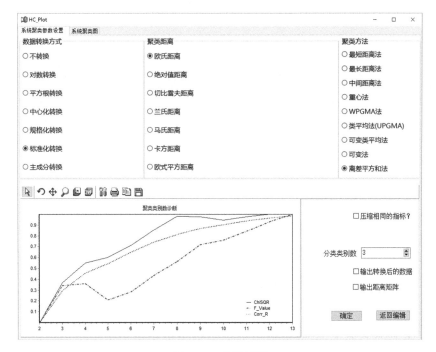

图 9-40　参数设置

（3）点击"确定"，即可在"系统聚类图"中看到系统聚类图，并可对聚类图进行美化与输出；关闭对话窗口，即可得到结果。聚类图位于结果的最后（图 9-41）。

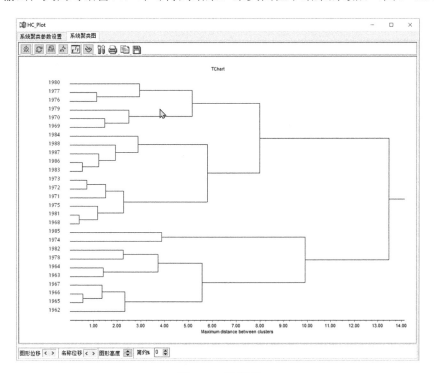

图 9-41　聚类图

（4）从图 9-42～图 9-45 看出，27 个年份可以分为 4 类。在结果中寻找分成 4 类的聚类数据。

类别数=4

第1类

1964	187	1813	32	18	9.7000	1.0600
1967	404	4600	33	16	11.3900	1.5200
1965	500	4000	34	14	8	1.8200
1966	441	3750	36	14	8.5000	1.8700
1978	230	2525	39	20	10.9600	0.5500
1963	121	1497	27	19	12.3700	1.3400
1962	344	3333	29	9	9.6900	1.9100
1982	34	401	38	29	11.7900	0.9900
均值	282.6250	2739.8750	33.5000	17.3750	10.3000	1.3825
SD	165.0471	1431.3067	4.1748	5.8539	1.5762	0.4898

图 9-42　聚类结果——第 1 类数据

第2类

1973	248	585	33	20	2.3600	1.0800
1981	415	916	36	18	2.2100	1.0900
1968	328	986	35	18	3.0100	1.2600
1987	558	1061	33	24	1.9000	0
1975	333	287	38	19	0.8600	0.7000
1972	486	600	32	19	1.2300	1.4700
1988	162	2817	34	21	2.6400	0
1986	236	599	35	26	2.5400	0
1983	267	803	37	26	3.0100	0.0900
1971	263	333	29	15	1.2700	1.0700
1984	1043	3500	39	26	3.3600	0.0700
均值	394.4545	1135.1818	34.6364	21.0909	2.2173	0.6209
SD	244.6366	1041.4672	2.8731	3.8329	0.8174	0.5925

图 9-43　聚类结果——第 2 类数据

第3类

1970	730	1970	36	20	2.7000	2.6400
1976	90	77	40	24	0.8600	1.8700
1980	308	41	31	28	0.1300	3.3400
1977	19	25	40	27	1.3200	2.8800
1969	806	1790	32	15	2.2200	2.1400
1979	1392	1041	33	18	0.7500	4.1700
均值	557.5000	824	35.3333	22	1.3300	2.8400
SD	521.2845	905.8764	3.9833	5.1769	0.9661	0.8356

图 9-44　聚类结果——第 3 类数据

第4类

1985	2243	7452	31	20	3.3200	0.1200
1974	2100	2700	22	14	1.2800	1.3300
均值	2171.5000	5076	26.5000	17	2.3000	0.7250
SD	101.1163	3360.1714	6.3640	4.2426	1.4425	0.8556

图 9-45　聚类结果——第 4 类数据

第 1 类：第 3 代幼鱼发生量较高，$F_2 \to F_3$ 增殖系数最高。

第 2 类：第 2 代与第 3 代幼鱼发生量一般，$F_3 \to F_4$ 增殖系数最低。

第 3 类：第 2 代与第 3 代幼鱼发生量一般，$F_2 \to F_3$ 增殖系数最低。

第 4 类：第 2 代与第 3 代幼鱼发生量最高。

2）SPSS 解题

（1）导入数据，注意年份要定义为字符型，其他为数值型。选择菜单"分析"→"分类"→"系统聚类"（图 9-46）。

图 9-46　菜单选择

（2）弹出对话框，将"年份"选择到"个案标注依据"下面，其他选择到"变量"下面（图 9-47）。

（3）点击"图"，弹出对话框，勾选"谱系图"（图 9-48）。

（4）点击"继续"，返回上级对话框，再点击"方法"，弹出子对话框（图 9-49）。

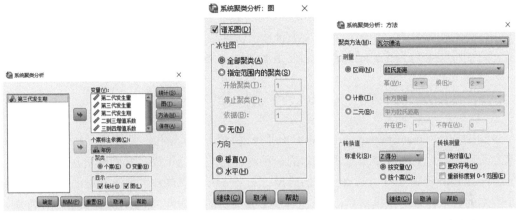

图 9-47　参数设置　　　图 9-48　图形选取　　　图 9-49　聚类方法的选取

（5）"聚类方法"选择"瓦尔德法"，"测量"选择"区间"的"欧氏距离"，"转换值"选择"Z 得分"。点击"继续"返回上级对话框，点击"确定"，得到结果，聚类图如图 9-50 所示。

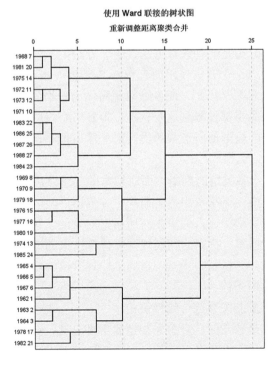

图 9-50　聚类图

9.5.2 动态聚类

当样本容量很大时，系统聚类对计算机内存要求很大，有可能难以进行。而动态聚类可以解决这个问题，它计算工作量小，占用计算机内存空间小，因此适合大样本的 Q 型聚类分析。

动态聚类是首先按照一定的方法选取一批凝聚点，然后让样品向最近的凝聚点凝聚成类，得到初始分类。如果初始分类不合理，就会根据最近距离原则来修改不合理的分类，直到分类合理为止。动态聚类主要是 K-means 方法和最小组内平方和法。

9.6 判 别 分 析

判别分析（discriminant analysis）产生于 20 世纪 30 年代，是利用已知类别的样本建立判别模型，来判别未知类别样本的一种统计方法。近年来，判别分析在自然科学、社会学及经济管理学科中都有广泛的应用。判别分析的特点是根据已掌握的、历史上每个类别的若干样本的数据信息，总结出客观事物分类的规律性，建立判别公式和判别准则。当遇到新的样本点时，只要根据总结出来的判别公式和判别准则，就能判别该样本点所属的类别。判别分析按照判别的组数来区分，可以分为两组判别分析和多组判别分析。

判别分析的任务是根据已掌握的一批分类明确的样品，建立较好的判别函数，使产生错判的事例最少，进而对给定的一个新样品，判断它来自哪个总体。

判别分析的过程分为两步：第一是依据已知样本及其预测变量建立起一系列分类规则或判别规则，第二是运用这一规则对样本的原有分类进行检验，以确定原有分类错判率。同时如果原有分类具有较低的错判率，则建立起来的分类规则可以应用于实际工作中。

从以上可知，判别分析是一种统计方法，这个方法依靠经验模型来对未知类别对象进行分类。判别分析的方法中较常使用的有费希尔判别和 Bayes 判别。

费希尔判别的核心思想是投影，使多维问题简化为一维问题来处理。选择一个适当的投影轴，使所有的样品点都投影到这个轴上，得到一个投影值。对这个投影轴的方向的要求是：使每一类内的投影值所形成的类内离差尽可能小，而不同类间的投影值所形成的类间离差尽可能大。

Bayes 判别适合用于多类别的判断，而对样本的要求是总体符合或贴近多元正态分布。其判别思想是根据先验概率求出后验概率，并依据后验概率分布作出统计推断。所谓先验概率，就是用概率来描述人们事先对所研究对象的认识程度；所谓后验概率，就是根据具体资料、先验概率、特定的判别规则所计算出来的概率。它是对先验概率修正后的结果。

判别分析有以下适用条件。

（1）自变量与因变量的关系符合线性假定。

（2）因变量的取值是独立的，且事先知道属于哪一类。

（3）自变量服从多元正态分布。

（4）所有自变量在各组间的方差具有齐性，协方差矩阵也相等。

（5）自变量间不存在多重共线性。

9.6.1　费希尔两类判别

【例 9-5】　根据草鱼出血病不同发病池所占比例及防治对策，将出血病划分为偏重发生（类别 1）和偏轻发生（类别 2）两类，并从气象因素中筛选出 25℃的水温持续时间（x_1，天）和正月上中旬日照时数（x_2，h）两个因子。试对 1963～1985 年资料进行两组判别分析，并对 1986～1988 年这三年资料进行归类（表 9-6）。

表 9-6　1963～1988 年 25℃的水温持续时间和正月上中旬日照时数与草鱼出血病发病类别

年份	x_1（天）	x_2（h）	类别	年份	x_1（天）	x_2（h）	类别
1963	21	176.9	1	1981	15	112.2	1
1964	20	68.4	1	1983	10	128.8	1
1965	19	136.6	1	1984	20	120.1	1
1966	17	106.5	1	1985	13	102.4	1
1968	8	104.9	1	1967	11	130.2	2
1969	17	115.1	1	1970	14	96.7	2
1971	5	137.9	1	1972	19	58.0	2
1974	8	82.6	1	1973	3	46.4	2
1975	14	123.1	1	1977	11	51.6	2
1976	21	139.5	1	1983	7	75.2	2
1978	15	108.7	1	1986	11	126.1	0
1979	17	99.7	1	1987	25	90.6	0
1980	27	99.3	1	1988	17	67.5	0

注：类别 1，偏重发生；类别 2，偏轻发生；类别 0，待判别

1）DPS 解题

（1）整理原始数据，待判别的 1986～1988 年三年资料对应的类别用"0"代替。选择数据块，选择菜单"多元分析"→"判别分析"→"两类判别"（图 9-51）。

图 9-51　菜单选择

判别函数				
Y=0.0061X1+0.0025X2				
A组重心	B组重心	综合指标	F值	p值
0.3820	0.2553	0.3490	5.6172	0.0116
拟合列联				
列联表	F1	F2	合计	
Y1	13	4	17	
Y2	1	5	6	
合计	14	9		
拟合度C=78.2609%				
待判别样本判别函数值及所属类别				
y1= 0.3798, 属于第A组.				
y2= 0.3768, 属于第A组.				
y3= 0.2709, 属于第B组.				

图 9-52　判别分析结果

（2）立即得到结果如图 9-52 所示。

从结果可以得到，判别函数为 $y=0.0061x_1+0.0025x_2$。统计检验 F 值为 5.6172，显著水平 P 为 0.0116，P 小于 0.05，表明判别函数有统计学意义，可用于判别预测。拟合度 $C=78.2609\%$。待判别的三个样本中，1986 年、1987 年属于第 1 类，1988 年属于第 2 类。

2）SPSS 解题

（1）定义变量，输入数据，待判别的 1986～1988 年三年资料对应的类别用"数据缺失"的空白形式代替。选择菜单"分析"→"分类"→"判别"（图 9-53）。

图 9-53　菜单选择

（2）弹出对话框，将"类别"选择到"分组变量"，x_1 与 x_2 选择到"自变量"中（图 9-54）。

（3）点击"分组变量"下面的"定义范围"，弹出子对话框，最小值输入"1"，最大值输入"2"（图 9-55）。

（4）点击"继续"返回上级对话框，点击"统计"，按如下设置（图 9-56）。

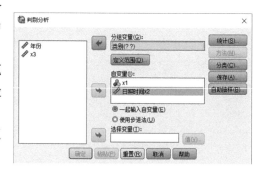

图 9-54　参数选择

图 9-55 极值的设定

图 9-56 统计量选项的设置

（5）点击"继续"返回上级对话框，点击"分类"，按如下设置（图 9-57）。

（6）点击"继续"返回上级对话框，点击"保存"，按如下设置（图 9-58）。

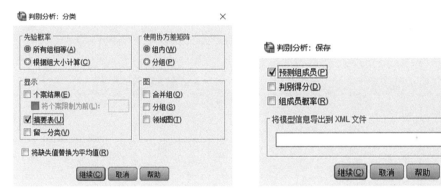

图 9-57 分类选项的设置

图 9-58 保存选项的设置

（7）点击"继续"返回上级对话框，点击"确定"，得到结果。下面将主要结果进行说明。

a）单变量方差分析结果

单变量方差分析结果表明，x_1 对应的 P 值为 0.083＞0.05，表明 x_1 对判别分析的实际意义不大；而 x_2 项对应的 P 值为 0.006＜0.01，表明 x_2 对判别分析有意义（图 9-59）。

组平均值的同等检验

	威尔克Lambda	F	自由度 1	自由度 2	显著性
x1	.864	3.318	1	21	.083
日照时间x2	.688	9.528	1	21	.006

图 9-59 单变量方差分析结果

b）预测分类结果小结

这是对判别效果的验证，对 1 类的判别正确率为 82.4%，有 3 个误判为 2 类了；对

2 类的判别正确率为 66.7%，6 个中有 2 个误判为 1 类了。未知样本中，2 个归入 1 类，1 个归入 2 类。总体上判别的正确率为 78.3%（图 9-60）。

分类结果^a

		类别	预测组成员信息		总计
			1	2	
原始	计数	1	14	3	17
		2	2	4	6
		未分组个案	2	1	3
	%	1	82.4	17.6	100.0
		2	33.3	66.7	100.0
		未分组个案	66.7	33.3	100.0

a. 正确地对 78.3% 个原始已分组个案进行了分类。

图 9-60　预测分类结果

c）未知样本的归类

返回 SPSS 数据表，可以看到新生成了变量"Dis_1"，而软件预测的类别结果在该列，1986 年、1987 年被归入 1 类，1988 年被归入了 2 类（图 9-61）。

	年份	x1	日照时间x2	x3	类别	Dis_1
10	1976	21	139.5	139.5	1	1
11	1978	15	108.7	108.7	1	1
12	1979	17	99.7	99.7	1	1
13	1980	27	99.3	99.3	1	1
14	1981	15	112.2	112.2	1	1
15	1983	10	128.8	128.8	1	1
16	1984	20	120.1	120.1	1	1
17	1985	13	102.4	102.4	1	1
18	1967	11	130.2	130.2	2	1
19	1970	14	96.7	96.7	2	1
20	1972	19	58.0	58.0	2	2
21	1973	3	46.4	46.4	2	2
22	1977	11	51.6	51.6	2	2
23	1983	7	75.2	75.2	2	2
24	1986	11	126.1	126.1	0	1
25	1987	25	90.6	90.6	0	1
26	1988	17	67.5	67.5	0	2

图 9-61　未知样本的归类

9.6.2　费希尔多类判别

【例 9-6】　收集三种观赏鱼的体长（cm）、叉长（cm）、体宽（cm）、体厚（cm）的数据，每种观赏鱼 50 个观测值，共 150 个。试对三种观赏鱼进行判别分析（表 9-7）。

表 9-7　三种观赏鱼的体长、叉长、体宽、体厚数据　　　　（单位：cm）

编号	体长	叉长	体宽	体厚	品种	编号	体长	叉长	体宽	体厚	品种
1	5.0	2.0	3.5	1.0	2	5	4.5	2.3	1.3	0.3	1
2	6.0	2.2	4.0	1.0	2	6	5.5	2.3	4.0	1.3	2
3	6.2	2.2	4.5	1.5	2	7	6.3	2.3	4.4	1.3	2
4	6.0	2.2	5.0	1.5	3	8	5.0	2.3	3.3	1.0	2

续表

编号	体长	叉长	体宽	体厚	品种	编号	体长	叉长	体宽	体厚	品种
9	4.9	2.4	3.3	1.0	2	49	6.6	2.9	4.6	1.3	2
10	5.5	2.4	3.8	1.1	2	50	6.1	2.9	4.7	1.4	2
11	5.5	2.4	3.7	1.0	2	51	5.6	2.9	3.6	1.3	2
12	5.6	2.5	3.9	1.1	2	52	6.4	2.9	4.3	1.3	2
13	6.3	2.5	4.9	1.5	2	53	6.0	2.9	4.5	1.5	2
14	5.5	2.5	4.0	1.3	2	54	5.7	2.9	4.2	1.3	2
15	5.1	2.5	3.0	1.1	2	55	6.2	2.9	4.3	1.3	2
16	4.9	2.5	4.5	1.7	3	56	6.3	2.9	5.6	1.8	3
17	6.7	2.5	5.8	1.8	3	57	7.3	2.9	6.3	1.8	3
18	5.7	2.5	5.0	2.0	3	58	4.9	3.0	1.4	0.2	1
19	6.3	2.5	5.0	1.9	3	59	4.8	3.0	1.4	0.1	1
20	5.7	2.6	3.5	1.0	2	60	4.3	3.0	1.1	0.1	1
21	5.5	2.6	4.4	1.2	2	61	5.0	3.0	1.6	0.2	1
22	5.8	2.6	4.0	1.2	2	62	4.4	3.0	1.3	0.2	1
23	7.7	2.6	6.9	2.3	3	63	4.8	3.0	1.4	0.3	1
24	6.1	2.6	5.6	1.4	3	64	5.9	3.0	4.2	1.5	2
25	5.2	2.7	3.9	1.4	2	65	5.6	3.0	4.5	1.5	2
26	5.8	2.7	4.1	1.0	2	66	6.6	3.0	4.4	1.4	2
27	5.8	2.7	3.9	1.2	2	67	6.7	3.0	5.0	1.7	2
28	6.0	2.7	5.1	1.6	2	68	5.4	3.0	4.5	1.5	2
29	5.6	2.7	4.2	1.3	2	69	5.6	3.0	4.1	1.3	2
30	5.8	2.7	5.1	1.9	3	70	6.1	3.0	4.6	1.4	2
31	6.4	2.7	5.3	1.9	3	71	5.7	3.0	4.2	1.2	2
32	6.3	2.7	4.9	1.8	3	72	7.1	3.0	5.9	2.1	3
33	5.8	2.7	5.1	1.9	3	73	6.5	3.0	5.8	2.2	3
34	6.5	2.8	4.6	1.5	2	74	7.6	3.0	6.6	2.1	3
35	5.7	2.8	4.5	1.3	2	75	6.8	3.0	5.5	2.1	3
36	6.1	2.8	4.0	1.3	2	76	6.5	3.0	5.5	1.8	3
37	6.1	2.8	4.7	1.2	2	77	6.1	3.0	4.9	1.8	3
38	6.8	2.8	4.8	1.4	2	78	7.2	3.0	5.8	1.6	3
39	5.7	2.8	4.1	1.3	2	79	7.7	3.0	6.1	2.3	3
40	5.8	2.8	5.1	2.4	3	80	6.0	3.0	4.8	1.8	3
41	5.6	2.8	4.9	2.0	3	81	6.7	3.0	5.2	2.3	3
42	7.7	2.8	6.7	2.0	3	82	6.5	3.0	5.2	2.0	3
43	6.2	2.8	4.8	1.8	3	83	5.9	3.0	5.1	1.8	3
44	6.4	2.8	5.6	2.1	3	84	4.6	3.1	1.5	0.2	1
45	7.4	2.8	6.1	1.9	3	85	4.9	3.1	1.5	0.1	1
46	6.4	2.8	5.6	2.2	3	86	4.8	3.1	1.6	0.2	1
47	6.3	2.8	5.1	1.5	3	87	4.9	3.1	1.5	0.2	1
48	4.4	2.9	1.4	0.2	1	88	6.9	3.1	4.9	1.5	2

续表

编号	体长	叉长	体宽	体厚	品种	编号	体长	叉长	体宽	体厚	品种
89	6.7	3.1	4.4	1.4	2	120	5.2	3.4	1.4	0.2	1
90	6.7	3.1	4.7	1.5	2	121	5.4	3.4	1.5	0.4	1
91	6.4	3.1	5.5	1.8	3	122	5.1	3.4	1.5	0.2	1
92	6.9	3.1	5.4	2.1	3	123	6.0	3.4	4.5	1.6	2
93	6.7	3.1	5.6	2.4	3	124	6.3	3.4	5.6	2.4	3
94	6.9	3.1	5.1	2.3	3	125	6.2	3.4	5.4	2.3	3
95	4.7	3.2	1.3	0.2	1	126	5.1	3.5	1.4	0.2	1
96	4.7	3.2	1.6	0.2	1	127	5.1	3.5	1.4	0.3	1
97	5.0	3.2	1.2	0.2	1	128	5.2	3.5	1.5	0.2	1
98	4.4	3.2	1.3	0.2	1	129	5.5	3.5	1.3	0.2	1
99	4.6	3.2	1.4	0.2	1	130	5.0	3.5	1.3	0.3	1
100	7.0	3.2	4.7	1.4	2	131	5.0	3.5	1.6	0.6	1
101	6.4	3.2	4.5	1.5	2	132	5.0	3.6	1.4	0.2	1
102	5.9	3.2	4.8	1.8	2	133	4.6	3.6	1.0	0.2	1
103	6.5	3.2	5.1	2.0	3	134	4.9	3.6	1.4	0.1	1
104	6.4	3.2	5.3	2.3	3	135	7.2	3.6	6.1	2.5	3
105	6.9	3.2	5.7	2.3	3	136	5.4	3.7	1.5	0.2	1
106	7.2	3.2	6.0	1.8	3	137	5.1	3.7	1.5	0.4	1
107	6.8	3.2	5.9	2.3	3	138	5.3	3.7	1.5	0.2	1
108	5.1	3.3	1.7	0.5	1	139	5.7	3.8	1.7	0.3	1
109	5.0	3.3	1.4	0.2	1	140	5.1	3.8	1.5	0.3	1
110	6.3	3.3	4.7	1.6	2	141	5.1	3.8	1.9	0.4	1
111	6.3	3.3	6.0	2.5	3	142	5.1	3.8	1.6	0.2	1
112	6.7	3.3	5.7	2.1	3	143	7.7	3.8	6.7	2.2	3
113	6.7	3.3	5.7	2.5	3	144	7.9	3.8	6.4	2.0	3
114	4.6	3.4	1.4	0.3	1	145	5.4	3.9	1.7	0.4	1
115	5.0	3.4	1.5	0.2	1	146	5.4	3.9	1.3	0.4	1
116	4.8	3.4	1.6	0.2	1	147	5.8	4.0	1.2	0.2	1
117	5.4	3.4	1.7	0.2	1	148	5.2	4.1	1.5	0.1	1
118	4.8	3.4	1.9	0.2	1	149	5.5	4.2	1.4	0.2	1
119	5.0	3.4	1.6	0.4	1	150	5.7	4.4	1.5	0.4	1

1）DPS 解题

（1）输入数据，选择数据，点击菜单"多元分析"→"判别分析"→"Fisher 多类线性判别分析"（图 9-62）。

（2）弹出对话框，点击"OK"，对话框即变为以下状态（图 9-63）。

从图 9-63 中可以看出，三种斑马鱼的判别效果较好，仅第二类有个别样本与第三类重叠。点击"Exit"，得到结果。下面对主要结果进行解释。

a）单变量方差分析结果

$x_1 \sim x_4$ 四个变量的方差分析结果显示，显著性 P 值都小于 0.01，说明每个变量对于判别分析都是有意义的（图 9-64）。

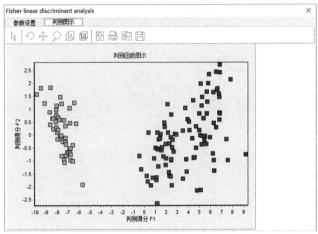

图 9-62　菜单选择

图 9-63　判别结果

24	变量X1	方差分析表				
25	变异来源	DF	SS	MS	F	PROB ＞ F
26	组间	2	63.2121	31.6061	119.2645	0.0000
27	误差	147	38.9562	0.2650		
28	总的	149	102.1683			
29						
30	变量X2	方差分析表				
31	变异来源	DF	SS	MS	F	PROB ＞ F
32	组间	2	11.3449	5.6725	49.1600	0.0000
33	误差	147	16.9620	0.1154		
34	总的	149	28.3069			
35						
36	变量X3	方差分析表				
37	变异来源	DF	SS	MS	F	PROB ＞ F
38	组间	2	437.1028	218.5514	.180.1612	0.0000
39	误差	147	27.2226	0.1852		
40	总的	149	464.3254			
41						
42	变量X4	方差分析表				
43	变异来源	DF	SS	MS	F	PROB ＞ F
44	组间	2	80.4133	40.2067	960.0071	0.0000
45	误差	147	6.1566	0.0419		
46	总的	149	86.5699			

图 9-64　单变量方差分析结果

b）预测分类结果小结

对 1 类变量的判别正确率为 100%；对 2 类变量的判别正确率为 48/50=96%，有 2 个误判为 3 类了；对 3 类变量的判别正确率为 49/50=98%，有 1 个误判为 2 类了（图 9-65）。

230	训练组判别分类			
231	实际观察\	1	2	3	TOTAL
232	1	50	0	0	50
233	2	0	48	2	50
234	3	0	1	49	50
235	TOTAL	50	49	51	149

图 9-65 预测分类结果

2）SPSS 解题

（1）定义变量，输入数据，选择菜单"分析"→"分类"→"判别式"（图 9-66）。

图 9-66 菜单选择

（2）弹出对话框，将"品种"选择到"分组变量"，"体长""叉长""体宽""体厚"选择到"自变量"（图 9-67）。

（3）点击"分组变量"下面的"定义范围"，弹出子对话框，"最小值"后输入"1"，"最大值"后输入"3"（图 9-68）。

图 9-67 参数设置

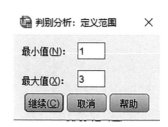

图 9-68 极值设定

（4）点击"继续"返回上级对话框，点击"统计"，按如下设置（图 9-69）。

（5）点击"继续"返回上级对话框，点击"分类"，按如下设置（图 9-70）。

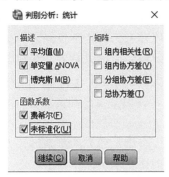

图 9-69　统计量选项设置

图 9-70　分类选项设置

（6）点击"继续"返回上级对话框，点击"保存"，按如下设置（图 9-71）。

（7）点击"继续"返回上级对话框，点击"确定"，得到结果。下面将对主要结果进行说明。

a）单变量方差分析结果

$x_1 \sim x_4$ 四个变量的方差分析结果显示，显著性 P 值都小于 0.01，说明每个变量对于判别分析都是有意义的（图 9-72）。

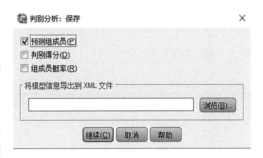

图 9-71　保存选项设置

组均值的均等性的检验

	Wilks 的 Lambda	F	df1	df2	Sig.
体长	.397	111.847	2	147	.000
叉长	.598	49.371	2	147	.000
体宽	.059	1179.052	2	147	.000
体厚	.071	960.007	2	147	.000

图 9-72　单变量方差分析结果

b）预测分类结果小结

这是对判别效果的验证，对 1 类变量的判别正确率为 100%；对 2 类变量的判别正确率为 96%，有 2 个误判为 3 类了；对 3 类变量的判别正确率为 98%，有 1 个误判为 2 类了（图 9-73）。总体判别正确率达 98%。

分类结果ᵃ

		品种	预测组成员信息			总计
			1	2	3	
原始	计数	1	50	0	0	50
		2	0	48	2	50
		3	0	1	49	50
	%	1	100.0	.0	.0	100.0
		2	.0	96.0	4.0	100.0
		3	.0	2.0	98.0	100.0

a. 正确地对 98.0% 个原始已分组个案进行了分类。

图 9-73　预测分类结果

9.7 主成分分析

在研究实际问题时，研究者往往希望尽可能多地收集相关变量，以期望对问题有比较全面、完整的把握和认识。例如，在学生综合评价研究中，可能会收集诸如基础课成绩、专业基础课成绩、专业课成绩、体育等其他各类课程的成绩以及累计获得各项奖学金的次数等。多变量的大样本虽然能为科学研究提供大量的信息，但是在一定程度上增加了数据采集的工作量，更重要的是在大多数情况下，许多变量之间可能存在相关性，这意味着表面上看来彼此不同的变量并不能从各个侧面反映事物的不同属性，反而恰恰是事物同一种属性的不同表现。因此，变量个数太多就会增加研究的复杂性，人们自然希望变量个数较少而得到的信息较多。主成分分析采取降维的方法，找出几个综合因子来代表原来众多的变量，使得这些综合因子尽可能地反映原来变量的信息，而且彼此之间互不相关，从而达到简化的目的。

利用 DPS 可以快速进行主成分分析。

【例 9-7】 2002 年 16 家上市公司 4 项指标的数据见表 9-8，试对其进行综合盈利能力的主成分分析。

表 9-8 2002 年 16 家上市公司 4 项指标数据 （单位：%）

公司	销售净利率 (x_1)	资产净利率 (x_2)	净资产收益率 (x_3)	销售毛利率 (x_4)
歌华有线	43.31	7.39	8.73	54.89
五粮液	17.11	12.13	17.29	44.25
用友软件	21.11	6.03	7.00	89.37
太太药业	29.55	8.62	10.13	73.00
浙江阳光	11.00	8.41	11.83	25.22
烟台万华	17.63	13.86	15.41	36.44
方正科技	2.73	4.22	17.16	9.96
红河光明	29.11	5.44	6.09	56.26
贵州茅台	20.29	9.48	12.97	82.23
中铁二局	3.99	4.64	9.35	13.04
红星发展	22.65	11.13	14.30	50.51
伊利股份	4.43	7.30	14.36	29.04
青岛海尔	5.40	8.90	12.53	65.50
湖北宜化	7.06	2.79	5.24	19.79
雅戈尔	19.82	10.53	18.55	42.04
福建南纸	7.26	2.99	6.99	22.72

（1）在 DPS 中如下输入数据，定义数据块，选择菜单"多元分析"→"多因素分析"→"主成分分析"（图 9-74）。

（2）弹出对话框，得到第一、第二主成分得分的 x-y 散点图（图 9-75）。

点击右上角，退出对话框，即可得到结果，主要结果解释如下。

a）各因子的特征值、贡献率及显著性检验

取多少个因子，取决于三个方面：特征值大于 1，累计贡献率超过 85%，显著水平 P 小于 0.05（图 9-76）。

从特征值看，因子 1 与因子 2 的特征值都大于 1，而因子 3 与因子 4 的特征值则小于 1，不宜取。

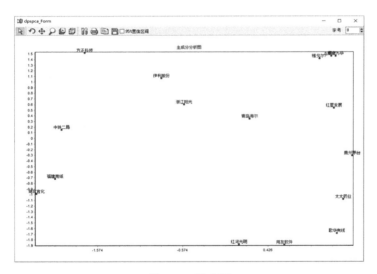

图 9-74　菜单选择

图 9-75　散点图

19	No	特征值	百分率%	累计百分率%	Chi-	df	p值
20	1	1.8972	47.4292	47.4292	21.6474	9	0.0101
21	2	1.5496	38.7400	86.1692	16.1852	5	0.0063
22	3	0.3930	9.8255	95.9948	2.5014	2	0.2863
23	4	0.1602	4.0052	100	0.0000	0	1.0000

图 9-76　各因子的特征值、贡献率及显著性检验结果

从贡献率看，因子 1 的贡献率为 47.4292%，因子 2 的贡献率为 38.7400%，因子 1 与因子 2 的累计贡献率为 86.1692%，表示因子 1 与因子 2 可以解释 86.1692%的方差变异，超过 85%，因此取因子 1 与因子 2 即可。

从显著性水平检验 P 值看，因子 1 与因子 2 对应的 P 值小于 0.05，而因子 3 与因子 4 对应的 P 值都大于 0.05，因此取因子 1 与因子 2 即可。

根据贡献率，得到主成分函数为 $F=0.4743F_1+0.3874F_2$。

b）主成分矩阵表

由于因子 1 加因子 2 的累计贡献率超过 85%，因此以因子 1 与因子 2 对应的数据（图 9-77），写出主成分表达式。

$$F_1 = 0.5306zx_1 + 0.5938zx_2 + 0.2607zx_3 + 0.5458zx_4$$
$$F_2 = -0.4122zx_1 + 0.4045zx_2 + 0.7207zx_3 - 0.3835zx_4$$

这里 zx_i 表示标准化后的数据。

c）主成分分析的因子得分

利用主成分函数为 $F = 0.4743F_1 + 0.3874F_2$，计算 $Y(i, 1)$ 与 $Y(i, 2)$ 两项得分（图 9-78）之和，得到综合得分，并进行排序（图 9-79）。

12	规格化特征向量			
13		因子1	因子2	因子3	因子4
14	X1销售净	0.5306	-0.4122	0.7018	0.2366
15	X2资产净	0.5938	0.4045	0.0229	-0.6952
16	X3净资产	0.2607	0.7207	0.0097	0.6423
17	X4销售毛	0.5458	-0.3835	-0.7119	0.2196

图 9-77　主成分矩阵表

25	主成分分析得分			
26					
27	No	Y(i,1)	Y(i,2)	Y(i,3)	Y(i,4)
28	歌华有线	1.2318	-1.6867	1.3461	0.2703
29	五粮液?	1.1633	1.4636	0.0984	-0.0895
30	用友软件	0.6176	-1.8888	-1.0391	0.1499
31	太太药业	1.3072	-1.0850	-0.0168	0.0967
32	浙江阳光	-0.5588	0.5978	0.2395	-0.4169
33	烟台万华	1.2130	1.4643	0.3663	-0.8017
34	方正科技	-1.7224	1.5181	0.1591	0.9721
35	红河光明	0.0853	-1.8843	0.4132	0.0063
36	贵州茅台	1.4138	-0.3084	-0.8432	0.2326
37	中铁二局	-1.9962	0.1548	0.1318	-0.2412
38	红星发展	1.1958	0.5351	0.2425	-0.1557
39	伊利股份	-0.8263	1.0653	-0.2180	0.0997
40	青岛海尔	0.2144	0.3460	-1.2756	-0.1693
41	湖北宜化	-2.2911	-0.9873	0.1012	-0.3417
42	雅戈尔?	1.0253	1.4151	0.3212	0.4782
43	福建南纸	-2.0727	-0.7197	0.0334	-0.0900

图 9-78　因子得分

公司	No	Y(i,1)	Y(i,2)	综合得分
烟台万华	N(6)	1.2527417	1.5123679	1.1801
五粮液	N(2)	1.2014603	1.5116442	1.1555
雅戈尔	N(15)	1.05896	1.4614933	1.0684
红星发展	N(11)	1.2349682	0.5526016	0.7998
贵州茅台	N(9)	1.460178	-0.318508	0.5692
青岛海尔	N(13)	0.2214748	0.357302	0.2435
太太药业	N(4)	1.3501083	-1.120575	0.2062
伊利股份	N(12)	-0.853383	1.1002476	0.0215
浙江阳光	N(5)	-0.577149	0.6174273	-0.0346
歌华有线	N(1)	1.2722317	-1.742065	-0.0715
方正科技	N(7)	-1.778855	1.5679104	-0.2363
用友软件	N(3)	0.6378417	-1.950715	-0.4532
红河光明	N(8)	0.0880991	-1.946069	-0.7121
中铁二局	N(10)	-2.061709	0.1598976	-0.9159
福建南纸	N(16)	-2.140693	-0.743267	-1.3033
湖北宜化	N(14)	-2.366275	-1.019692	-1.5174

图 9-79　综合得分结果

综合得分结果显示，烟台万华综合得分最高，五粮液其次，雅戈尔第三。

9.8　因 子 分 析

因子分析（factor analysis），也称为因素分析，也是对多变量的降维方法，从众多相关的指标中找出少数几个综合性指标来反映原来指标所包含的主要信息。它是用少数几个因子来描述许多指标或因素之间的联系，即用较少几个因子反映原始数据的大部分信息的统计方法。

因子分析最早由英国心理学家斯皮尔曼提出。他发现学生的各科成绩之间存在着一定的相关性，一科成绩好的学生，往往其他各科成绩也比较好，从而推想是否存在某些潜在的共性因子或称某些一般智力条件，影响着学生的学习成绩。因子分析可在许多变量中找出隐藏的具有代表性的因子。将相同本质的变量归入一个因子，可减少变量的数目，还可检验变量间关系的假设。

在多元统计中，经常遇到诸多变量之间存在强相关性的问题，它会给分析带来许多困难。通过因子分析，可以找出几个较少的有实际意义的因子，反映出原来数据的基本结构。例如，在调查汽车配件的价格的研究中，通过因子分析从 20 个指标中概括出原材料供应商、配件厂商、新进入者、后市场零部件厂商、整车厂和消费者 6 个基本指标，从而找出对企业配件价格起决定性作用的几个指标。另外，通过因子分析，还可以找出少数的几个因子来代替原来的变量作回归分析、聚类分析、判别分析等。

因子分析的基本步骤如下。

9.8.1 多变量的相关性检验

因子分析是从众多的原始变量中综合出少数几个具有代表性的因子，这必定有一个前提条件，即原有变量之间具有较强的相关性。如果原有变量之间不存在较强的相关关系，则无法找出其中的公共因子。因此，在因子分析时需要对原有变量作相关分析，通常可采用如下几种方法。

1）Bartlett 球形检验

如果巴特利特球形检验（Bartlett test of sphericity）的统计量数值较大，且对应的相伴概率值小于用户给定的显著性水平 α，则应该拒绝零假设；反之，则不能拒绝零假设，认为诸多变量之间不存在较强的相关性，不适合作因子分析。

2）KMO（Kaiser-Meyer-Olkin）检验

KMO 统计量用于检验变量间的偏相关性是否足够小，是简单相关系数和偏相关系数的一个相对指数。KMO 的取值在 0～1，如果 KMO＞0.9，说明非常适合作因子分析；如果 0.8＜KMO＜0.9，说明适合作因子分析；如果 0.7＜KMO＜0.8，说明作因子分析的适合性一般；如果 0.6＜KMO＜0.7，表示不太适合作因子分析；如果 KMO＜0.5，表示不适合作因子分析。

9.8.2 提取因子

提取因子的方法有很多，有"主成分分析法""主轴因子法""极大似然法""最小二乘法""Alpha 因子提取法"和"映象因子提取法"等。最常用的是"主成分分析法"和"主轴因子法"，其中又以"主成分分析法"的应用最为普遍。

9.8.3 因子旋转

在因子提取时，通常提取初始因子后无法对因子作有效的解释。为了更好地解释因子，必须对负荷矩阵进行旋转，旋转的目的在于改变每个变量在各因子中的负荷量的大小。旋转方法有以下几种。

（1）方差最大旋转（varimax），是一种正交旋转法，坐标轴在旋转过程中始终保持垂直，新生成的因子之间保持不相关性。

（2）四次方最大正交旋转（quartimax），对变量作旋转，使每个变量中需要解释的因子数最小。

（3）平均正交旋转（equamax），对变量和因子均作旋转。

（4）斜交旋转（direct oblimin 或 promax），斜交旋转中坐标轴中的夹角可以是任意度数，新生成的因子之间不能保持不相关性。

在使用过程中一般选用正交旋转法，以最大程度地保证新生成的因子之间保持不相关性。

9.8.4 因子命名

因子的命名是因子分析的一个核心问题。旋转后可决定因子个数，并对其进行命名。对于新因子变量的命名要根据新因子变量与原有变量的关系，即观察旋转后的因子负荷矩阵中某个新因子变量能够同时解释多少原有变量的信息。

9.8.5 计算因子得分

在因子确定后，便可计算各因子在每个样本上的具体数值，这些数值就是因子的得分，形成的新变量称为因子变量，它和原有变量的得分相对应。有了因子得分，在以后的分析中就可以用因子变量代替原有变量进行数据建模，或利用因子变量对样本进行分类或评价等研究，进而实现降维和简化的目标。常见的计算方法如下。

1）回归法（Regression）

该方法因子得分的均值为 0。方差等于估计因子得分与实际因子得分之间的多元相关的平方。

2）巴特利特法（Bartlett）

该方法因子得分均值为 0。

3）安德森-鲁宾法（Anderson-Rubin）

该方法是为了保证因子的正交性而对 Bartlett 法因子得分的调整。因子得分的均值为 0，标准差为 1，且彼此不相关。

【例 9-8】 根据 2002 年 16 家上市公司 4 项指标的数据（表 9-8），试对其进行综合盈利能力的因子分析。

（1）在 DPS 中定义数据块，选择菜单"多元分析"→"多因素分析"→"因子分析"（图 9-80）。

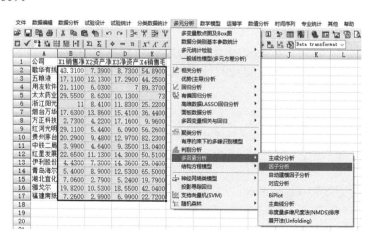

图 9-80 菜单选择

（2）弹出对话框（图 9-81）。

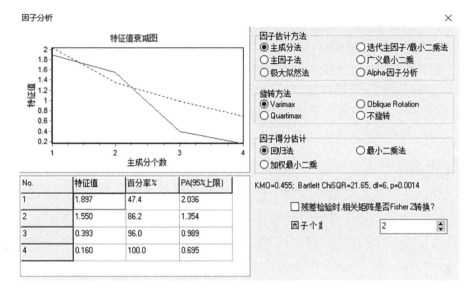

图 9-81　参数选择

左侧上部为特征值衰减图，左侧下部为因子特征值及累计贡献率。从左侧可以知道，因子 1 与因子 2 的特征值大于 1，累计贡献率为 86.2%。

右侧上部是因子估计方法，共有 6 种方法，一般用主成分法。如果样本较大，且样本数是因子数的 10 倍以上，可以用极大似然法。

右侧中部是旋转方法和因子得分估计方法。

右侧下部是 KMO 值、巴特利球形检验及因子个数选择，这里 KMO 值为 0.455，Bartlett 球形检验 P 值小于 0.01，因子个数取 2。

点击"确定"，得到结果，主要结果如下。

（1）多变量的相关性检验与因子提取数确定见图 9-82。

10	Kaiser-Meyer-Olkin Measure of Sampling Adequacy(KMO)=0.4550						
11	Bartlett球形检验	卡方值Chi=21.6474	df=6		p=0.0014		
12							
13	No	特征值	百分率%	累计百分率%	Chi-	df	p值
14	1	1.8972	47.4292	47.4292	21.6474	9	0.0101
15	2	1.5496	38.7400	86.1692	16.1852	5	0.0063
16	3	0.3930	9.8255	95.9948	2.5014	2	0.2863
17	4	0.1602	4.0052	100	0.0000	1	1.0000

图 9-82　相关性检验与因子数

KMO 值小于 0.5，不适合作因子分析。Bartlett 球形检验 P 值小于 0.01，表明不同变量间有较强的相关性。

因子 1 与因子 2 的特征值大于 1，两者累计贡献率大于 85%，显著性检验 P 值小于 0.05，因此适宜提取这两个因子。

（2）初始因子载荷矩阵见图 9-83。

第一主因子 F_1 在销售净利率（x_1）、资产净利率（x_2）、销售毛利率（x_4）上有较大的负荷，分别为 0.7309、0.8179、0.7518；第二主因子 F_2 在净资产收益率（x_3）上有较大负荷，为 0.8972（图 9-83）。

（3）相关矩阵的估计见图 9-84。

相关矩阵拟合的平均绝对偏差为 0.059 573，偏差大于 0.05 的相关系数有 2 个，占 33.33%（图 9-84），表明再现原始数据的相关矩阵的性能一般，这个百分比越低越好。显著性检验水平 P 值大于 0.05，表明因子数目是适宜的。

因子估计方法：主成分方法
初始因子估计值

No.	F1	F2	共同度	特殊方差
X1销售净	0.7309	−0.5131	0.7975	0.2025
X2资产净	0.8179	0.5035	0.9224	0.0776
X3净资产	0.3590	0.8972	0.9339	0.0661
X4销售毛	0.7518	−0.4774	0.7931	0.2069
方差贡献	1.8973	1.5497		
占%	47.4300	38.7400		
累计%	47.4300	86.1700		

56	RMS=0.084628
57	λ_{max}=1.3710
58	平均绝对偏差=0.059573
59	偏差大于0.05的相关系数有2个，占33.33%
60	统计检验 W=0.86651
61	显著性水平p=0.21266
62	拟合指数Q=0.69013

图 9-83　初始因子载荷矩阵　　　　　图 9-84　相关矩阵的估计

（4）旋转后的因子载荷矩阵（图 9-85）。

63	旋转方法：Varimax with Kaiser						
64	因子载荷矩阵						
65		因子1	因子2	共同度	特殊方差	简化	因子1	因子2
66	X1销售净	0.8930	0.0082	0.7975	0.2025	X1销售净	0.8930	
67	X2资产净	0.3720	0.8854	0.9224	0.0776	X2资产净		0.8854
68	X3净资产	−0.2303	0.9386	0.9339	0.0661	X3净资产		0.9386
69	X4销售毛	0.8892	0.0494	0.7931	0.2069	X4销售毛	0.8892	
70	方差贡献	1.7795	1.6674					
71	累计贡献%	44.4881	86.1742					

图 9-85　旋转后的因子载荷矩阵

因子 1 可以看作销售能力指标，因子 2 可以看作资产获利能力指标。

因子 1 的累计贡献为 44.4881%，因子 2 的贡献率为 86.1742%−44.4881%=41.6861%，因此因子综合得分函数 $F=0.444\ 881F_1+0.416\ 861F_2$。

（5）因子得分见图 9-86。

（6）综合得分见图 9-87。

利用因子综合得分函数 $F=0.444\ 881F_1+0.416\ 861F_2$，计算 $Y(i,\ 1)$ 与 $Y(i,\ 2)$ 两项得分之和，得到综合得分，并进行排序。

烟台万华得分最高，五粮液其次，贵州茅台第三。这个结果与主成分分析法有所不同。

因子分析不是对原有变量的取舍，而是根据原始变量的信息进行重新组合，找出影响变量的共同因子，简化数据；此外，它通过旋转使得因子变量更具有可解释性。

因子得分估计：回归法

系数	因子1	因子2
X1销售净	0.5060	−0.0450
X2资产净	0.1614	0.5151
X3净资产	−0.1831	0.5810
X4销售毛	0.5016	−0.0199

得分	Y(i, 1)	Y(i, 2)
歌华有线	1.5159	−0.5813
五粮液	0.0024	1.4477
用友软件	1.2478	−0.9729
太太药业	1.2791	−0.1564
浙江阳光	−0.6094	0.1544
烟台万华	0.0314	1.4692
方正科技	−1.7267	0.2639
红河光明	0.9314	−1.1949
贵州茅台	0.9789	0.3960
中铁二局	−1.2509	−0.7424
红星发展	0.4558	0.8548
伊利股份	−0.9859	0.3467
青岛海尔	−0.0352	0.3166
湖北宜化	−0.8910	−1.6132
雅戈尔	−0.0563	1.3577
福建南纸	−0.8872	−1.3460

图 9-86 因子得分

公司	No	Y(i, 1)	Y(i, 2)	综合得分
烟台万华	N(6)	0.0324528	1.5173423	0.6470
五粮液	N(2)	0.0025154	1.4951992	0.6244
贵州茅台	N(9)	1.0109962	0.4089737	0.6203
红星发展	N(11)	0.4707245	0.8828605	0.5774
雅戈尔	N(15)	−0.058165	1.4022202	0.5587
太太药业	N(4)	1.321041	−0.161493	0.5204
歌华有线	N(1)	1.5656582	−0.600393	0.4463
用友软件	N(3)	1.2886828	−1.004774	0.1545
青岛海尔	N(13)	−0.036311	0.3269995	0.1202
红河光明	N(8)	0.9619501	−1.234049	−0.0865
浙江阳光	N(5)	−0.629436	0.159446	−0.2136
伊利股份	N(12)	−1.018277	0.3581194	−0.3037
方正科技	N(7)	−1.783331	0.2725374	−0.6798
中铁二局	N(10)	−1.29197	−0.766781	−0.8944
福建南纸	N(16)	−0.916301	−1.390154	−0.9871
湖北宜化	N(14)	−0.920231	−1.666056	−1.1039

图 9-87 综合得分

复习思考题

1. 什么叫作多元回归和偏回归？什么叫作多元相关和偏相关？偏相关系数和简单相关系数有什么关系？

2. 决定系数、偏相关系数、复相关系数之间有何异同？为什么说在变量数多于两个时偏回归分析和偏相关分析才是评定各变量效应和相关密切程度较好的方法？

3. 如何检验多元回归方程、偏回归系数、多元相关系数和偏相关系数？

4. 某城市测定了车流（x_1，辆）、气温（x_2，℃）、空气湿度（x_3，%RH）、风速（x_4，m/s）和一氧化氮（y，mg/L）的资料，试对其进行多元回归分析，找出它们之间的联系。

车流 (x_1, 辆)	气温 (x_2, ℃)	空气湿度 (x_3, %RH)	风速 (x_4, m/s)	一氧化氮 (y, mg/L)	车流 (x_1, 辆)	气温 (x_2, ℃)	空气湿度 (x_3, %RH)	风速 (x_4, m/s)	一氧化氮 (y, mg/L)
1300	20.0	80	0.45	0.066	948	22.5	69	2.00	0.005
1444	23.0	57	0.50	0.076	1440	21.5	79	2.40	0.011
786	26.5	64	1.50	0.001	1084	28.5	59	3.00	0.003
1652	23.0	84	0.40	0.170	1844	26.0	73	1.00	0.140
1756	29.5	72	0.90	0.156	1116	35.0	92	2.80	0.039
1754	30.0	76	0.80	0.120	1656	20.0	83	1.45	0.059
1200	22.5	69	1.80	0.040	1536	23.0	57	1.50	0.087
1500	21.8	77	0.60	0.120	960	24.8	67	1.50	0.039
1200	27.0	58	1.70	0.100	1784	23.3	83	0.90	0.222
1476	27.0	65	0.65	0.129	1496	27.0	65	0.65	0.145
1820	22.0	83	0.40	0.135	1060	26.0	58	1.83	0.029
1436	28.0	68	2.00	0.099	1436	28.0	68	2.00	0.099

5. 27 名糖尿病患者的血清总胆固醇、甘油三酯、空腹胰岛素、糖化血红蛋白、空腹血糖的测量值列于下表，试建立空腹血糖与其他几项指标关系的多元线性回归方程。

序号	总胆固醇 (x_1, mmol/L)	甘油三酯 (x_2, mmol/L)	空腹胰岛素 (x_3, μU/mL)	糖化血红蛋白 (x_4, %)	空腹血糖 (y, mmol/L)
1	5.68	1.90	4.53	8.2	11.2
2	3.79	1.64	7.32	6.9	8.8
3	6.02	3.56	6.95	10.8	12.3
4	4.85	1.07	5.88	8.3	11.6
5	4.60	2.32	4.05	7.5	13.4
6	6.05	0.64	1.42	13.6	18.3
7	4.90	8.50	12.60	8.5	11.1
8	7.08	3.00	6.75	11.5	12.1
9	3.85	2.11	16.28	7.9	9.6
10	4.65	0.63	6.59	7.1	8.4
11	4.59	1.97	3.61	8.7	9.3
12	4.29	1.97	6.61	7.8	10.6
13	7.97	1.93	7.57	9.9	8.4
14	6.19	1.18	1.42	6.9	9.6
15	6.13	2.06	10.35	10.5	10.9
16	5.71	1.78	8.53	8.0	10.1
17	6.40	2.40	4.53	10.3	14.8
18	6.06	3.67	12.79	7.1	9.1
19	5.09	1.03	2.53	8.9	10.8
20	6.13	1.71	5.28	9.9	10.2
21	5.78	3.36	2.96	8.0	13.6
22	5.43	1.13	4.31	11.3	14.9
23	6.50	6.21	3.47	12.3	16.0
24	7.98	7.92	3.37	9.8	13.2
25	11.54	10.89	1.20	10.5	20.0
26	5.84	0.92	8.61	6.4	13.3
27	3.84	1.20	6.45	9.6	10.4

6. 某养殖场捕捞了一批青鱼，随机抽取了其中 10 尾进行测量，数据见下表，试建立二元回归方程，计算复相关指数和复相关系数，对偏回归系数进行显著性检验。

体厚(x_1)(cm)	19.3	19.5	19.7	20.0	20.0	20.1	20.2	20.6	20.7	21.0
体长(x_2)(cm)	102	118	99	117	117	93	103	98	88	94
体重(y)(kg)	9.5	11.05	9.5	10.7	10.95	9.45	9.15	9.95	9.10	10.05

7. 1973 年江苏启东高产棉田的部分调查资料见下表，x_1 为每亩株数（单位：$\times 10^3$ 株），x_2 为每株铃数，y 为每亩皮棉产量（kg）。试计算：①多元回归方程；②对偏回归系数作显著性检验，并解释结果；③多元相关系数和偏相关系数，并作显著性检验。

x_1	6.21	6.29	6.38	6.5	6.52	6.55	6.61	6.77	6.82	6.96
x_2	10.2	11.8	9.9	11.7	11.1	9.3	10.3	9.8	8.8	9.6
y	190	221	190	214	219	189	183	199	182	201

第10章 协方差分析

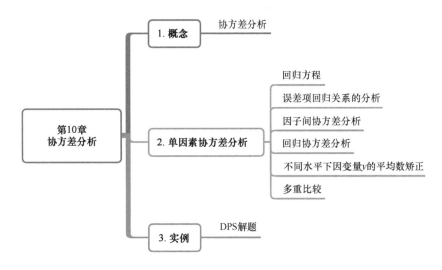

内 容 提 要

　　协方差分析（analysis of covariance）就是将回归与方差分析结合起来的一种分析方法。它先将变量的影响因素看作自变量，或称协变量，试图建立因变量随自变量变化的回归方程，这样就可利用回归方程把因变量的变化中受自变量因素影响的部分扣除掉，从而提高分析的准确性和精确性。因此，分析的基本思路是首先建立因变量 y 随协变量 x 变化的线性回归方程，然后利用这种回归关系把 x 值化为相等后，再进行各组 y 的修正均数间比较的假设检验。在进行协方差分析时需要注意：①统计资料应服从正态分布，否则要作适当的统计转换；②一般方差分析时差异显著，而作协方差分析时不显著，表明差异是由初始试验条件造成的，并非处理造成的；③一般方差分析时差异不显著，而协方差分析时处理间差异显著，表明扣除试验条件的影响后处理间有真正的差异。

　　在单因素、双因素或多因素试验中，有时会存在无法控制的因素 x 影响试验结果 y，当 x 可以测量，x 与 y 之间又有显著的线性回归时，常常利用线性回归来矫正 y 的观测值以及消除 x 的差异对 y 的影响。例如，研究施肥对苹果树产量 y 的影响时，由于苹果树的长势 x 不齐，必须消去长势 x 对产量 y 的影响；又如，研究饲料对动物增重 y 的影响，由于动物的初重 x 不同，必须消去初重 x 对增重 y 的影响。这种不是在试验中控制某个因素，而是在试验后对该因素的影响进行估计，并对试验指标的值作出调整的方法称为统计控制，可以作为试验控制的辅助手段。以统计控制为目的，综合线性回归分析与方差分析所得到的统计分析方法，称为协方差分析（analysis of covariance），所需要统计控制的一个或多个因素，如苹果树的长势、动物的初重等称为协变量（covariant）。

10.1 单因素协方差分析的步骤

10.1.1 回归方程

不考虑因素 A 不同水平的影响，根据协方差 x 与因变量 y，建立回归方程，得到对应的相关系数 R；考虑因素 A 不同水平的影响，建立不同水平下协方差 x 与因变量 y 之间的回归方程，得到对应的相关系数 R'，比较 R 与 R'，如果 $R<R'$，可初步判定因素 A 不同水平对因变量 y 有影响，不可忽视。

10.1.2 误差项回归关系的分析

本步骤得到误差项的回归系数并对线性回归关系进行显著性检验，若显著，则说明 y 与 x 两者间存在回归关系，可应用线性回归关系来矫正 y 值，以消去由于 x 不同所带来的影响，然后根据矫正后的 y 值来进行方差分析。如线性回归关系不显著，则无需继续进行分析。

10.1.3 因子间协方差分析

根据因素对应的 P 值，来判断因素 A 不同水平对因变量 y 的影响是否显著，以决定是否需要进行因变量 y 的平均数矫正和多重比较。

10.1.4 回归协方差分析

对因素 A 不同水平的回归系数、截距分别进行差异显著性检验。

10.1.5 不同水平下因变量 y 的平均数矫正

在调整处理平均（回归）表中，可以得到因素 A 不同水平下因变量 y 的平均数矫正值。注意，不是调整处理平均（因子）表。

10.1.6 多重比较

因素 A 不同水平时，比较因变量 y 之间的具体差异。

10.2 实　例

【例 10-1】　研究三种草鱼饲料配方的效果，选择 24 尾草鱼，随机分成 3 组，每组 8 尾，进行不同饲料喂养试验，测定结果见表 10-1。试分析三种饲料配方对草鱼的增重差异是否显著。

表 10-1　三种饲料配方投喂试验中草鱼的初始重与日增重资料　　　　（单位：g）

编号	饲料 A_1		饲料 A_2		饲料 A_3	
	初始重 x	日增重 y	初始重 x	日增重 y	初始重 x	日增重 y
1	88	1.54	100	2.65	97	2.41
2	106	1.61	125	3.05	119	2.63
3	113	1.83	109	2.86	115	2.68
4	91	1.45	102	2.77	102	2.50
5	130	1.99	136	3.18	133	2.88
6	95	1.58	117	2.98	88	2.33
7	79	1.35	96	2.63	82	2.21
8	117	1.84	113	2.85	109	2.49

DPS 解题过程如下。

（1）按照下图输入数据，选择数据（图 10-1）。

文件	数据编辑	数据分析	试验设计	试验统计	分类数据统计	专业统计	多元分析	数学模型	运筹学	数值分析	时间序列

	A	B	C	D	E	F	G	H	I	J	K	L	M	N	O	P	Q
1		x	y	x	y	x	y	x	y	x	y	x	y	x	y	x	y
2	配方1	88	1.54	106	1.61	113	1.83	91	1.45	130	1.99	95	1.58	79	1.35	117	1.84
3	配方2	100	2.65	125	3.05	109	2.86	102	2.77	136	3.18	117	2.98	96	2.63	113	2.85
4	配方3	97	2.41	119	2.63	115	2.68	102	2.50	133	2.88	88	2.33	82	2.21	109	2.49
5																	

图 10-1　数据输入

（2）点击菜单"试验统计"→"随机区组设计协方差分析"→"单因素"，弹出对话框（图 10-2）。

（3）处理 A 个数选择 3，自变量个数选择 1，点击"确定"，得到结果。

a）回归方程

结果显示，将 24 对数据当作一个样本看待，总回归的回归截距 A 为 0.2222，回归系数 b_1 为 0.0199，即总的回归方程为 $y = 0.2222 + 0.0199x$（图 10-3）。此时相关系数 R 为 0.558 86。

图 10-2　水平数的设定

随机区组设计	
回归方程系数B：	
总回归	
回归截距A	0.2222
回归系数	b1=0.0199
相关系数R=0.55886	
共同回归	
回归截距	
y1,1=0.3446	
y2,1=1.4413	
y3,1=1.1707	
回归系数	b1=0.0127
相关系数R=0.97650	

图 10-3　回归方程

当考虑三种配方之间的差异，得到三个回归截距与一个共同的回归系数 b_1，即建立有共同回归系数的三个直线回归方程。

$$y = 0.3446 + 0.0127x$$

$$y = 1.4413 + 0.0127x$$

$$y = 1.1707 + 0.0127x$$

此时相关系数 R 为 0.976 50，明显高于把所有数据当作一个样本来处理时的 R 值。

b）回归误差项方差分析

$P=0.0000$，表示初始重 x 与日增重 y 之间的回归极显著（图 10-4），需要进一步作因子间协方差分析。

表 回归误差项方差分析				
方差来源	平方和	自由度	均方	F值	p值
回归	0.1294	1	0.1294	74.6964	0.0000
残差	0.0225	13	0.0017		
总的	0.1520	14			

图 10-4　回归误差项方差分析

c）因子间协方差分析

$P=0.0000$，表示不同饲料配方对草鱼日增重的影响极显著（图 10-5），因此需要对不同饲料配方水平下的平均数矫正和作多重比较。

表 因子间协方差分析结果				
方差来源	平方和	自由度	均方	F值	p值
区组间	0.0194	7			
误差	0.0225	13	0.0017		
处理A+误差	3.5639	15			
处理A间	3.5414	2	1.7707	1021.9086	0.0000

图 10-5　因子间协方差分析

d）回归协方差分析

对三个共同回归系数 B 进行差异显著性检验（图 10-6），$P=0.5870>0.05$，没有显著差异，因此可以用共同的回归系数 0.0127。

表 回归协方差分析结果				
变异来源	平方和	自由度	均方	F值	p值
总回归	4.9724	22			
离回归	0.0395	18	0.0022		
误差	4.9329	4	1.2332	561.8637	0.0000
回归系数B间	0.0024	2	0.0012	0.5488	0.5870
回归截距A间	4.9305	2	2.4653	1176.2524	0.0000
共同回归系数	0.0419	20	0.0021		

图 10-6　回归协方差分析

对三个回归截距 A 进行差异显著性检验，$P=0.0000<0.01$，差异极显著，因此需要用三个不同的截距，表明 y 矫正后三种饲料配方对草鱼日增重 y 的影响极显著。

e）平均数矫正

根据调整处理平均（回归）的结果，配方 1 的矫正平均日增重为 1.7045，最差；配方 2 的矫正平均日增重为 2.8012，最好；配方 3 的矫正平均日增重为 2.5306，居中（图 10-7）。

  f）多重比较

  多重比较结果显示，配方 1 与配方 2 对日增重影响有极显著的差异（$P=0.0000<0.01$），配方 1 与配方 3 对日增重影响有极显著差异（$P=0.0000<0.01$），配方 2 与配方 3 对日增重影响有极显著差异（$P=0.0000<0.01$）（图 10-8）。

表	调整处理平均（回归）：	
处理	平均值	调整后均值
A1B1	1.6488	1.7045
A2B1	2.8712	2.8012
A3B1	2.5162	2.5306
T-测验结果（回归）：		p值	SD
T(y1-y2)=	46.0274	0.0000	0.0238
T(y1-y3)=	35.9273	0.0000	0.0230
T(y2-y3)=	11.6055	0.0000	0.0233

图 10-7 平均数矫正

表	调整处理平均（回归）：	
处理	平均值	调整后均值
A1B1	1.6488	1.7045
A2B1	2.8712	2.8012
A3B1	2.5162	2.5306
T-测验结果（回归）：		p值	SD
T(y1-y2)=	46.0274	0.0000	0.0238
T(y1-y3)=	35.9273	0.0000	0.0230
T(y2-y3)=	11.6055	0.0000	0.0233

图 10-8 多重比较结果

复习思考题

1. 什么叫协方差分析？其与方差分析比较有何优势？

2. 如何进行协方差分析？在进行协方差分析时有哪些注意事项？

3. 为研究 A、B、C 三种饲料对猪的催肥效果，用每种饲料喂养 8 头猪一段时间，测得每头猪的初始重量（X）和增重（Y）。试分析三种饲料对猪的催肥效果是否相同？

编号	A 饲料		B 饲料		C 饲料	
	X_1	Y_1	X_2	Y_2	X_3	Y_3
1	15	85	17	97	22	89
2	13	83	16	90	24	91
3	11	65	18	100	20	83
4	12	76	18	95	23	95
5	12	80	21	103	25	100
6	16	91	22	106	27	102
7	14	84	19	99	30	105
8	17	90	18	94	32	110

4. 为研究 A、B、C 三种饲料对增加大白鼠体重的影响，有人按随机区组设计将初始体重相近的 36 只大白鼠分成 12 个区组，再将每个区组的 3 只大白鼠随机分入 A、B、C 三种饲料组，但在试验设计时未对大白鼠的进食量加以限制。三组大白鼠的进食量（X）与所增体重（Y）如下表所示，问扣除进食量因素的影响后，三种饲料对增加大白鼠体重有无差别？

区组	A 组		B 组		C 组	
	X_1	Y_1	X_2	Y_2	X_3	Y_3
1	256.9	27.0	260.3	32.0	544.7	160.3
2	271.6	41.7	271.1	47.1	481.2	96.1
3	210.2	25.0	214.7	36.7	418.9	114.6
4	300.1	52.0	300.1	65.0	556.6	134.8
5	262.2	14.5	269.7	39.0	394.5	76.3
6	304.4	48.8	307.5	37.9	426.6	72.8
7	272.4	48.0	278.9	51.5	416.1	99.4
8	248.2	9.5	256.2	26.7	549.9	133.7
9	242.8	37.0	240.8	41.0	580.5	147.0
10	342.9	56.5	340.7	61.3	608.3	165.8
11	356.9	76.0	356.3	102.1	559.6	169.8
12	198.2	9.2	199.2	8.1	371.9	54.3

第11章 试验设计

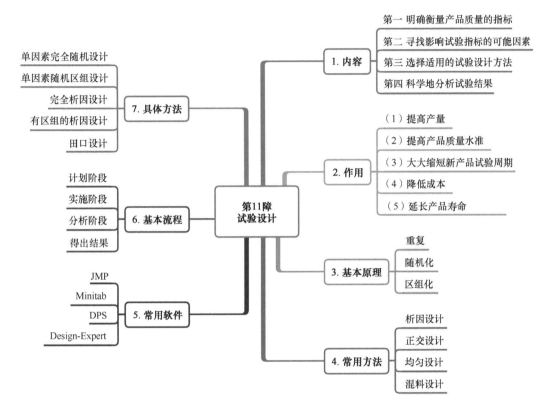

内 容 提 要

众所周知，试验设计是生命科学工作者在进行研究之前，需要制定的完善的研究方案，那么什么样的方案才称得上是完善的呢？一般来说，需具备以下几个条件：试验所需的人力、物力和时间等资源；试验设计的"三要素"和"三原则"应符合专业与统计学要求；对试验数据的收集、整理、分析等有一套规范且正确的方法。其中"三要素"和"三原则"是试验设计的核心，三要素是指试验对象、试验因素、试验效应，而三原则是指随机、重复、局部控制。

在具体开展试验设计的过程中，需要针对研究的内容选用不同的试验设计方法，常用的试验设计方法主要有：析因设计、正交设计、均匀设计、混料设计等。常用的试验设计软件有 JMP、Minitab、DPS、Design-Expert，本章主要对 JMP 进行介绍。

析因设计是一种多因素的交叉分组设计，它要求每个因素的不同水平都要进行组合，因此对因素与效应之间的关系剖析得比较透彻，当因素数目和水平数都不太大，且效应与因素之间的关系比较复杂时，常常被推荐使用。但当研究因素较多，且每个因素的水平数也较多时，析因设计要求的试验可能太多，实施起来非常困难。正交设计是根据正交性从全面试验中挑选出部分有代表性的点进行试验，这些有代表性的点具备"均匀性、齐整可比性"的特点，是一种高效率、快速、经济的试验设计方法。均匀设计是只考虑试验点在试验范围内均匀散布的一种试验设计方法。因此，实践中若因素多、水平数多而要求试验次数少的研究，一般用均匀设计来安排试验；对于因素少、水平数不多的研究，一般采用正交设计；有时，可以将二者结合起来。

试验设计（design of experiment，DOE），也称为实验设计。不少人认为统计主要是数据处理和分析。实际上，统计的第一步便是试验设计（有时要通过观察研究，但其思想依然是试验设计的思想）。"凡事预则立，不预则废"，试验设计是一个计划，有了良好的计划，才有可行的试验。在工农业生产和科学研究中，经常需要做试验，以求达到预期的目的。例如，在工农业生产中希望通过试验达到高质、优产、低消耗，特别是新产品试验，未知的东西很多，要通过试验来摸索工艺条件或配方。如果要最有效地进行科学试验，必须用科学方法来设计。好的设计可以节省样本、节省钱财、节省时间。试验设计自 20 世纪 20 年代问世至今，其发展大致经历了三个阶段：即早期的单因素和多因素方差分析、传统的正交试验法与近代的调优设计法。从 20 世纪 30 年代费希尔在农业生产中使用试验设计方法以来，试验设计方法已经得到广泛的发展，统计学家发现了很多非常有效的试验设计技术。20 世纪 60 年代，日本统计学家田口玄一将试验设计中应用最广的正交设计表格化，在方法解说方面深入浅出地为试验设计的更广泛使用作出了巨大贡献。

11.1　试验设计的内容与作用

当我们对一个系统进行研究时，常把可观测到的输出指标称为响应，即因变量；并把我们能设定并影响系统的输入因子称为自变量。试验过程即通过改变自变量来影响因变量，并从中探索总结出系统运行规律的过程。在试验开始前，我们需要进行完善的试验设计，通过合理安排试验，以较小的试验规模（试验次数）、较短的试验周期以及较低的试验成本获得理想的试验结果和有效客观的结论。

试验是否科学高效主要是由试验设计决定的，一个好的试验设计往往需要包含以下内容。

第一是明确衡量产品质量的指标，这个质量指标必须是能够量化的指标，在试验设计中称为试验指标，即因变量，也称为响应变量（response variable）或输出变量。

第二是寻找影响试验指标的可能因素（factor），即自变量，也称为影响因子或输入变量。因素变化的各种状态就是水平，要求根据专业知识初步确定因素水平的范围。

第三是根据实际问题，选择适用的试验设计方法。不同的试验设计方法有不同的适用条件，选择了适用的方法就可以事半而功倍，选择的方法不正确或者根本没有进行有效的试验设计就会事倍而功半。

第四是科学地分析试验结果，包括对数据的直观分析、方差分析、回归分析等多种统计分析方法，这些工作可以借助 JMP、Minititab 等软件完成。

试验设计在工业生产和工程设计中能发挥重要的作用，主要涉及如下几个方面。

（1）研究多因子共同影响的系统。

（2）节约试验成本、时间与资源。

（3）极大缩短新产品试验周期。

（4）建立工艺投入与产出的因果关系。

（5）确定影响产品质量或工艺性能的主要因子。

（6）提高产品质量和工艺性能并使其具有稳定性。

实验设计与数理统计分析是密不可分的。实验设计可帮助实验过程更加科学合理，并使收集的数据适用于统计学分析；数理统计分析可帮助我们免受实验误差的干扰，找到数据背后的规律，得出有效客观的结论。两个课题紧密相连，我们应当根据实验目的选择对应的实验设计方法，根据实验设计方法对数据进行对应的数理统计分析。

11.2　试验设计的基本原理

实验设计的基本原则最初由统计学家费希尔于 20 世纪 20 年代提出。当时他在英国的一所农业实验站工作，由于农业试验规模庞大、地域广、试验周期长，且需要妥善处理田间差异等问题，对试验工作造成了巨大困难。为提高试验效率，更有条理地进行实验设计，费希尔在工作中总结出实验设计的三项基本原则，即重复、随机化及区组化。

他所提出的这些原则为实验设计提供了巨大的帮助，至今仍具有重要的指导意义。

11.2.1　重复

重复也称"复制""仿行""完全重复"等，即一个处理施用于多个试验单元。重复原则要求对不同的单元进行完全的重复，而不仅仅是在同一个单元内进行重复的取样。通俗地讲，我们需要重新做一组各影响因素完全相同的试验。这使得我们的试验数据来源于多个单元组成的总体，而非仅来自其中的某个单元。这使得试验结果不会因某个单元具有巨大误差而受到不可挽回的影响，进而使得试验结果更具可靠性与精确性。

重复原则不一定要对所有的处理都进行重复，有许多方法可节省试验次数。如安排在各自变量水平的"中心点"进行重复，别处只进行一次试验，这将大大节省试验成本，提高试验效率。

11.2.2　随机化

随机化是指以完全随机的方式安排各试验的顺序与所使用的试验单元。即试验材料的分配和试验进行的次序都是随机确定的。随机化可防止某些未知因素对因变量可能造成的系统性影响。应当注意的是，随机化并没有减少试验误差本身，但使得这些不可控因素对试验结果的影响随机分布于各次试验中，避免试验结果受到系统性的偏移。统计方法要求观察值（或误差）是独立分布的随机变量。随机化通常能使这一假定有效。

完全随机设计对试验条件的均匀性要求较高，不适合于试验条件差异比较大的研究。如果试验条件不均匀而进行完全随机设计，由于该设计未应用局部控制的原则，将非试验因素的影响归入试验误差中，使得试验误差变大，降低了试验的精确性。

11.2.3 区组化

区组化是用来提高试验的精确性的一种方法。当试验规模达到一定程度后，完全随机设计就不容易做到试验条件完全一致，此时可以将整个试验场地分成若干个单元，每一单元内设置一整套完整的试验，这一个单元就称为区组（block），这样的试验设计就是随机区组设计（randomized block design）。一个区组可以是一个独立的空间，如一个地区、一个试验区、一个畜牧场、一栋畜舍、一个养殖单元、一个家系，或是一个独立的时间段等。随机区组设计通过划分区组的方法，使区组内的条件尽可能一致，以达到局部控制的目的，应用广泛。区组内的环境变异要尽可能小，区组间允许存在一定的环境变异。

11.3 试验的基本流程

实验设计遵循三步战略思想：首先，通过筛选试验在大量的一般因素中找出少数关键因素。再针对少数关键因素进行优化，根据试验条件选择适宜的自变量水平。最终通过多轮的试验找到系统运行的规律，获得可靠的试验模型。

完整的试验应包含计划、实施、分析及得出结果 4 个阶段。

11.3.1 计划阶段

明确试验目的。例如，是对多个因素进行筛选，还是寻找几个因素间的关系？明确我们的试验目的有助于更充地分理解试验现象，理清试验逻辑。

选择因变量。结合试验条件与试验目的选择适宜的观测指标。连续型随机变量与可进行量化的指标相较于离散型随机变量或只能进行定性分析的指标往往能反映出更多信息。在一个试验中若有多种响应，则可选择起关键作用的指标进行优先观测。

选择自变量及水平。可使用流程图及因果图列出所有可能对因变量有影响的因子清单，根据现有研究和各方面的知识进行初步筛选，结合自身试验条件确定所使用的因变量。

制定试验计划。根据试验目的，选择对应的试验类型，依次确定区组状况、试验次数。借助试验设计软件按随机化原则安排试验顺序及试验单元的分配，生成计划矩阵并根据计划矩阵（planning matrix）进行试验。

11.3.2 实施阶段

除记录因变量数据外，应尽量详细地记录试验过程的各种情况，如环境因素（温度、湿度）、日期、实验员、突发状况等。实施试验过程中往往会遇到诸多计划之外的复杂情况，这些非正式数据也可在日后用于分析，总结试验成功或失败的原因。

11.3.3　分析阶段

数据的分析方法应与使用的实验设计类型相适应。试验数据的分析应严格使用数理统计方法，使结果与结论可靠且客观。分析过程应包含对数据的各种检验与检查、各种图形化比较、拟合选定模型、残差诊断、评估模型的适用性分析并设法改进模型等。当模型最终选定后，要对此模型所给出的结果作必要的分析、解释及推断，从而提出重要因子的最佳设置及响应变量的预测。

11.3.4　得出结果

当数据分析完毕，实验者应给出关于实验结果的实验结论。还可以进行跟踪实验与确认实验以证实实验结论的有效性；当确认实验结果达到实验目标后，可给出验证实验的预测值，并做验证实验，检验实验设置是否有效。

11.4　试验设计的主要方法

实验设计方法一般包括析因设计、田口设计、均匀设计、混料设计等。不同实验设计方法有各自的特点与适用场景，应当根据自身的需求选择适用的实验设计方法，以达到理想的效果。

常用的试验设计软件有 JMP、Minitab、DPS、Design-Expert。这里主要采用 JMP 来进行试验设计。JMP（SAS JMP Statistical）是由 SAS 公司开发的统计分析软件，提供了进行最优试验设计的先进功能和其他简单易用的分析方法，还含有一系列丰富的建模方法，被广泛应用于业务可视化、探索性数据分析（EDA）、数据挖掘、试验设计等。本书所用版本为 JMP16.1.0，该软件提供全功能 30 天免费试用（http://www.jpm.com）。

11.4.1　单因素完全随机设计

如果完全随机试验仅涉及一个自变量，该自变量有两个或多个水平，称试验设计为单因素完全随机设计。单因素完全随机试验有以下优缺点：因每个被试组只需要接受一次试验处理，故不存在疲劳效应和练习效应；但因被试组间的个体差异无法控制，故试验的精度较低。

在试验数据符合"正态分布、方差齐性、独立性、连续性"的前提条件下可进行统计学分析。当单因素完全随机试验仅考虑两个水平时，如果资料为计量资料且服从正态分布，可用 DPS 进行两样本平均数 student *t* 检验；如果资料为计量资料但不服从正态分布，可以使用 Wilcoxon 检验或 Mann-Whitney 检验；如果资料为计数资料时，可用卡方检验或费希尔确切概率法检验。

【例 11-1】 研究两种激素配方对草鱼产卵率的影响，取个体大小一致的同批雌鱼 10 尾，按完全随机设计方法将 10 尾草鱼随机分配到甲、乙两组，试用 JMP 进行试验设计。

（1）打开 JMP，点击菜单"实验设计"→"定制设计"（图 11-1）。

图 11-1 菜单选择

（2）弹出定制设计对话框（图 11-2）。

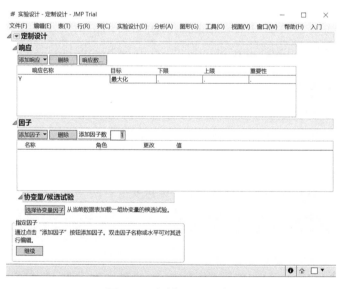

图 11-2 定制设计对话框

（3）双击"Y"，填入"产卵率"。点击"添加因子"→"分类"→"2 水平"（图 11-3）。

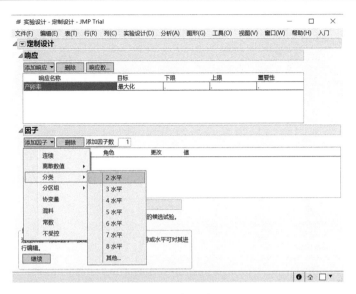

图 11-3　水平选取

（4）将因子 X_1 名称改为"激素配方"，将对应的值改为"甲"和"乙"，点击"继续"，在"试验次数"下面选择"用户指定"，后面填入 10（图 11-4）。

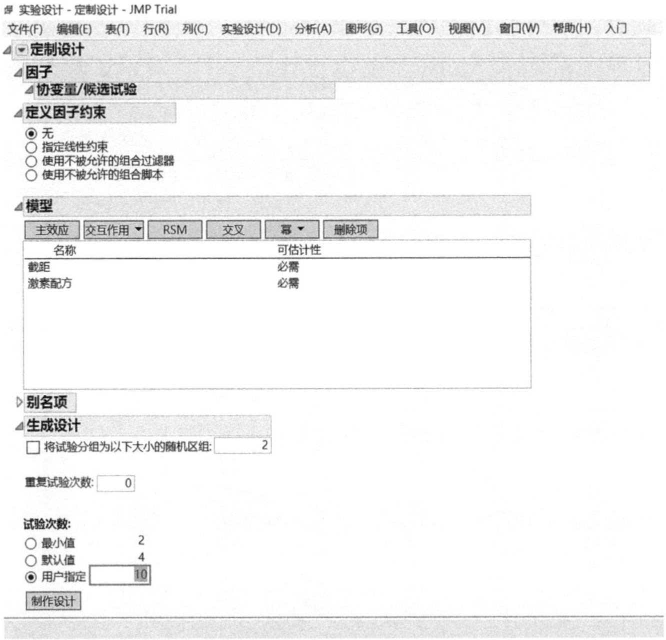

图 11-4　因子确定

（5）点击"制作设计"，得到以下对话框（图 11-5）。

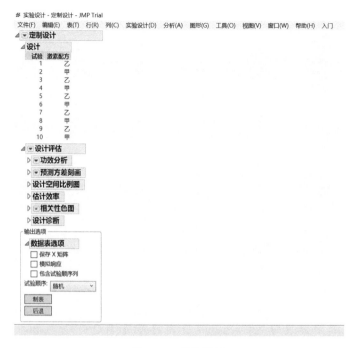

图 11-5　参数设置

（6）点击"制表"，得到设计结果（图 11-6）。

这样就完成了单因素二水平的完全随机设计。"·"表示试验结果在此输入。按照图 11-6 的试验方案进行试验，然后将结果填入（图 11-7）。

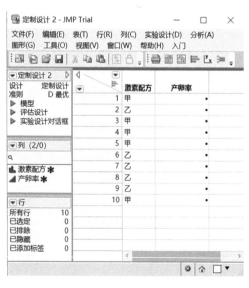

图 11-6　试验方案

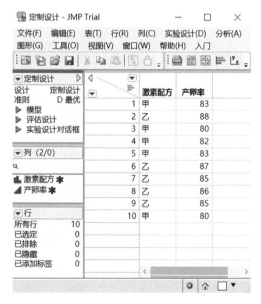

图 11-7　结果输入

试验结果可以用 DPS 等其他软件分析，也可以直接用 JMP 进行分析。以下是 JMP 分析的步骤。

（1）点击"模型"左边的绿色三角箭头，开始进行结果分析。

（2）根据自己需要选择不同"特质"与"重点"。在此，"重点"选择"效应杠杆率"（图 11-8）。

图 11-8　模型规格选项

（3）点击"运行"，得到分析结果，首先看响应"产卵率"下面的"效应检验"（图 11-9）。

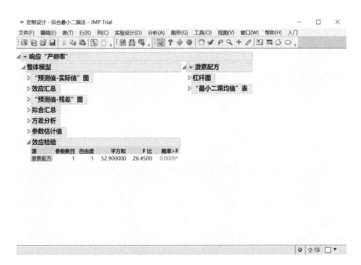

图 11-9　分析结果

从效应检验结果看，不同激素配方对响应产卵率的影响极显著（$P=0.0009<0.01$）。

（4）点击激素配方左边的下三角，选择"最小二乘均值 Student t"（图 11-10）。

图 11-10　检验方法的选取

（5）得到 t 检验结果（图 11-11）。

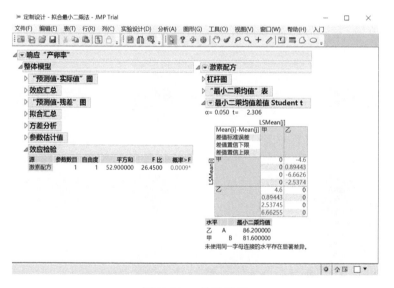

图 11-11　t 检验结果

同样，如果有三种激素配方，我们也可以将 15 尾草鱼分成 3 组，采用 JMP 分析可以按照如下步骤进行。

（1）在"添加因子"下选择"分类"→"3 水平"（图 11-12）。

（2）将因子 X_1 名称改为"激素配方"，将对应的值改为"甲""乙""丙"，点击"继续"，在"试验次数"下面选择"用户指定"，后面填入 15（图 11-13）。

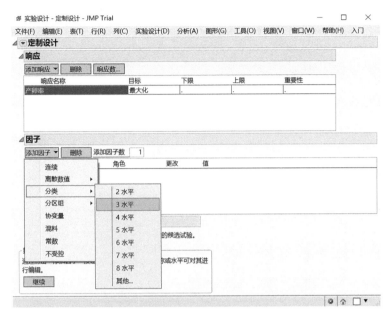

图 11-12　水平选取

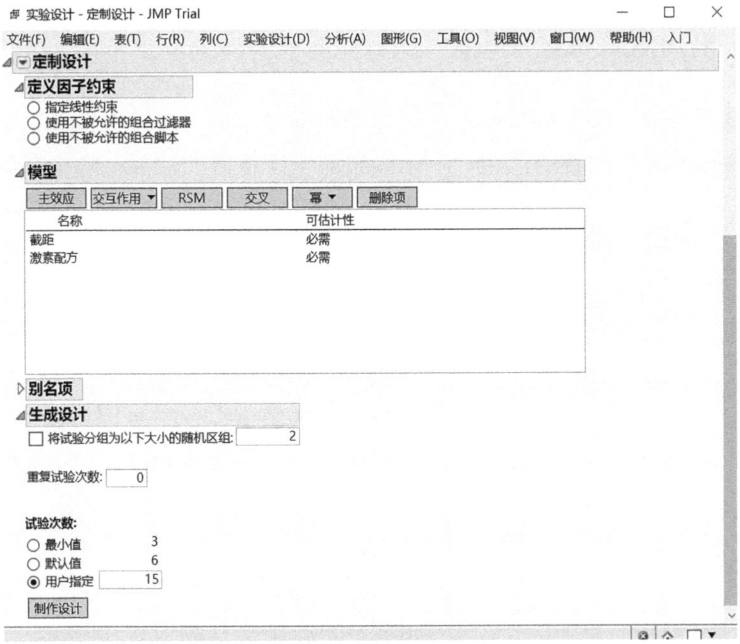

图 11-13　参数设置

（3）最后生成的设计结果如下（图 11-14）。

按照图 11-14 的试验方案进行试验，结束后将试验结果填入，即可进行分析。

图 11-14　试验方案

11.4.2　单因素随机区组设计

水产养殖试验中，常常将养殖水区域按光照强度不同（或按其他非试验条件的趋向性差异）分为等于重复次数的区组，一个区组即一次重复。然后把每个区组再等分成等于处理数的小区，在每个区组内随机排列各处理，此即为随机区组设计。

单因素随机区组试验中有一个自变量，自变量具两个或多个水平，按不同水平进行分组。各区组内的被试情况基本是同质的，故单因素随机区组试验的精度会优于单因素完全随机试验。单因素随机区组试验的数据分析也要求试验数据具有独立性和连续性，但不考虑正态分布和方差齐性。

【例 11-2】　比较 8 种螺的产量，设置 4 个重复，进行随机区组设计。

（1）打开 JMP，点击菜单"实验设计"→"定制设计"（图 11-15）。

（2）弹出对话框（图 11-16）。

图 11-15　菜单选择

（3）双击"Y"，填入"螺数量"。点击"添加因子"→"分类"→"8 水平"（图 11-17）。

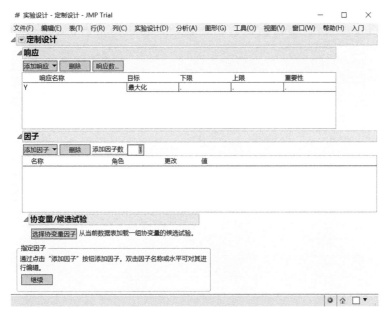

图 11-16 定制设计选项

图 11-17 水平选取

（4）再点击"添加因子"→"分区组"→"每个区组 8 次试验"（图 11-18）。

（5）修改因子名称（图 11-19）。

（6）点击"继续"，在"试验次数"下面选择"用户指定"，后面填入 32，此时区组值相应变为 4 个（图 11-20）。

（7）点击"制作设计"，得到下一步对话框，再点击"制表"，即可得到设计结果（图 11-21）。

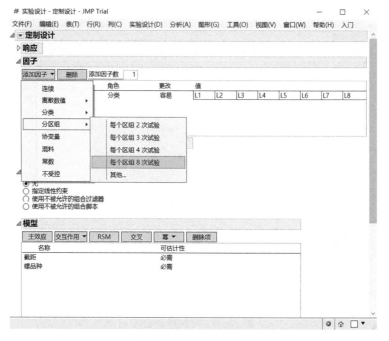

图 11-18　区组设定

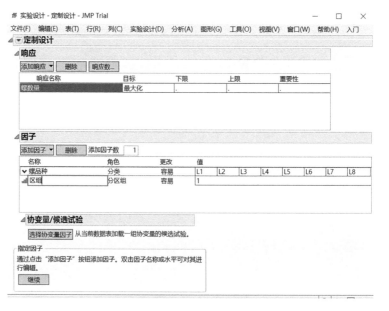

图 11-19　编辑因子名称

试验时，4 个区组中，每个区组有 8 个小块，光照强度一致，随机养殖 8 个螺品种。4 个区组间的光照强度是不一致的。

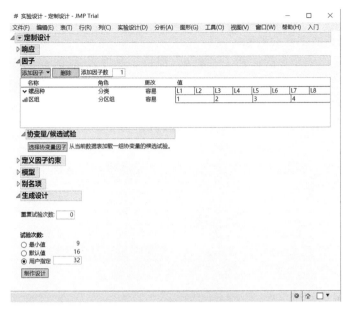

图 11-20 试验次数的设定

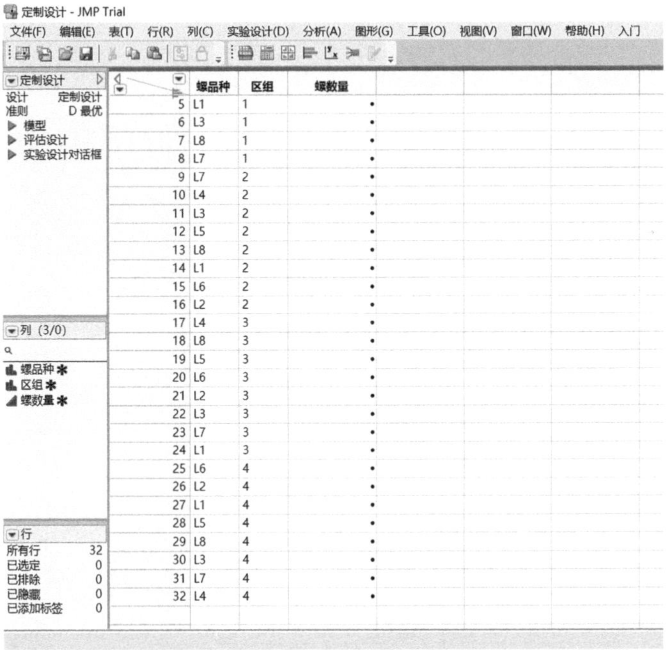

图 11-21 试验方案

11.4.3 完全析因设计

析因设计（factorial design）是一种多因素的交叉分组设计。它不仅可检验每个因素各水平间的差异，而且可检验各因素间的交互作用。两个或多个因素如存在交互作用，表示各因素不是各自独立的，而是一个因素的水平改变时，另一个或几个因素的效应也相应有所改变；反之，如不存在交互作用，表示各因素具有独立性，一个因素的水平有所改变时不影响其他因素的效应。

【例 11-3】 研究草鱼的性别（因素 A，雌性与雄性）、豆饼粉（因素 B，加入 15%豆饼粉与不加豆饼粉）、玉米粉（因素 C，加入 70%玉米粉与不加玉米粉）对草鱼体重增加的影响，每个处理有 8 个重复，试作析因设计分析。

这里草鱼的性别、玉米粉、豆饼粉 3 个因素分别有 2 个水平，属于分类变量，响应为体重。

（1）打开 JMP，点击菜单"实验设计"→"定制设计"（图 11-22）。

图 11-22 菜单选择

（2）弹出对话框（图 11-23）。

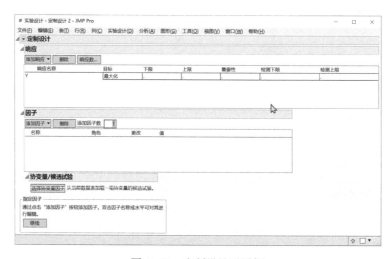

图 11-23 定制设计对话框

（3）双击"Y"，填入体重。在"添加因子数"后面填入 3，再点击"添加因子"→"分类"→"2 水平"（图 11-24）。

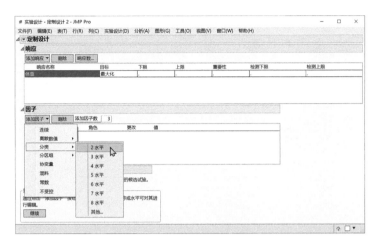

图 11-24　水平选取

（4）修改因子 X_1 名称为"性别"，L1、L2 值为"雌""雄"；再点击"添加因子"→"分类"→"2 水平"，修改因子 X_2 名称为"豆饼粉"，L1、L2 值为"加 15% 豆饼粉""不加豆饼粉"；再点击"添加因子"→"分类"→"2 水平"，修改因子 X_3 名称为"玉米粉"，L1、L2 值为"加 70%玉米粉""不加玉米粉"，得到以下对话框（图 11-25）。

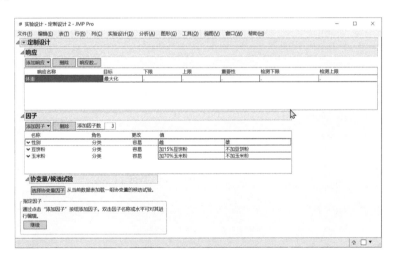

图 11-25　因子名称的编辑

（5）点击"继续"，得到以下对话框（图 11-26）。

完全析因设计考察所有因子间的交互作用，这里有三个因子，因此就有两两交互作用三个及三因子的交互作用一个。

（6）分析两两交互作用时，在"模型"下面点击"交互作用"→"二次"（图 11-27）。

图 11-26　模型选择

图 11-27　交互作用的设定

（7）"模型"下面即可得到二次交互作用结果（图 11-28）。

图 11-28　模型分析结果

（8）分析三因子的交互作用时，在"模型"下面点击"交互作用"→"三次"，"模型"下面即可得到三次交互作用结果;"试验次数"选择"用户指定",输入 64,在"重复试验次数"后面输入 8(图 11-29)。

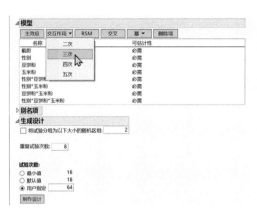

图 11-29　模型分析结果

(9)点击"制作设计",得到以下对话框,"试验顺序"选择"从左至右排序"(图 11-30)。

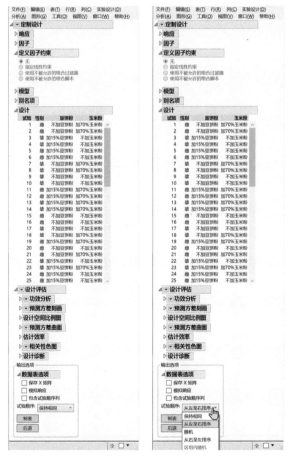

图 11-30　定制设计与输出选项

（10）点击"制表"，得到如下结果，生成共 64 行的试验矩阵（图 11-31）。

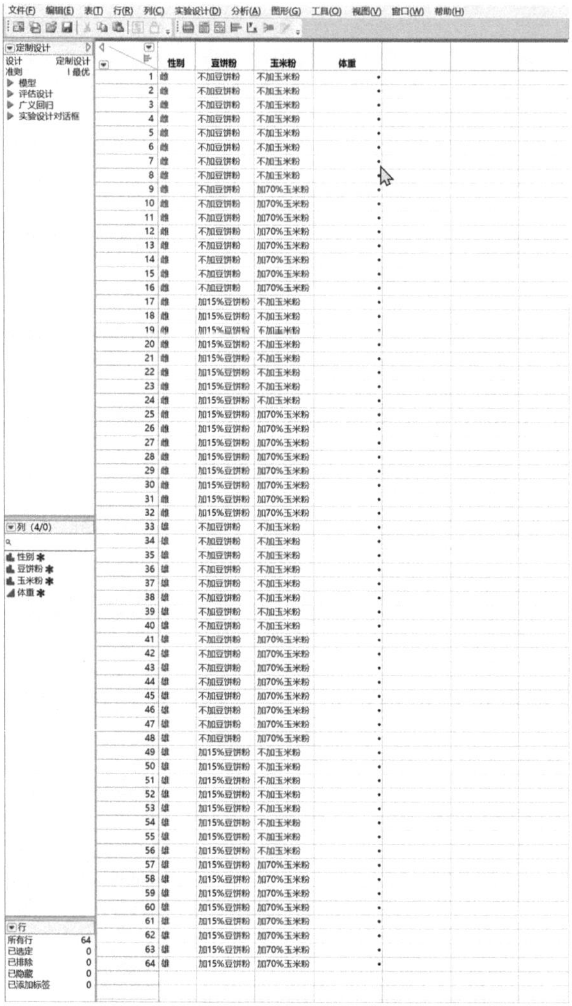

图 11-31　试验方案

根据图 11-31 的试验方案进行试验，收集结果数据，如表 11-1 所示。

表 11-1　试验结果

A₁B₁C₁	A₁B₁C₂	A₁B₂C₁	A₁B₂C₂	A₂B₁C₁	A₂B₁C₂	A₂B₂C₁	A₂B₂C₂
$A_1B_1C_1$	$A_1B_1C_2$	$A_1B_2C_1$	$A_1B_2C_2$	$A_2B_1C_1$	$A_2B_1C_2$	$A_2B_2C_1$	$A_2B_2C_2$
0.55	0.77	0.51	0.48	0.73	0.84	0.67	0.42
0.54	0.60	0.57	0.61	0.70	0.62	0.60	0.60
0.74	0.58	0.68	0.59	0.59	0.67	0.63	0.64
0.71	0.74	0.66	0.62	0.61	0.66	0.66	0.48
0.62	0.61	0.43	0.49	0.69	0.76	0.61	0.55
0.58	0.57	0.50	0.49	0.54	0.73	0.57	0.48
0.56	0.72	0.58	0.52	0.70	0.63	0.67	0.54
0.51	0.79	0.65	0.49	0.61	0.61	0.71	0.49

　　试验得到结果后，可以用 DPS 软件分析，也可以用 JMP 软件直接进行分析，以下是 JMP 的分析步骤，并将结果与 DPS 分析结果进行比较。

（1）把试验结果填入对应选项中（图 11-32）。

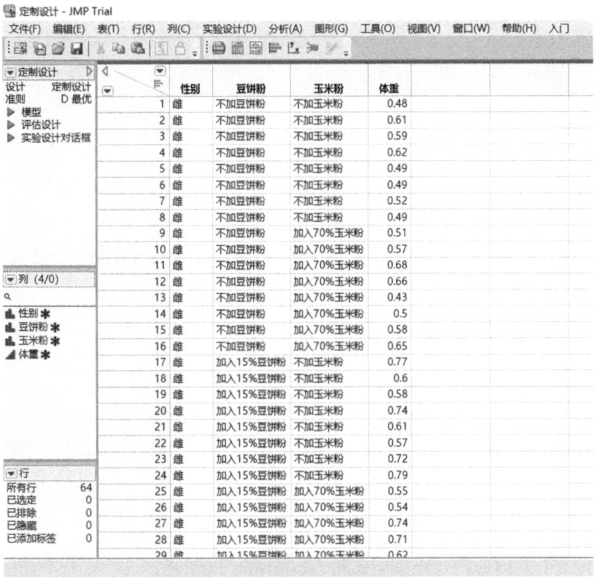

图 11-32　试验结果的输入

（2）点击"模型"左边的绿色三角箭头（图 11-33）。

图 11-33　点击模型

（3）弹出对话框（图 11-34）。

图 11-34　拟合模型选项

（4）点击"运行"，得到结果如下。

a）参数估计值

参数估计值结果（图 11-35）和方差分析表是一致的。本题如用 DPS 的一般线性模型方差分析，得到结果如下（图 11-36）。

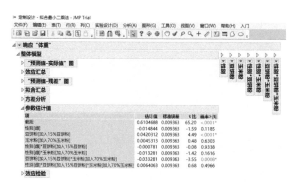

图 11-35 参数估计结果

方差分析表(III型平方和分解)				
变异来源	平方和	自由度	均方	F值	p值
A	0.0141	1	0.0141	2.5136	0.1185
B	0.1131	1	0.1131	20.1539	0.0000
C	0.0013	1	0.0013	0.2342	0.6303
A*B	0.0000	1	0.0000	0.0070	0.9338
A*C	0.0113	1	0.0113	2.0123	0.1616
B*C	0.0709	1	0.0709	12.6361	0.0008
A*B*C	0.0026	1	0.0026	0.4682	0.4966
ERR	0.3142	56	0.0056		
总变异	0.5275	63			

图 11-36 DPS 方差分析表

两者结果是一致的，豆饼粉对体重有极显著的影响，豆饼粉与玉米粉的交互作用对体重有极显著的影响。

b）杠杆率图

在豆饼粉杠杆率图上部，点击豆饼粉左边的下拉三角，选择"最小二乘均值 Student t"（图 11-37）。

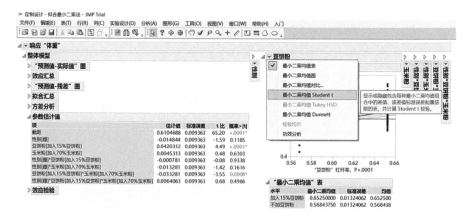

图 11-37 检验方法的选择

在豆饼粉杠杆率图下面就会出现豆饼粉两个水平的 t 检验结果（图 11-38）。

点击"性别*豆饼粉"，选择"最小二乘均值 Tukey HSD"（图 11-39）。

得到"性别*豆饼粉"的多重比较结果（图 11-40）。

同样也可以得到"豆饼粉*玉米粉"的多重比较结果（图 11-41）。

图 11-38　t 检验结果

图 11-39　检验方法的选择

水平		最小二乘均值
雄,加入15%豆饼粉	A	0.66812500
雌,加入15%豆饼粉	A B	0.63687500
雄,不加豆饼粉	B C	0.58250000
雌,不加豆饼粉	C	0.55437500
未使用同一字母连接的水平存在显著差异。		

图 11-40　性别*豆饼粉的多重比较结果

水平		最小二乘均值
加入15%豆饼粉,不加玉米粉	A	0.68125000
加入15%豆饼粉,加入70%玉米粉	A B	0.62375000
不加豆饼粉,加入70%玉米粉	B	0.60625000
不加豆饼粉,不加玉米粉	C	0.53062500
未使用同一字母连接的水平存在显著差异。		

图 11-41　豆饼粉*玉米粉的多重比较结果

同样也可以得到"性别*豆饼粉*玉米粉"的多重比较结果（图 11-42）。

JMP 的多重比较结果与 DPS 的一般线性模型方差分析结果也是一致的。

本题也可以直接用 JMP 的完全析因设计来进行分析，步骤如下。

（1）打开 JMP，点击菜单"实验设计"→"经典"→"完全析因设计"（图 11-43）。

水平		最小二乘均值
雄,加入15%豆饼粉,不加玉米粉	A	0.69000000
雌,加入15%豆饼粉,不加玉米粉	A	0.67250000
雄,加入15%豆饼粉,加入70%玉米粉	A B	0.64625000
雄,不加豆饼粉,加入70%玉米粉	A B C	0.64000000
雌,加入15%豆饼粉,加入70%玉米粉	A B C	0.60125000
雌,不加豆饼粉,加入70%玉米粉	A B C	0.57250000
雄,不加豆饼粉,不加玉米粉	B C	0.53625000
雌,不加豆饼粉,不加玉米粉	C	0.52500000
未使用同一字母连接的水平存在显著差异。		

图 11-42　性别*豆饼粉*玉米粉的多重比较结果

图 11-43　菜单选择

（2）弹出对话框，在"响应"下面双击"Y"，填入"体重"；添加 2 水平分类因子 3 个，并修改因子名称与水平（图 11-44）。

（3）点击"继续"，在"重复次数"后面填入"8"（图 11-45）。

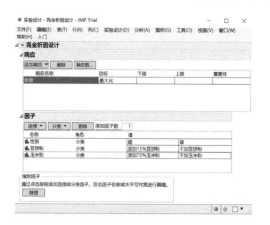

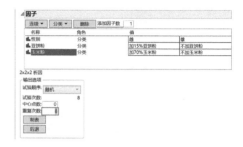

图 11-44　因子设定　　　　　　　　　　图 11-45　重复次数的设定

（4）点击"制表"，即可得到设计结果（图 11-46）。

图 11-46　试验方案

11.4.4　有区组的析因设计

区组试验就是把试验分批或分组进行。其最早是由费希尔提出的，其目的在于平衡或消除不均匀的影响，如不同天之间、机器之间、批次之间、班之间的差异。其实际意义在于提高计算的效应的准确度，若不进行试验分组，环境的噪声有可能掩盖住一些重要的效应，使得难以发现它们。

上例中的 2^3 的析因实验，共需作 $2^3=8$ 个处理。但试验每天只能作 4 个处理，每个处理还是 8 次重复，需要两天，而每天的环境因素可能不一致，这就形成了区组试验。JMP 进行该试验设计的步骤如下。

（1）打开上例的试验设计结果，点击"实验设计对话框"前的绿色三角（图 11-47）。

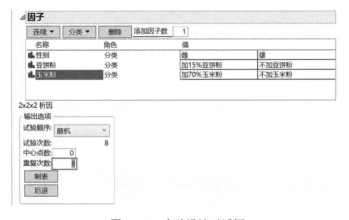

图 11-47　结果输入

（2）得到"实验设计"对话框（图 11-48）。

图 11-48　实验设计对话框

（3）点击"后退"，选择"添加因子"→"分区组"→"其他…"（图 11-49）。

（4）弹出对话框，因为每天 4 个处理，每个处理重复 8 次，每天要进行 32 次试验，因此在"指定每区组的试验次数"后面填入"32"（图 11-50）。

（5）点击"确定"，返回实验设计对话框；点击"继续"，在"模型"中重新设置二次、三次交互作用（图 11-51）。

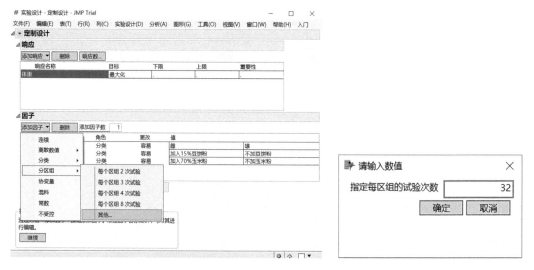

图 11-49　区组设置　　　　　　　　　　　图 11-50　参数设置

（6）在"重复试验次数"后面填入 0，点击"制作设计"（图 11-52）。

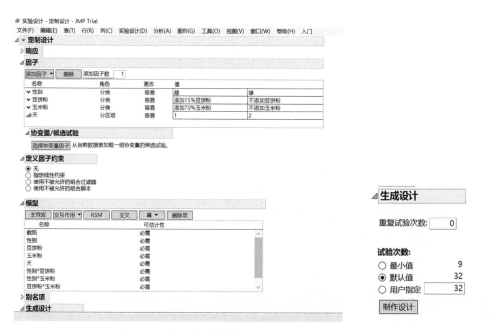

图 11-51　交互作用设置　　　　　　　　图 11-52　重复试验次数的设定

（7）点击"制表"，得到设计结果（图 11-53）。

完全析因设计在考虑的因素较多时，处理组数会很大（如 4 个因素各 3 个水平的处理数为 3^4=81 种），这时采用析因设计不是最佳选择，可选用田口设计（包括正交设计）。完全析因设计的优点之一是可以考虑交互作用，但有时高阶交互作用是很难解释的，实际工作中，析因设计考虑的因素不超过 5 个，一般只考虑主效应或二次交互作用。

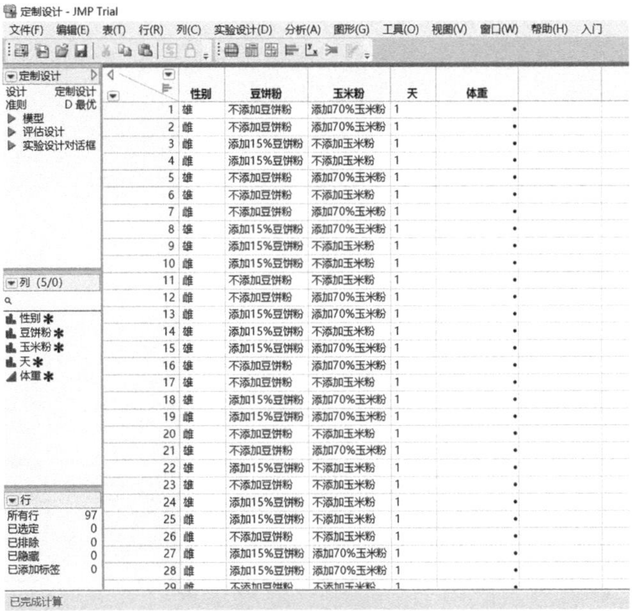

	性别	豆饼粉	玉米粉	天	体重
1	雄	不添加豆饼粉	添加70%玉米粉	1	•
2	雌	不添加豆饼粉	添加70%玉米粉	1	•
3	雌	添加15%豆饼粉	不添加玉米粉	1	•
4	雌	添加15%豆饼粉	不添加玉米粉	1	•
5	雄	不添加豆饼粉	添加70%玉米粉	1	•
6	雄	不添加豆饼粉	不添加玉米粉	1	•
7	雌	不添加豆饼粉	添加70%玉米粉	1	•
8	雄	添加15%豆饼粉	添加70%玉米粉	1	•
9	雄	添加15%豆饼粉	不添加玉米粉	1	•
10	雌	添加15%豆饼粉	不添加玉米粉	1	•
11	雌	不添加豆饼粉	不添加玉米粉	1	•
12	雌	不添加豆饼粉	添加70%玉米粉	1	•
13	雌	添加15%豆饼粉	添加70%玉米粉	1	•
14	雄	添加15%豆饼粉	不添加玉米粉	1	•
15	雄	添加15%豆饼粉	添加70%玉米粉	1	•
16	雄	不添加豆饼粉	添加70%玉米粉	1	•
17	雄	不添加豆饼粉	不添加玉米粉	1	•
18	雄	添加15%豆饼粉	添加70%玉米粉	1	•
19	雌	添加15%豆饼粉	添加70%玉米粉	1	•
20	雌	不添加豆饼粉	不添加玉米粉	1	•
21	雄	不添加豆饼粉	添加70%玉米粉	1	•
22	雄	添加15%豆饼粉	不添加玉米粉	1	•
23	雄	不添加豆饼粉	不添加玉米粉	1	•
24	雄	添加15%豆饼粉	不添加玉米粉	1	•
25	雌	添加15%豆饼粉	不添加玉米粉	1	•
26	雌	不添加豆饼粉	不添加玉米粉	1	•
27	雌	添加15%豆饼粉	添加70%玉米粉	1	•
28	雌	添加15%豆饼粉	添加70%玉米粉	1	•
29	雌	不添加豆饼粉	不添加玉米粉	1	•

图 11-53 试验方案

11.4.5 田口设计

田口设计是日本田口玄一博士创立的，其核心内容被日本视为“国宝”。田口玄一将试验设计中应用最广的正交设计表格化，在方法解说方面深入浅出地为试验设计的更广泛使用作出了巨大的贡献。在 20 世纪 60 年代，日本应用正交设计就已超过百万次。

正交试验法是研究与处理多因素试验的一种科学方法，它是在实践经验与理论认识的基础上，利用正交表来科学、合理地安排和分析众多因素的试验方法。正交设计可以仅分析主效应，也可以分析主效应与部分交互作用。它的优点是能均匀地挑选出代表性强的少数试验方案，并能通过对少数试验条件的分析，找出较好的生产条件、最优的试验方案以及较优的结果。

田口设计中，试验因子分为可控因子与不可控因子两类。可控因子的水平我们可以任意设定，称为信号。但是不可控因子是我们无法调控的，比如因环境条件的变异而引起的偏差，个别试验材料异变引起的偏差，称为噪音。在田口设计试验过程中，信号用正交内表调配，而噪音用正交外表调配。例如，一个实验三个控制因子 A、B、C，两个噪音因子 T、U，全部都是 2 水平，可以如下配置内表与外表（表 11-2）。

表 11-2 田口设计表格

		噪音 T	1	1	2	2
		噪音 U	1	2	1	2
信号 A	信号 B	信号 C	响应 Y_1	响应 Y_2	响应 Y_3	响应 Y_4
1	1	1				
1	2	2				
2	1	2				
2	2	1				

这样设计表分成三个区域：信号 A、B、C 构成正交内表，噪音 T、U 构成正交外表，区域三由响应值（填入试验结果数据）构成。一般情况下，正交试验并不考虑噪音因子，仅考虑信号因子。

我们可以利用 DPS 来选择正交表，步骤如下。

（1）在 DPS 中，点击菜单"试验设计"→"正交设计"→"正交设计表"（图 11-54）。

（2）弹出对话框（图 11-55）。

图 11-54　菜单选择　　　　　　　　　　图 11-55　正交表的选取

如考察 A、B、C、D 四个因素，每个因素 2 水平，不考虑交互作用，就要寻找至少包括 2 水平 4 因素的正交表，对照上图，发现 8 处理 2 水平 7 因素适用。

如考察 A、B、C、D 四个因素，还要考虑 A×B、A×C、A×D、B×C、B×D、C×D 共 6 个交互作用，就考虑 4+6 共 10 个因素，就要寻找至少包括 2 水平 10 因素的正交表，对照上图，发现 12 处理 2 水平 11 因素适用。

如考察 A、B、C 三个因素，每个因素 4 水平，就要寻找至少包括 4 水平 3 因素的正交表，对照上图，发现 16 处理 4 水平 5 因素适用。

11.4.5.1　不考虑交互作用的正交设计

【例 11-4】　为提高某种鱼类的特定生长率，选择了三个有关的因素进行条件试验：养殖末体重（A）、养殖天数（B）、养殖初体重（C），并确定了它们的水平（表 11-3）。

表 11-3　不同水平的三个因素影响鱼类特定生长率

水平	末体重（g）	养殖天数（d）	初体重（g）
1	80	90	5
2	85	120	6
3	90	150	7

该试验的正交设计可以用 JMP 进行，步骤如下。

（1）打开 JMP，点击菜单"实验设计"→"经典"→"田口数组"，弹出对话框，定义响应与三个 3 水平的信号因子（图 11-56）。

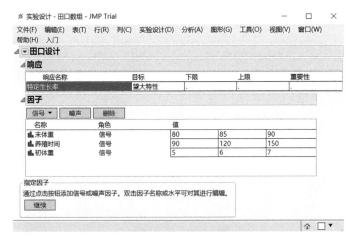

图 11-56　响应的选取

（2）点击"继续"，选择"L9-田口"（图 11-57）。

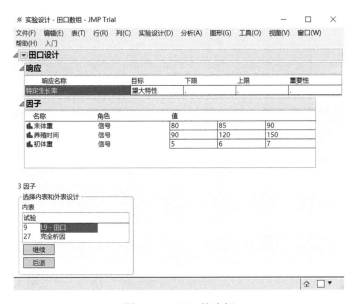

图 11-57　田口的选择

（3）点击"继续"，弹出对话框："对于每个内表试验，您要运行多少次"？这里填入"1"（图 11-58）。

（4）点击"确定"，返回田口设计对话框，点击"制表"，得到设计结果（图 11-59）。

试验后得到结果，直接填入 run1 列（图 11-60）。

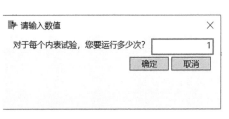

图 11-58　参数设置

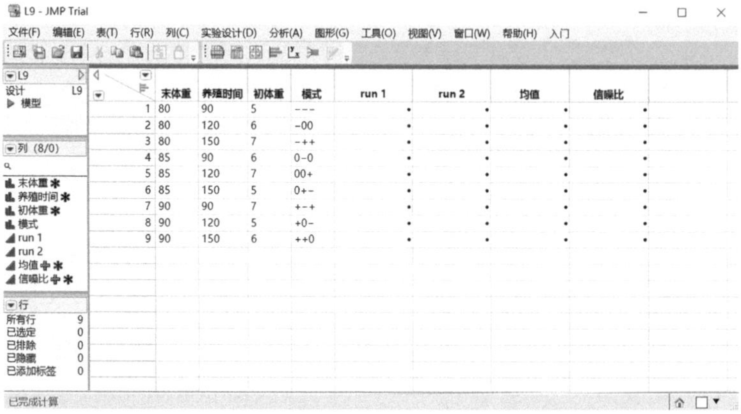

	末体重	养殖时间	初体重	模式	run 1	run 2	均值	信噪比
1	80	90	5	---	•	•	•	•
2	80	120	6	-00	•	•	•	•
3	80	150	7	-++	•	•	•	•
4	85	90	6	0-0	•	•	•	•
5	85	120	7	00+	•	•	•	•
6	85	150	5	0+-	•	•	•	•
7	90	90	7	+-+	•	•	•	•
8	90	120	5	+0-	•	•	•	•
9	90	150	6	++0	•	•	•	•

图 11-59 试验方案

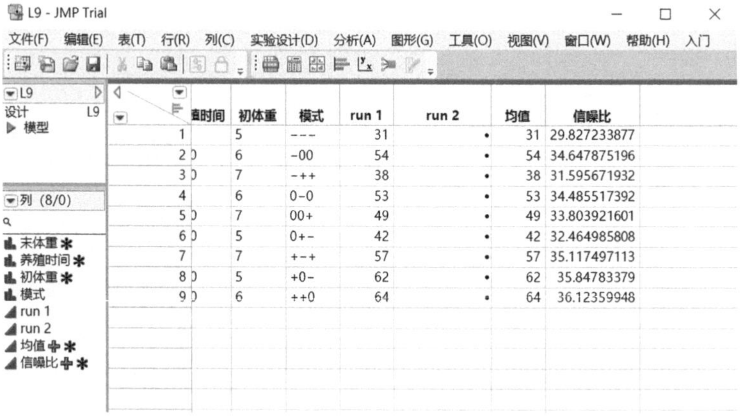

	初体重	模式	run 1	run 2	均值	信噪比
1	5	---	31	•	31	29.827233877
2	6	-00	54	•	54	34.647875196
3	7	-++	38	•	38	31.595671932
4	6	0-0	53	•	53	34.485517392
5	7	00+	49	•	49	33.803921601
6	5	0+-	42	•	42	32.464985808
7	7	+-+	57	•	57	35.117497113
8	5	+0-	62	•	62	35.84783379
9	6	++0	64	•	64	36.12359948

图 11-60 结果输入

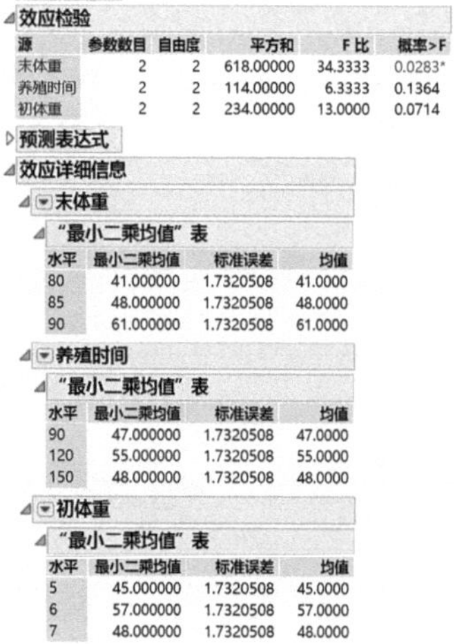

效应检验

源	参数数目	自由度	平方和	F 比	概率>F
末体重	2	2	618.00000	34.3333	0.0283*
养殖时间	2	2	114.00000	6.3333	0.1364
初体重	2	2	234.00000	13.0000	0.0714

预测表达式

效应详细信息

末体重 "最小二乘均值"表

水平	最小二乘均值	标准误差	均值
80	41.000000	1.7320508	41.0000
85	48.000000	1.7320508	48.0000
90	61.000000	1.7320508	61.0000

养殖时间 "最小二乘均值"表

水平	最小二乘均值	标准误差	均值
90	47.000000	1.7320508	47.0000
120	55.000000	1.7320508	55.0000
150	48.000000	1.7320508	48.0000

初体重 "最小二乘均值"表

水平	最小二乘均值	标准误差	均值
5	45.000000	1.7320508	45.0000
6	57.000000	1.7320508	57.0000
7	48.000000	1.7320508	48.0000

图 11-61 检验结果

这里直接用 JMP 进行分析，点击“设计”下面的“模型”，点击“运行”得到分析结果，看响应“均值”（图 11-61）。

先看“效应检验”结果，F 比越大，概率越小，表明对响应的影响越大，因此对特定生长率的影响从大到小排序为：末体重＞初体重＞养殖时间。

再看“效应详细信息”中三个因子的均值，养殖末体重为 90g 时的最小二乘均值最大，养殖时间为 120 天时的均值最大，养殖初体重为 6g 时的均值最大。因此选择的最佳养殖条件为：初体重 6g 时开始养殖，养殖至 90g，共养殖 120 天。

11.4.5.2 考虑交互作用的正交设计

【例 11-5】 某养殖场为了降低饲料系数，想通过试验确定有关三个因素的一个较好方案,具体因子与水平如表 11-4 所示,要考察因素 A、B、C 的主效应以及 A×B、A×C、B×C 三个交互作用。试进行正交设计。

表 11-4　三个因素及其互作效应对饵料系数的影响

水平	鱼类产地 A	养殖时间 B（月）	增重量 C（g）
1	日本	6	238
2	青岛	10	320

本题应用 JMP 进行试验设计。

（1）打开 JMP,点击菜单"实验设计"→"田口设计",弹出对话框,定义"响应"下的"Y",将名称改为"饵料系数",目标选择"望小特征"。再定义三个 2 水平的信号因子（图 11-62）。

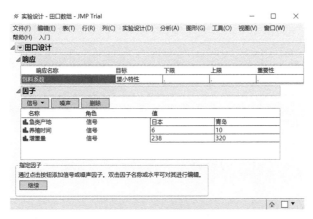

图 11-62　参数设置

（2）点击"继续","设计名称"选择"L8"（图 11-63）。

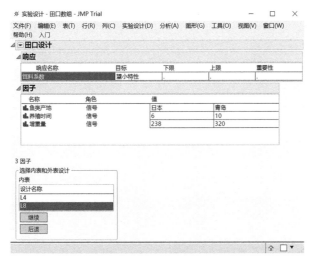

图 11-63　内表的设定

（3）点击"继续"，弹出对话框：对于每个内表试验，您要运行多少次？这里填入1。再点击"确定"，返回田口设计对话框，点击"制表"，得到设计结果（图11-64）。

图 11-64　试验方案

（4）试验后得到结果，填入 run1 列。

这里直接在 JMP 中进行结果分析，步骤如下。

（1）点击"设计"下面的"模型"→"运行脚本"（图 11-65）。

图 11-65　结果输入

（2）弹出"拟合模型"对话框，按住"ctrl"键选择鱼类产地与养殖时间，松开"ctrl"键，点击"构造模型效应"下面的"交叉"，使鱼类产地与养殖时间的交互作用进入"构造模型效应"（图 11-66）。

（3）同样方法选择其他交互作用（图 11-67）。

 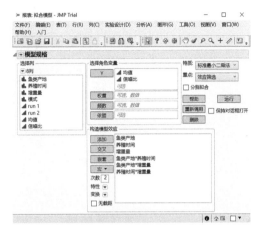

图 11-66　交叉因子的选取　　　　　图 11-67　模型规格选项

（4）点击"运行"，得到分析结果，看响应"均值"的效应检验（图 11-68）。

效应检验

源	参数数目	自由度	平方和	F 比	概率>F
鱼类产地	1	1	1.067670	0.5029	0.6073
养殖时间	1	1	5.778234	2.7218	0.3469
增重量	1	1	71.029555	33.4584	0.1090
鱼类产地*养殖时间	1	1	1.067670	0.5029	0.6073
鱼类产地*增重量	1	1	24.908347	11.7330	0.1808
养殖时间*增重量	1	1	0.007484	0.0035	0.9622

图 11-68　效应检验结果

看 F 比与概率，F 比越大，概率越小，表明对响应的影响越大，因此对饵料系数的影响从大到小排序为：增重量＞鱼类产地*增重量＞养殖时间＞鱼类产地=鱼类产地*养殖时间＞养殖时间*增重量。F 比＜1，表示该因子的影响力比试验误差更小，无统计学意义，因此鱼类产地、鱼类产地*养殖时间、养殖时间*增重量三者可以从模型效应中剔除。

（5）点击左上角的下三角，选择"模型对话框"（图 11-69）。

（6）将"鱼类产地""鱼类产地*养殖时间""养殖时间*增重量"三者从模型效应中剔除（图 11-70）。

（7）点击"运行"，重新得到结果（图 11-71）。

从效应详细信息看，养殖时间是 10 个月时最小二乘均值最小，增重量是 238g 时均值最小，鱼类产地*增重量的交互作用是青岛的鱼类与 238g 的增重量时均值最小。因此选择的最佳养殖条件为：选择青岛的鱼类，养殖时间为 10 个月，增重量为到达 238g。

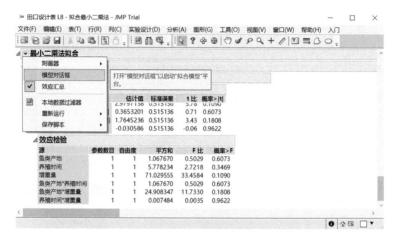

图 11-69　打开模型对话框

图 11-70　模型效应的构造

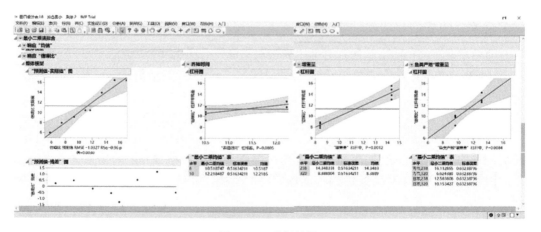

图 11-71　分析结果

11.4.5.3 考虑交互作用的有重复试验的正交设计

【**例 11-6**】 在某水产药物生产中，烘干处理是关键工艺。为寻找烘干处理法的最优工艺条件，安排 4 因素 4 水平正交试验，每个处理的试验重复 3 次，不考虑因素间的交互作用（表 11-5）。试验指标是烘干质量，根据水分是否烘彻底、破坏率高低、药剂干燥度等感官指标综合评分（Y），满分为 10 分。

表 11-5 **4 因素对烘干效果的影响**

水平	烘干剂 1（%）	烘干剂 2（%）	处理时间（min）	处理温度（℃）
1	0.3	0.2	1	30
2	0.4	0.3	2	40
3	0.5	0.4	3	50
4	0.6	0.5	4	60

由于 JMP 的田口设计信号因子最多考虑 3 水平，这里采用更加灵活的定制设计。

（1）打开 JMP，点击菜单"实验设计"→"定制设计"，弹出对话框，定义"响应"下的"Y"，将名称改为"综合评分"。再定义 4 个 4 水平的因子（图 11-72）。

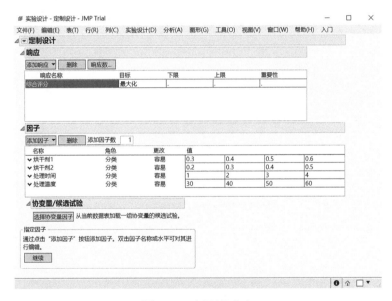

图 11-72 因子的定义

（2）点击"继续"，得到以下对话框（图 11-73）。

（3）点击"制作设计"，得到下一步对话框，在"重复试验次数"后面填入 3（图 11-74）。

（4）再点击"制作设计"，即可得到设计结果（图 11-75）。

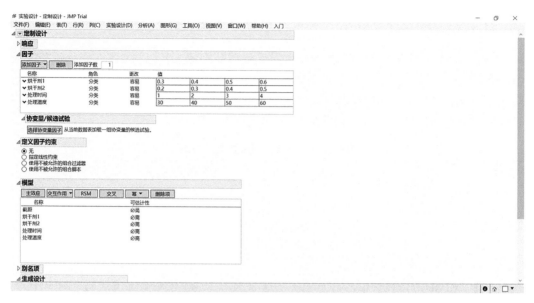

图 11-73　定制设计对话框

图 11-74　重复试验次数的设定

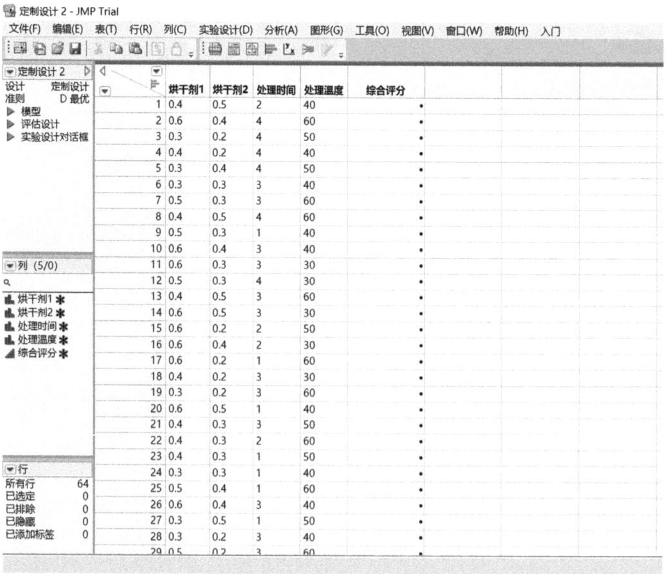

图 11-75　试验方案

（5）最终获得每个处理共有 4 个重复的试验方案。试验后将结果填入，即可对其进行分析。

复习思考题

1. 什么叫试验设计？试验设计应遵循哪些基本原则？
2. 常见的试验设计有哪几种方法？各种试验设计方法有什么特点？
3. 常用的试验设计软件有哪些？各有何优缺点？应用在哪些方面？
4. 什么是正交设计？正交设计有何特点？
5. 某研究所欲研究 A、B、C 三种降血脂药物对家兔血管紧张素转化酶（ACE）的影响，现有 26 只家兔，请采用单因素完全随机设计方法对其进行研究。
6. 按完全随机设计方法将 15 尾草鱼随机分为甲、乙、丙三组。
7. 某养殖场欲研究 A、B 两药是否有治疗弧菌病的作用，以及两药间是否存在交互作用。用何种试验设计方法可达到研究者的研究目的？请作出设计分组。
8. 为了解 5 种小包装贮藏方法（A、B、C、D、E）对鱼肉硬度的影响，以贮藏室为研究单元，请问采用什么试验设计方法可以解决这一问题？
9. 某养殖场希望寻找提高饲料转化率的养殖条件，经专业人员分析，影响转化率的可能因子和水平见下表。请选取合适的试验设计方法对其进行分析。

因子	水平一	水平二	水平三
A：环境温度（℃）	80	85	90
B：养殖时间（天）	90	120	150
C：盐度（%）	5	6	7

10. 为提高某种水产抗菌药的收率，需要进行试验。经分析，影响抗菌药收率的因子有 4 个：反应温度 A、反应时间 B、两种原料配比 C、真空度 D，以及反应温度与反应时间的交互作用 A×B 对收率也有较大的影响。试验中所考察的因子及水平见下表，请根据题意选择正确的试验设计方法对其进行研究，找出最优试验条件参数。

因子	水平一	水平二
A：反应温度（℃）	60	80
B：反应时间（h）	2.5	3.5
C：两种原料配比	1.1/1	1.2/1
D：真空度（kPa）	50	60

11. 某工厂为提高零件内孔研磨工序质量进行工艺参数的选优试验，考察孔的锥度值，希望其越小越好。各因子及其水平见下表：在每一水平组合下加工了 4 个零件，测量其锥度。请设计试验找出最优参数。

因子	水平一	水平二
A：研磨饲料设备	通用夹具	专用夹具
B：生铁研圈材质	特殊铸铁	一般灰铸铁
C：留研量（mm）	0.01	0.015

参 考 文 献

蔡一林, 岳永生. 2004. 水产生物统计 [M]. 北京: 中国农业出版社.

李春喜, 邵云, 姜丽娜. 2008. 生物统计学 [M]. 北京: 科学出版社.

卢纹岱. 2008. SPSS for Windows 统计分析 [M]. 北京: 电子工业出版社.

唐启义. 2010. DPS 数据处理系统 [M]. 北京: 科学出版社.

王钦德, 杨坚. 2010. 食品试验设计与统计分析 [M]. 北京: 中国农业人学出版社.

张恩盈, 赵永厚, 宋希云. 2017. DPS 统计软件在实验设计与统计方法课程教学中的应用 [J]. 教育现代化, (13): 54-55.

张熙, 张晋昕. 2008. 多个样本均数间的两两比较 [J]. 循证医学, 8(3): 6.

IBM Corp. 2017. IBM SPSS statistics for windows, version 25.0 [C]. Armonk, NY: IBM Corp.

IBM Corp. 2021. IBM SPSS statistics for windows, version 28.0 [C]. Armonk, NY: IBM Corp.

Minitab Inc. 2010. Minitab 21 Statistical Software [C]. State College, PA: Minitab Inc.

Tang Q Y, Zhang C X. 2013. Data Processing System (DPS) software with experimental design, statistical analysis and data mining developed for use in entomological research [J]. Insect Science, 20(2): 254-260.